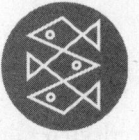

Hätten Sie es gewusst? Ein Lottogewinn hat viel mit einer erlegten Giraffe gemeinsam, und beide können gefährlich werden; unsere Fettpölsterchen sind nur Ausdruck von Sparsamkeit, und auch wenn wir unser ganzes Leben in der Großstadt verbracht haben, fürchten wir uns mehr vor Schlangen als vor Gewehren.

Schuld daran sind unsere Gene. Auch im 21. Jahrhundert zwingen sie uns immer noch zu Verhaltensweisen, die für die Steinzeit sicher optimal waren, unseren modernen Lebensstil zwischen Computer und Fitnessstudio jedoch eher behindern.

Gestützt auf neueste Erkenntnisse der Verhaltensforschung und der Genetik zeigen Terry Burnham und Jay Phelan, wie unsere Gene unser Verhalten steuern und wie wir vererbte Triebe, die unseren Vorfahren das Überleben in der Wildnis sicherten, überwinden und ein zufriedenes Leben führen können.

»›Unsere Gene‹ ist brillant.« *E. O. Wilson*

Terry Burnham ist Professor für Ökonomie an der Harvard Business School und Mitbegründer eines Biotechnologie-Unternehmens.

Jay Phelan ist als Biologieprofessor an der University of California in Los Angeles tätig, wo er Evolutionsgenetik und Alterungsprozesse erforscht.

Unsere Adresse im Internet: www.fischer-tb.de

Terry Burnham und Jay Phelan

UNSERE GENE
Eine Gebrauchsanleitung für ein besseres Leben

Aus dem Amerikanischen
von Regina Schneider

Fischer Taschenbuch Verlag

Veröffentlicht im Fischer Taschenbuch Verlag,
einem Unternehmen der S. Fischer Verlag GmbH,
Frankfurt am Main, September 2003

Lizenzausgabe mit Genehmigung des
Argon Verlages, Berlin
Die amerikanische Originalausgabe erschien 2000
unter dem Titel ›Mean Genes. From Sex to Money to Food:
Taming our Primal Instincts‹
im Verlag Perseus Publishing, Cambridge, USA
© 2000 Terry Burnham und Jay Phelan
Für die deutsche Ausgabe:
© 2002 Argon Verlag GmbH, Berlin
Druck und Bindung: Clausen & Bosse, Leck
Printed in Germany
ISBN 3-596-15598-3

Inhalt

Einführung
Die härtesten Kämpfe führen wir mit uns selbst

Betrachten Sie dieses Buch als Benutzerhandbuch für Ihren Kopf.

Wer ein neues Auto oder Mikrowellengerät kauft und im Nachhinein feststellen muss, dass keine Gebrauchsanleitung beigefügt ist, fühlt sich gelackmeiert. Das geht wohl jedem so. Für unsere allerwichtigsten Besitztümer jedoch – Körper und Geist – haben wir keine Gebrauchsanleitung an die Hand bekommen; deshalb bleibt uns nichts weiter übrig, als je nach Lust und Laune selbst nach Befriedigung zu suchen: mit ein klein wenig Sport, dreizehn Minuten Sex, einem Happy Meal, einem Cocktail oder einer neuen Trendsportart. *Unsere Gene* liefern die nötigen Informationen für eine bessere Bewältigung unseres Lebens.

Autos oder Mikrowellengeräte führen Befehle exakt so aus, wie wir sie ihnen erteilen. Maschinen geben kein Kontra, sie haben keinen eigenen Kopf – bis jetzt jedenfalls. Unser Verstand hingegen lacht nur herzlich, wenn wir uns beispielsweise zu Neujahr vornehmen, bei fetten Speisen künftig kürzer treten zu wollen, um dann in schallendes Hohngelächter auszubrechen, wenn wir beim Anblick von cremigen Desserts schwach werden.

Unser Verstand ist – glücklicherweise oder auch nicht – kein gehorsamer Diener. Er hat seinen eigenen Willen, und entsprechend müssen wir uns darüber im Klaren sein, dass zwei Seiten unsere Persönlichkeit ausmachen: Zum einen sind wir Individuen mit Vorlieben, Abneigungen, Wünschen und Träumen. Zum anderen gibt es innerhalb unseres Körpers eine Maschine, das Gehirn, das ankommende Befehle verarbeitet, sich aber auch nach ebenjenen persönlichen Vorlieben, Abneigungen, Wünschen und Träumen richtet. Es bekriegt uns unablässig. Und normalerweise siegt es.

Kopf und Bauch – weshalb können diese zwei Seiten in uns nicht in Einklang stehen? *Warum bekämpfen wir uns ständig selbst, wenn es darum geht, das eigene Verhalten zu disziplinieren? Und warum sind diese Kämpfe so schwer zu gewinnen?* Katzen und Hunde verfallen ja auch nicht der fixen Idee, ihre Veranlagungen zu bekriegen, auf ihr Gewicht zu achten oder einem Geschlechtspartner treu zu bleiben. Oder nehmen sich Schimpansen etwa regelmäßig vor, weniger egoistisch zu sein?

Am Lagerfeuer erzählt man sich oft Gruselgeschichten, wie etwa die von einer Babysitterin, die nachts allein im Haus ist und einen Drohanruf nach dem anderen erhält. In Angst und Schrecken versetzt, schaltet sie die Polizei ein. Die legt eine Fangschaltung. Dann ruft der Unhold erneut an. In heller Aufregung meldet sich die Polizei bei der Babysitterin: »Wir haben den Anruf zurückverfolgt. Er kommt aus Ihrem Haus. Nichts wie raus!«

So ähnlich verhält es sich auch mit unseren Problemen mit der Selbstbeherrschung – ihre Ursache liegt in uns selbst, in unseren Genen. Doch wir können nicht einfach auf und davon und sie hinter uns lassen. Die manipulierende Macht der Medien, unsere eigennützige Profitgier, ja sogar Freunde und Familie spielen eine Rolle beim Nähren und Hegen unserer inneren Unholde. Dennoch, die meisten Probleme mit der Selbstbeherrschung rühren daher, dass wir plötzlichen Regungen nachgeben, um Dinge zu tun, die uns selbst oder unseren Lieben schlecht bekommen.

Welche Kämpfe wir mit uns führen, lässt sich deutlich erkennen, wenn wir im Buchladen stehen. Ein Blick auf die Bestseller verrät, was den Leuten so alles am Herzen liegt. Es gibt jede Menge Bücher, die sich damit befassen, wie man der Liebe begegnet, an Gewicht verliert oder zu Reichtum gelangt. Wo aber stehen Titel wie *Zehn Regeln, hemmungslos sein Geld zu verpulvern, Wie bekomme ich einen dickeren Bierbauch* oder *So füttere ich meinen inneren Schweinehund*? An Büchern zu solchen Themen fehlt es sichtlich.

Weshalb stellen sich manche Verhaltensmuster ganz von selbst ein, während man sich für andere regelrecht abmühen muss? Weil unsere Gene uns im Voraus für bestimmte Schwächen anfällig machen!

Alkoholismus, Alterungsgen – tagtäglich lesen wir Schlagzeilen von neuen Gen-Entdeckungen. Derlei Meldungen machen eines deutlich: Die menschliche Biologie sowie Erkrankungen werden in entscheidender Weise von unseren Genen beeinflusst. Mit dem Human Genome Project, das jedes Teilstück der DNS-Kette des menschlichen Körpers bestimmt hat, ist eine Revolution im Entstehen begriffen. Jede Woche decken Wissenschaftler die genetischen Wurzeln von immer mehr Krankheiten auf, womit auch die Aussichten auf künftige Heilungschancen immer weiter wachsen.

Doch genetische Einflüsse haben eine weit größere Durchschlagskraft, als solche Berichte zunächst vermuten lassen. Selbst in Bereichen, wo wir das Gefühl haben, nach freiem Willen zu handeln, werden unsere persönlichen Dramen auf der genetischen Bühne ausgetragen. Über diesen Bühnenaufbau haben Wissenschaftler im Laufe der letzten

Jahrzehnte eine ganze Menge herausgefunden, und mit dem rasanten Tempo der Fortschritte auf diesem Gebiet vermehrt sich auch unser Wissen. *Unsere Gene* befassen sich eingehend mit allem, was über genetische Einflüsse bislang bekannt ist, sowie damit, was diese Einflüsse für unser Alltagsleben bedeuten. Zur Einstimmung soll folgendes Beispiel dienen:

Was ist Schönheit, und wer setzt die Standards? Mit dieser sehr komplexen Frage haben sich schon viele Generationen vor uns befasst. Einige meinten, Schönheit sei etwas Geheimnisvolles oder Göttliches, etwas, das wir gemeinen Sterblichen nicht erfassen können.

Andere glaubten, Schönheit werde von der Gesellschaft definiert, in der wir leben: Was die Modeindustrie für attraktiv ausgibt, wird von der großen Mehrheit auch als schön erachtet. Doch wenn das so stimmen würde – wenn Schönheit wirklich von Modelaunen und Trends bestimmt würde –, müsste dann nicht jede Kultur ihre eigene Definition von Schönheit haben? Das ist nicht der Fall.

Weshalb nicht, zeigt eine sorgfältige Betrachtung der menschlichen Symmetrie. Unsere beiden Körperhälften sind spiegelgleich. Unsere rechte Hand ist zum Beispiel haargenau so gebaut wie unsere linke. Allerdings ist das Spiegelbild nicht perfekt, ein jeder von uns weiß um geringfügige Abweichungen von der vollkommenen Gleichseitigkeit – das eine Ohr mag vielleicht etwas tiefer als das andere sitzen, die eine Brust kaum größer als die andere sein et cetera.

Menschen mit symmetrischen Zügen empfinden wir als schön, auch wenn sie nicht »klassisch« attraktiv sind. Wissenschaftliche Studien zum Verhalten bei der Partnerwahl haben gezeigt, dass sowohl Frauen als auch Männer Partnern mit symmetrischen Zügen vor denen mit asymmetrischen eindeutig und kompromisslos den Vorzug geben. Daneben haben Frauen Protokoll über Einzelheiten zu ihrem Sexualleben geführt, und das brachte ein interessantes Phänomen zum Vorschein: Die Wahrscheinlichkeit, zum Orgasmus zu gelangen, sowie die Wahrscheinlichkeit, schwanger zu werden, war während des Verkehrs mit Männern, die symmetrische Züge hatten, sehr viel größer.

Was bislang an Daten über Symmetrien gesammelt wurde, ist ein Kapitel für sich und mehr als spannend: Symmetrische Züge sind in der Tierwelt ein Ausdruck von Gesundheit, von vitalen Körpern mit einer vermutlich gut angelegten Genstruktur. Obwohl kaum einer in der Lage ist, Symmetrien an seinen Mitmenschen auszumachen, werden wir bei unserer Partnerwahl ganz unbewusst von ihnen geleitet.

Unsere ästhetische Vorliebe für symmetrisch gebaute Menschen folgt also einer Logik – einer Logik, der, wenn überhaupt, allenfalls ein Gen etwas abgewinnen könnte; eine Logik, die sich uns nur aus dem größeren Kontext der Evolution und der Tierverhaltensweisen heraus erschließt. Erst dann begreifen wir, dass unser Gehirn, unsere Denkmaschine, sehr wohl einen eigenen Kopf hat, welcher uns aber kein dunkles Rätsel bleiben muss.

Das menschliche Gehirn hat mit der genetischen Evolution seine Struktur bekommen. Wenn wir lernen, diese Struktur zu verstehen, dann wird es uns auch nicht mehr wundern, wenn es in unseren Ehen zu Spannungen kommt, wenn die Speckringe um den Bauch dicker sind, als uns lieb ist, oder wenn uns Big Mäcs einfach besser schmecken als Vollkornreis. Um uns und unsere Welt zu begreifen, sollten wir uns weniger mit Sigmund Freud als vielmehr mit Charles Darwin befassen.

Ob uns das gefällt oder nicht: Wir sind alle in einen

Kampf gegen den Bausatz unserer eigenen Gene verwickelt. Und es sind gerissene Gegner, gegen die wir da antreten. Sie sind die Herren des Hauses, sie halten uns unter Kontrolle, indem sie Befriedigung, Mühe oder Freude walten lassen.

Selbst gefeierte Erfolgsmenschen unterliegen ihnen. Oprah Winfrey zum Beispiel. In Amerika steht sie an der Spitze eines mächtigen Medienimperiums, produziert und moderiert die Show mit den höchsten Einschaltquoten der US-amerikanischen Fernsehgeschichte, und wie berichtet wird, wird sie bald schon Milliardärin sein. Zur langen Liste ihrer Auszeichnungen gehören unter anderem sieben Emmy Awards, eine Oscar-Nominierung sowie eine Krönung zur Schönheitskönigin. So reich und einflussreich diese außergewöhnliche Frau auch sein mag, in einem Punkt ist sie doch äußerst gewöhnlich: Wie wir alle, so hat auch Oprah ihre liebe Not mit der Selbstbeherrschung.

Doch durch ihre ganz offene und ehrliche Art, mit Gewichts- und sonstigen Problemen umzugehen, hat sie Millionen Menschen geholfen. Und gerade weil sie ihren Lebensweg trotz ihrer so zahlreichen Laster gemeistert hat, führt sie uns etwas ganz Wichtiges vor Augen: Wir sind keinesfalls nur schwerfällige Roboter, die dazu verdammt sind, ihr genetisches Programm abzuspulen.

Im alltäglichen Leben locken zwei Pfade. Wären Wegweiser aufgestellt, könnte auf einem so genannten Haustierpfad stehen, da alle Tiere ihm folgen, einschließlich der Familienhund. Er verlockt dazu, uns einfach von unseren Vorlieben und Leidenschaften leiten zu lassen: Hast du Hunger, dann iss. Iss, bis nichts mehr da ist. Bleibe anständig und treu, nur soweit es sich auszahlt. Tut dir etwas gut, dann nur zu. Tut dir etwas nicht gut, lass es bleiben.

Die Alternative davon ist der Pfad des größten Widerstands. Er ist sehr viel undeutlicher ausgeschildert. Auf ihm übernehmen wir das Kommando und bestimmen selbst, wo es langgeht. Denn neben allen Vorlieben und Leidenschaften haben wir mit unseren Genen auch die Anlage zur Erzeugung von Willenskraft mitbekommen und damit die Fähigkeit, unsere Verhaltensweisen bewusst zu beherrschen. Mit dieser einzigartigen menschlichen Fähigkeit sind wir imstande, uns über unsere Triebhaftigkeit zu erheben.

Wie das geht, verrät dieses Handbuch. In einem ersten Schritt lernen wir, die triebhafte Seite in uns zu verstehen, insbesondere jene Begierden, die uns in Schwierigkeiten bringen und uns zum Verhängnis werden können. In einem zweiten Schritt wollen wir uns diese Erkenntnisse nutzbar machen, damit wir unsere Triebhaftigkeit bezähmen können.

Wie Sie bei der Lektüre des Buches noch feststellen werden, gehen wir, die Autoren Terry Burnham und Jay Phelan, das Thema sehr persönlich an. Nach all den Jahren, in denen wir auf diesem Gebiet geforscht und gelehrt haben, ist *Unsere Gene* für uns am Ende mehr als nur ein Buch. Und so werden Sie an der einen oder anderen Stelle von ganz persönlichen Erlebnissen erfahren. *Unsere Gene* ist kein fader akademischer Wälzer; jeder kann für sich die dargelegten Theorien in die Praxis umsetzen und so seine ganz persönliche Lebenssituation verbessern. Wir sind uns sicher, dass das Buch Ihnen dabei helfen kann, so wie es uns und unseren Freunden schon geholfen hat.

Vorwärtskommen, Fortschritte machen – das wollen wir alle, am besten im Schnellverfahren. Doch das geht nicht. Im Autorennsport lassen Designer nichts unversucht, um immer noch leichtere Autos zu entwerfen. Es klingt vielleicht erstaunlich, aber will man ein Auto um 100 Pfund leichter machen, ist die beste Methode die, an 1000 verschiedenen

Stellen jeweils ein Zehntelpfund abzuspecken. Der Weg zum Erfolg liegt also nicht in großartigen Neuentwürfen oder aufwendigen Generalüberholungen, sondern allein im unnachgiebigen Bemühen um schrittweise Verbesserungen. Ganz ähnlich ist es auch beim Menschen: Auf verschiedenen kleinen Wegen Schritt für Schritt voranzugehen ist für die meisten von uns wohl die beste Methode, zu einem erfüllteren Leben zu gelangen.

Unsere Probleme werden sich kaum von heute auf morgen erledigen. Auch nicht mit dem hier beschriebenen Ansatz. Er soll vielmehr eine Art Brille für den besseren Durchblick sein. Der eigentliche Kampf jedoch, der Kampf mit uns selbst, der bleibt. Daran ändern selbst die besten Brillengläser nichts. Auch wir, die Autoren, führen diesen Kampf nach wie vor, wollen schlanker und schöner sein und neue Freunde gewinnen. Doch während die Welt, in der wir leben, unverändert bleibt, setzen wir uns die *Unsere Gene*-Brille auf und sehen damit vieles klarer.

Und dieser klarere Blick für die Welt um uns kann in konkreten Situationen äußerst hilfreich sein. Terry unterhielt sich neulich mit Karen, einer Freundin, 32 Jahre alt und Promotionsstudentin. Sie und ihr Mann haben vor, bald eine Familie zu gründen. Karen möchte vor der Schwangerschaft noch ein paar Pfunde abnehmen. Terry riet ihr dringend davon ab: Jeder Frau, die schwanger werden will, ist anzuraten, zuvor noch ein paar Pfunde *zuzulegen*. Warum?

Der menschliche Körper ist so gebaut, dass er auf seine Umwelt sehr sensibel reagiert. Vor allem für unsere Urahnen gestaltete es sich äußerst schwierig, ein Neugeborenes großzuziehen, da es um die Nahrungsversorgung stets knapp bestellt war. Und so war es wichtig, möglichst in relativ guten Zeiten schwanger zu werden. Hierfür hat die Natur vorgesorgt und den weiblichen Körper so angelegt, dass die Fruchtbarkeit von Gewichtsschwankungen beeinflusst wird. Selbst ein geringer Körpergewichtsverlust infolge einer kurzzeitigen Diät oder sportlichen Betätigung beeinträchtigt die Fruchtbarkeit ganz erheblich und kann eine Schwangerschaft leicht um Monate verzögern.

Will eine Frau also schwanger werden, ist guter Rat nicht teuer: ganz normal essen und tunlichst alles vermeiden, was zu Gewichtsverlust führen könnte. Das gilt für jede Frau, egal, wie viel sie wiegt. Auf unserer Suche nach einem glücklichen und erfüllten Leben ist dieser kleine Tipp ebenso hilfreich wie der obige zu stellenweisen kleinen Verbesserungen an unserem Rennauto.

Auch Jay hat für sich einen geeigneten Weg gefunden, auf dem er ganz allmählich Fortschritte macht – seine ganz eigene Sparmethode. Jeden Monat räumt er sein Girokonto leer. Denn spuckt der Geldautomat Geld aus, gibt er es auch aus. Das hat nichts damit zu tun, dass Jay in diesem Punkt besonders willensschwach wäre. Er ist einfach nur ein Mensch und teilt insofern mit uns allen den natürlichen Hang, unnötig viel auszugeben. Warum?

Denken wir noch einmal zurück an die lange Periode unserer evolutionären Geschichte, die wir vornehmlich als Jäger und Sammler verbrachten. Ganz allmählich entwickelten wir uns fort in einer Welt, in der Reichtum hauptsächlich in Form von Nahrung existierte und nicht über längere Zeit aufbewahrt werden konnte – alle Vorräte wären schnell verdorben. Und in dieser Zeit, da die beste Sparmethode die war, alles zu verkonsumieren, hat sich auch das menschliche Gehirn herausgebildet. Ist es also ein Wunder, dass Jay dem natürlichen Hang nachgibt, allmonatlich seine angesammelten Vorräte zu erschöpfen?

Ein Blick durch die *Unsere Gene*-Brille hat Jay auf die Lösung gebracht. Er wies seinen Arbeitgeber an, jedes Mal einen großen Batzen seines Monatsgehalts zurückzubehalten. Natürlich ist es noch immer sein Geld, das da abgezwackt wird, doch hat er nun nicht mehr so leicht Zugang dazu und somit auch nicht das Gefühl, auf einem Geldvorrat zu hocken, den er ausgeben muss. (Da das Geld umgehend beiseite geschafft wird, kann Jay nicht darüber verfügen, zumindest nicht, ohne erst telefonieren und ein paar Tage warten zu müssen.) Auf diese Weise schlägt Jay seinem inneren verschwenderischen Schweinehund ein Schnippchen und lässt seinen halbwegs unzugänglichen Barbestand immer weiter anwachsen (für alle Fälle; man kann ja nie wissen).

Mit dem vorliegenden Buch wollen wir ein tiefes Verständnis für die menschliche Existenz wecken. Zu diesem Zweck vermitteln wir Kenntnisse aus diversen Wissenschaftszweigen sowie zahlreichen anderen Quellen und gewinnen Einsichten, indem wir beispielsweise einen Blick auf andere Kulturkreise werfen, darunter auch solche, die Welten von unserer eigenen Kultur trennen. Wir lernen auch, unsere menschlichen Verhaltensweisen besser zu begreifen, wenn wir uns tierische Verhaltensweisen ansehen, angefangen bei unseren nächsten Artverwandten, den Schimpansen, bis hin zu Mäusen oder gar Fruchtfliegen. Doch Grundlage dieses Buches ist die Evolutionsbiologie.

Seit Erscheinen von Darwins Werk *Die Entstehung der Arten*, 1859, wird die Rolle der Biologie im gesetzmäßigen Ablauf des menschlichen Lebens diskutiert. Aber mit der Entwicklung des Evolutionsgedankens an sich zeichnete sich auch ein provokanter Aspekt immer deutlicher ab: Das menschliche Gehirn hat sich mit der Evolution herausgebildet. Angefangen bei der beachtlichen Größe unseres Gehirns bis hinein in die kleinsten Funktionsmechanismen, die es möglich machen, dass einzelne Neuronen miteinander kommunizieren, ist es – wie unsere Augen, Arme, Beine und Nieren – das Ergebnis einer natürlichen Auslese. So viel wissen wir sicher. Doch lässt sich daraus ohne weiteres folgern, dass auch unsere Psyche von der Evolution geformt wurde?

Wir meinen, schon. Aber an dieser Frage scheiden sich die Geister. Manche mokieren sich darüber, andere werden bei diesem Gedanken unsicher oder gar wütend. Doch mittlerweile liegen zahlreiche Bände mit Forschungsergebnissen vor, und die kritischen Stimmen sind leiser geworden. Je mehr Fortschritte bei der Entschlüsselung unserer Gene gemacht werden, desto deutlicher zeigt sich, dass unser evolutionäres Erbgut eine entscheidende Rolle im täglichen Leben spielt.

Doch ist das schon alles? Offenbar nicht. Für die Bestimmung der charakteristischen Merkmale des Menschen sind weitere Faktoren wichtig. Wie wir wissen, tragen Kinder nach körperlichem oder seelischem Missbrauch tiefe Narben davon, und zwar ungeachtet ihrer jeweiligen genetischen Anlagen. Ähnliches gilt in puncto Gesundheit. Da wir alle ein ganz spezielles genetisches Risiko für Herzkrankheiten in uns tragen, können sich Entscheidungen im Hinblick auf unsere Lebensführung in drastischer Weise auf unsere Gesundheit auswirken.

In erster Linie konzentrieren wir uns hier auf die Bedeutung der Gene. Welche Bedeutung kulturelle Einflüsse für die menschlichen Verhaltensweisen haben, ist Thema vieler anderer Bücher. Also nur zu, wenn Sie sich noch intensiver mit den verschiedenen Varianten des Zusammenspiels von genetischen und umweltbedingten Faktoren befassen wollen, die letztlich unser Leben prägen.

Als Vollzeit-Akademiker lesen wir alljährlich Hunderte

von nicht gerade leicht verständlichen Forschungsberichten, nehmen an Konferenzen teil oder sehen gespannt Gesprächsrunden entgegen zu so speziellen Themen wie *Die Phylogenie der Affen der Neuen Welt* oder *Schädigungsinduzierte Aktivierung von p53 in der DNS durch Checkpoint-Kinase Chk2*. Wir diskutieren zusammen mit anderen Wissenschaftlern an vorderster Front, erörtern bahnbrechende Studien, lange bevor die Ergebnisse an Presse und Öffentlichkeit gehen.

Die meisten Menschen sind im Leben wohl kaum in ähnlich intensiver Weise mit wissenschaftlichen Einzelheiten befasst. Doch die Erkenntnisse über die menschliche Natur, die sich in den letzten vierzig Jahren, während der so genannten zweiten Darwin'schen Revolution, unaufhaltsam – und unerbittlich – häuften, können heute jedem von Nutzen sein. Es sind Erkenntnisse, die unser Leben verändert haben und die, wie wir meinen, jedem von uns zu einem erfüllten, genussfreudigen Leben ohne Selbstzerstörung verhelfen können. Wir als Autoren fungieren dabei, wenn Sie so wollen, als Mittelsmänner und Übersetzer mit der Aufgabe, die Quintessenz aus dem wissenschaftlichen Neuland direkt hinein in Ihre gute Stube zu transportieren.

Die damit verbundene Verantwortung nehmen wir sehr ernst. Auch wenn die vielen Geschichten und Daten in den folgenden Kapiteln frei sind von wissenschaftlichem Kauderwelsch, haben wir doch jedes einzelne Faktum gewissenhaft recherchiert. Für jede hier angestellte Betrachtung gibt es Tausende Belegstellen, die wir natürlich unmöglich alle anführen können. Das würde mehr Seiten füllen als das Thema an sich. Doch für alle, die sich für weitere Anmerkungen interessieren, sei auf die Internetadresse *www.meangenes.org* verwiesen.

Unsere Gene ist das erste Buch, das die zweite Darwin'sche Revolution in praktische Ratschläge für eine bessere Lebensführung umsetzt. Einige unserer Empfehlungen entsprechen einfach dem gesunden Menschenverstand. Doch das Leben durch die *Unsere Gene*-Brille betrachten heißt oft auch, unvorhergesehene oder scheinbar seltsame Schritte zu unternehmen. Überlegen wir doch mal:

Warum stopft sich Jay jedes Mal mit altbackenen trockenen Brötchen voll, bevor er zu einem Gourmetessen bei Freunden geht? Und was hat er davon, wenn er sich jedes Mal Mayonnaise auf den Schokoladenkeks schmiert, der auf dem Flug von Los Angeles nach Boston gereicht wird?

Und Terry? Der Fahrer vom Paketexpress fasst sich jedes Mal irritiert an den Kopf, wenn Terry ihm ein Paket in die Hand drückt per Nachtexpress ... an Terry. Terrys Erklärungsversuch, das Päckchen enthalte das kurze Kabel, das seinen Computer mit dem Internet verbindet, scheint da nichts zu nützen.

Obwohl Jay liebend gerne Geschenke macht und auch erhält, sind Geburtstage und Feiertage für ihn kein Anlass, seine Lieben mit Geschenken zu überhäufen. Erstaunlicherweise hat er noch immer Freunde und Lisa, seine Frau. Warum?

Wir versuchen nicht länger, unsere Freunde mit sonderbaren Anwandlungen zu verschonen. Wir nötigen sie vielmehr in schöner Regelmäßigkeit, sie zu respektieren, wie zum Beispiel die »Big Four«. Hierbei geht es darum, an vier Tagen im Monat seiner Frau oder seinem Mann gegenüber ungewöhnlich nett und aufmerksam zu sein. Und zwar nicht an x-beliebigen vier Tagen, sondern an ganz bestimmten vier Tagen, die noch wichtiger sind als der Zahltag. Können Sie sich denken, um welche Tage es sich handelt? (Nein? Dann blättern Sie weiter zum Kapitel **ROMANTIK UND REPRODUKTION**.)

All diese Verhaltensweisen verdanken wir dem Blick durch die *Unsere Gene*-Brille, der uns vorhersehen lässt, wann wir empfindlich reagieren und wo wir einen wunden Punkt haben. Die Äste der menschlichen Natur sind in der Tat von vornherein krumm gewachsen. Das ist kein Persönlichkeitsdefekt. Das müssen wir so akzeptieren, und da lässt sich auch nichts geradebiegen. Die härtesten Kämpfe führen wir mit uns selbst. Und diese Kämpfe können nicht gewonnen werden, indem wir den Widersacher in uns bezwingen. Vielmehr müssen wir stets ein wachsames Auge auf ihn haben. Wir müssen den Widersacher in uns verstehen lernen. Dann klappt es auch mit der Selbstbeherrschung.

Lesen Sie weiter, und basteln Sie sich Ihre eigene *Unsere Gene*-Brille. Dabei wird jeder anders vorgehen, doch alle mit dem gleichen Ziel – die Welt klarer sehen, damit wir unsere Instinkte kontrollieren lernen, bevor sie uns kontrollieren. Auf diese Weise können wir ein zufriedeneres Leben führen, ein Leben, das unserer inneren Überzeugung entspricht.

KAPITEL I
DÜNNE BRIEFTASCHEN UND DICKE BÄUCHE

Schulden
Warum fällt es uns so schwer, Geld zu sparen?

Warum fällt es uns so schwer, Geld zu sparen? Machen wir ein kleines Fragespiel: Welche Summe würden Sie im Monat gerne sparen? Schreiben Sie die Antwort als Prozentangabe Ihres Gehalts auf. Wie viel sparen Sie tatsächlich? Überlegen Sie, wie Ihr tatsächliches Sparverhalten der letzten paar Monate aussah, nicht, welche Zukunftsträume Sie fürs nächste Jahr haben, wenn Sie schuldenfrei sind. Schreiben Sie Ihre tatsächliche Sparsumme ebenfalls als Prozentangabe Ihres Gehalts auf. Nun vergleichen Sie beide Zahlen. Unerfreulich, aber wahr ist, dass die meisten von uns weit weniger sparen, als sie möchten.

Der Durchschnittsamerikaner will 10 Prozent seines Einkommens sparen und gibt an, rund 3 Prozent tatsächlich zu sparen. Wenn das nur stimmen würde! Im Februar 2000 wurde mit einer Sparquote von 0,8 Prozent ein Rekordtiefstand verzeichnet. Mit anderen Worten: Angenommen, Sie nehmen nach allen Abzügen 2000 Dollar mit nach Hause und Ihr Sparverhalten entspricht dem eines Durchschnittsamerikaners, dann würden Sie jeden Cent bis auf mickrige sechzehn Dollar ausgeben. Einem Amerikaner bleibt also herzlich wenig, um nicht zu sagen gar nichts, zum Sparen übrig. Wo wir auch hinsehen, überall werden wir zum Geldausgeben verleitet – im Internet, auf Werbetafeln oder durch werbewirksame Produktplatzierungen in Fernseh- und Kinofilmen. Wir Amerikaner sind eine Nation von Verschwendern. Wir verlieren keine Zeit, unseren Gehaltsscheck auf unser geschröpftes Bankkonto einzuzahlen, damit die Schecks, die wir ausgestellt haben, auch gedeckt sind.

Um dieses verschwenderische Konsumverhalten zu verstehen, machen wir einen kleinen Abstecher in die Welt der mustergültigsten Sparer überhaupt – ins nördliche Europa. Dort kündigt sich der Herbst in den Wäldern an wie überall in den gemäßigten Zonen der Erde: Die Blätter färben sich, die Temperaturen sinken, und der Wind wird stärker. Sehen Sie bei Ihrem Streifzug durch den Wald ruhig näher hin, und Sie werden im fieberhaften Treiben um Sie herum erkennen, dass der Winter unmittelbar bevorsteht. Alljährlich im September hat es für die roten Eichhörnchen mit der sommerlichen Faulenzerei ein Ende, und sie legen einen Gang zu. Binnen zwei Monaten sammelt jedes Eichhörnchen auf mehreren Quadratkilometern seines Streifgebiets mehr als 3 000 Eicheln, Kiefernzapfen und Buchecker – Schwerstarbeit für ein Eichhörnchen.

Doch dann, im Winter, wird sein unermüdlicher Fleiß belohnt. Auch wenn sich auf den kahlen Bäumen kaum etwas Essbares findet, leben die meisten Eichhörnchen üppig. Dabei gehen sie mit System vor, machen sich Tag für Tag von einem Nahrungsdepot zum nächsten auf und finden 80 Prozent der versteckten Vorratskammern wieder, ausreichend viele, um bis zum nächsten Frühjahr zu überleben.

Vorräte für später hamstern – ein Verhalten, das sich nicht nur auf Nagetiere mit dicken Hamsterbacken beschränkt. Es lässt sich überall im Tierreich beobachten, wenn magere Zeiten bevorstehen. Auch viele Vogelarten legen im Herbst einen Nahrungsvorrat an. Tannenhäher beispielsweise verscharren Kiefernsamen und zeigen wie die Eichhörnchen ein beachtliches Gedächtnis im Wiederauffinden der Vorräte.

Gäbe es eine Hall of Fame für mustergültige Sparer, wären darin Dutzende von Tierarten ausgestellt, sicherlich aber nicht der Durchschnittsamerikaner. Wie kommt es, dass wir Menschen (zumindest die meisten Amerikaner) in der Vorbereitung auf magere Zeiten so viel schlechter abschneiden als Eichhörnchen oder Vögel oder eine ganze Latte anderer unintelligenter Kreaturen?

Die Fabel vom Grashüpfer und der Ameise schildert zwei Strategien, mit vorhandenem Überfluss umzugehen: Der Grashüpfer verbringt den ganzen Sommer sorglos und vergnügt, während die Ameise unermüdlich Nahrung sammelt. Dann, wenn der Winter kommt, überlebt die Ameise, der Grashüpfer hingegen beißt ins Gras.

Auch Eichhörnchen überleben auf diese Weise, legen in harter Arbeit einen Vorratsspeicher von Nüssen an, um im Interesse der Selbst- und Arterhaltung ihre Jungen im Frühjahr gebären zu können. Und die Jungen wiederum bekommen die Gene von ihren Eltern vererbt, Gene, die ihnen sagen, frühzeitig im Herbst anzufangen, Nüsse zu vergraben. Tiere sind perfekte Sparer, denn die natürliche Auslese begünstigt das Überleben derjenigen, die am besten angepasst sind. Doch müssten die gleichen Mechanismen nicht auch sparsame Menschen hervorgebracht haben? Um die Antwort darauf zu verstehen, werfen wir einen Blick auf die Verhaltensformen eines Naturvolks, das, wie unsere Vorfahren bis vor nicht allzu langer Zeit, als Jäger und Sammler lebt.

Das Volk der !Kung San ist in den Wüstengebieten im südlichen Afrika zu Hause. Bis weit in die 1960er Jahre hinein lebten die !Kung San in dieser rauen und unwirtlichen Gegend als Nomaden, sammelten Pflanzen und gingen auf die Jagd, so wie ihre Vorfahren vor Abertausenden von Jahren es taten. Da das Volk der !Kung San seine Traditionen lange bewahren konnte, gibt es heute detaillierte Aufzeichnungen über ihr Verhalten unter ähnlichen Gegebenheiten, wie sie zu Zeiten unserer Urahnen herrschten.

Die tägliche Nahrungssuche bedeutete für die !Kung San einen ständigen Wechsel von Überfluss und Mangel an Wasser und Nahrungsmitteln – eine unsichere Lage, der man mit dem Anlegen von Vorräten sicherlich hätte vorbeugen können. Legten die !Kung San Vorräte an? Durchaus. Vor allem zu glücklichen Jagdzeiten konnte ein Jäger, nachdem er ein großes Tier wie etwa eine Giraffe erlegt hatte, monatelang von riesigen Giraffenfleischbergen zehren, wenn er es geschickt anstellte. Aber wie?

Denn die !Kung San legten bekanntlich keine Fleischvorräte an und hatten auch keine Kühlschränke. Und wenn sie die überschüssigen Mengen an Fleisch konserviert hätten, wären sogleich Nachbarvölker eingefallen und hätten sogar die größte Beute in nur wenigen Tagen verschlungen. Stellen Sie sich nur mal Ihre eigene Popularität nach einem Lottogewinn vor, und Sie gewinnen ein ziemlich genaues Bild von einem !Kung-San-Jäger mit toter Giraffe vor der Hütte.

Doch im Verhalten der !Kung San liegt der Schlüssel, der das Paradoxon erklärt von chronischem Sparunvermögen der Amerikaner und dem zugleich stark ausgeprägten evolutionären Drang, für magere Zeiten gerüstet sein zu müssen. In einer Welt ohne Kühlschränke und Banken blieb den !Kung San gar nichts anderes übrig, als so viel wie möglich zu vertilgen und sich so ein Fettpolster für schlechte Zeiten anzufressen.

Viele Tiere, auch das Eichhörnchen oder verschiedene Vogelarten, horten Nahrung in ihrer unmittelbaren Umgebung. Die meisten Tiere jedoch legen einen Vorrat an, indem sie Fett im Körper speichern. So etwa die interessante Spezies der Seeelefanten. Ein ausgewachsener Elefantenbulle misst 15 Fuß und wiegt an die drei Tonnen – erstaunliche Maße, die in etwa einem voll bepackten Cadillac gleichkommen. Die weiblichen Tiere kommen auf das vergleichsweise zarte Gewicht von nur einer Tonne.

Jedes Jahr zur Paarungszeit fressen die Seeelefanten, was das Zeug hält. Vor allem die männlichen Tiere legen bis zu zweitausend Pfund an Körperfett zu, bis sie dann in einem Akt von erstaunlicher Zielstrebigkeit auf die Küste lossteuern (vor Miami sieht es jedes Frühjahr aus wie in einem Ferienlager für Betbrüder), für ganze drei Monate auf jegliche Nahrung verzichten und stattdessen nach Liebe hungern.

Wie überleben sie? Sie mobilisieren ihre überschüssigen (Fett-)Reserven. Bevor die körperliche Kraftprobe zu Ende geht, haben sie über ein Drittel ihres Gewichts wieder verloren, da sie ihre (Fett-)Reserven flüssig gemacht haben. Bei einem Seeelefantenbullen (der bis zu 100 Junge zeugt) kann das mehr als eine Tonne sein.

Indem sie Unmengen an Fett in ihren Körper einlagern, schaffen sich die Seeelefanten einen zusätzlichen Energiespeicher und sind für die Paarungszeit bestens gerüstet. Leider Gottes machen wir Menschen es keinen Deut anders. Kneifen Sie sich, lieber Leser, ruhig einmal in die Wampe. Und werfen Sie, liebe Leserin, einmal einen Blick auf Oberschenkel und Hintern. Na bitte!

Da sehen Sie es! Nichts als verhasste Fettpolster. Doch aus evolutionsgeschichtlicher Perspektive ist das halb so schlimm, denn damit haben Sie beträchtliche (und möglicherweise weiter wachsende) Überschussreserven auf Ihrem Konto. Die Evolution hat eine Welt von perfekten Sparern hervorgebracht; die Währung, in der Mensch wie Tier (die meisten jedenfalls) sparen, heißt schlicht und einfach Körperfett.

Wie gut sind Sie als Sparer, evolutionsgeschichtlich gesehen? 1981 trat Bobby Sands, ein Mitglied der Irish Republican Army, in den Hungerstreik, um gegen die britische Politik zu protestieren. Man muss dazu sagen, dass er ohnehin nicht wohlbeleibt war, dennoch dauerte es ganze 66 Tage, bis er sich zu Tode gehungert hatte. Mit Müh und Not zwar, aber doch immerhin, würden die meisten Menschen länger als zwei Monate überleben, ohne einen einzigen Bissen zu sich zu nehmen. Ein ganz schönes Reservekonto, das wir da mit uns herumtragen. Vielleicht hätten wir ja doch einen Platz in der Hall of Fame für mustergültige Sparer verdient.

Stellen wir uns nun einen urzeitlichen Menschen vor, der sein Leben bislang mit dem Jagen von Wild und dem Sammeln von Pflanzen fristete und soeben im prähistorischen Lotto gewonnen hat: Er oder sie hat zum Beispiel gerade ein Wildschwein erlegt oder ist auf einen Baum voller saftiger Mongongo-Nüsse (den Macadamia-Nüssen verwandt) gestoßen. Mit den heutigen marktwirtschaftlichen und finanziellen Möglichkeiten könnte unser Lottogewinner die Überschüsse verkaufen und den erwirtschafteten Gewinn auf die Bank tragen.

Die Möglichkeit, sich über Märkte und Geld Reserven zu schaffen, bot sich unseren Urahnen nicht. Erfolgreich war, wer sich den eigenen Bauch und den seiner Blutsverwandten so voll wie möglich stopfte. Man teilte zuweilen auch mit Nichtverwandten, die sich dann ihrerseits bei Gelegenheit revanchierten. So paradox es klingt – aber in einer so gearteten Umgebung war die beste Methode zu sparen die, alles gleich zu verkonsumieren. Nahrung war kostbare Energie –

und anstatt sie ungenutzt herumliegen zu lassen, damit sie verschimmelt oder geklaut wird, war es allemal besser, sich den Bauch voll zu schlagen, damit der Körper die einverleibte Nahrung in Energiereserven umwandelt.

Man sagt, dass Nahrung für die Säugetiere so wichtig ist wie Gold für das Königreich. Genetische Mechanismen treiben Eichhörnchen an, sich zu merken, wo sie ihre Nüsse versteckt haben, und bringen Seeelefanten dazu, mit den Flossen zu tappeln. Auch wir Menschen tragen das genetische Erbe der Säugetiere in uns: So wie wir uns mühen, Geld zu sparen, lauert dieses Säugetiererbe im Hintergrund. Wir wissen, dass wir einen Teil unseres Geldes besser auf die Bank tragen sollten. Aber ausgeben und konsumieren ist doch viel schöner!

Bloß nicht das Nestei essen! So stolz wir auf unsere tapferen Vorfahren und das von ihnen ererbte genetische Gut sein mögen, wäre der eine oder andere von uns doch glücklicher, wenn er weniger wie ein siegreicher Höhlenbewohner als vielmehr wie ein überzeugter Pfennigfuchser agieren könnte. Um in der industrialisierten Welt mit all ihren Kühlschränken und staatlich versicherten Bankkonten erfolgreich zu sparen, sind wir gezwungen, unsere altehrwürdigen Gene zu überlisten.

Da wir aber, evolutionsgeschichtlich bedingt, den inneren Trieb verspüren, alles sofort aufzuzehren, was sich in unmittelbarer Sichtweite befindet, schaffen wir uns das Geld am besten aus den Augen. Indem wir uns das Gefühl geben, arm zu sein, gelingt es uns, unser übertriebenes Konsumverhalten in eine sparsamere Lebensführung zu verkehren. Eine einfache und bewährte Methode ist, weniger Bargeld mit sich herumzutragen. So führen wir unsere Gene ein bisschen an der Nase herum, indem wir ihnen vorgaukeln, dass weniger zum Ausgeben da ist als gedacht.

Im Film *The Border* kommt Jack Nicholson nach Hause und findet sein Heim komplett ausstaffiert mit neuen teuren Möbeln. Auf die Frage, wie viel das alles gekostet habe, antwortet seine Frau: »Nichts! Alles auf Kredit.« Eine Gefahr beim Kreditaufnehmen besteht darin, dass wir nichts aus der Hand geben, was sich wertvoll anfühlt (wie etwa kalte, harte Münzen), und somit nicht das Gefühl haben, tatsächlich Geld auszugeben. Auf der Suche nach Selbstbeherrschung haben Kreditkarten schlimme Folgen: Kreditkarten sind schlimmer als Barzahlungen und Barzahlungen schlimmer, als gar nichts auszugeben.

Auch Mehrfachkonten kommen als Variante ein und desselben Tricks für viele Leute infrage. Ein Konto ist unerreichbar und häuft Ersparnisse an, während das andere, im Normalfall das Girokonto mit regelmäßigen Zahlungseingängen, verfügbar ist. Das Sparkonto sollte so unerreichbar wie möglich sein, im Ausland beispielsweise, wohin es keine Verbindung über Geldautomaten gibt, oder zumindest bei einer Bank mit Geldautomaten in weiter Ferne.

Der leichte Zugang zum Geld ist unser Feind. So ironisch es klingt, aber die beste Bank für ein Sparkonto ist wohl die, die uns das Geldabheben am schwersten macht. Wir können beispielsweise ein Konto wählen, das uns zwar hohe Zinsen bringt, aber unverschämt hohe Überweisungsgebühren in Rechnung stellt.

Instinkte für ein angemessenes Finanzgebaren sind uns nicht angeboren. Die meisten von uns müssen es erst lernen, und dieses Lernen schließt häufig auch einige schmerzliche Fehler mit ein. Wir (Terry und Jay) haben das selbst erlebt.

Bereits in jungen Jahren hat Jay die grenzenlosen Freuden der Kreditkarten erfahren, war er doch damit das lästi-
ge Übel los, für alle Einkäufe immer und überall das nötige
Kleingeld in der Tasche haben zu müssen. Nun konnte er seinen Spaß am Geldausgeben erst richtig ausleben. Doch schon
bald bekam er zu spüren, dass der Partyspaß auf Pump mit
Ebbe auf dem Konto und monströsen Monatsabrechnungen
mit roten Zahlen auf dem Auszug endet.

Jeder Kauf war zwar ein einmaliger Vorgang – ein drin-
gendes Bedürfnis –, doch mit jedem einzelnen rutschte er immer tiefer in das selbst gegrabene Finanzloch. (Glücklicherweise bewahrten ihn die Finanzunternehmen vor einem
weiteren Abrutschen, da sie ihm einen größeren Kreditrah-
men verweigerten.)

Um wieder auf die Beine zu kommen, stellte Jay auf eine
Karte um, bei der die Abrechnung monatlich mit sofortiger
Zahlungsfälligkeit erfolgte. Das führte dazu, dass er einige
Monate lang die Zähne zusammenbeißen musste und nicht
selten auf den letzten Drücker ein paar CDs und Bücher verkaufte, um das nötige Bargeld herbeizuschaffen. Dadurch re-
duzierten sich auch seine Kontogebühren auf einen über-
schaubaren Betrag, den er verschmerzen konnte. Dennoch,
obwohl er stets gerade so viel zusammenkratzte, um dem
Schuldenknast zu entgehen, hatte Jay nie auch nur einen
Cent auf der Seite, um damit eines Tages vielleicht eine An-
zahlung für sein lang erträumtes Strandhaus leisten zu können.

Das schien der Kreditkarten-Gesellschaft der richtige
Moment, um Jay einen neuen Finanzplan zu unterbreiten:
Jeden Monat bekam er fortan einen zusätzlichen Betrag in
Rechnung gestellt. Das scheint auf den ersten Blick ein
Schritt in die falsche Richtung, denn wie kann eine Mehrbe-

lastung Jay beim Sparen unterstützen? Der Trick dabei war, dass der zusätzlich in Rechnung gestellte Betrag in einen offenen Investmentfonds floss. Das machte das allmonatliche Abenteuer, die Raten auf der Kreditkarte abzustottern, zwar noch qualvoller, aber es funktionierte. Jay schaffte es immer irgendwie (und profitierte ganz allmählich von den niedrigeren Gebühren), er ließ sich nicht entmutigen und sparte am Ende jeden Monat 250 Dollar zusammen.

Eine der effektivsten Sparmethoden sehen wir darin, stille Reserven zu bilden, versteckte Geldrücklagen, die in der Bilanz gar nicht erst erscheinen. Doch vor wem halten wir sie versteckt? Vor uns selbst? Besser gesagt, vielleicht vor dem impulsiveren, spontaneren Teil in uns? Jay war nur deshalb imstande, mit dem Sparen überhaupt erst anzufangen, weil sein Geld auf ein separates Konto floss, das er nie zu Gesicht bekam und das äußerst schwer zugänglich war.

Wer in einem Arbeitsverhältnis steht, bekommt einen Teil seines Geldes von vornherein nicht zu Gesicht, da es in Form von Sozialabgaben gleich abgeführt wird. Rein technisch gesehen, handelt es sich dabei zwar nicht um einen Sparplan, da die Sozialversicherungsabgaben zur Altersvorsorge dienen. Im Wesentlichen jedoch gilt, je mehr wir verdienen, desto mehr bekommen wir im Rentenalter ausbezahlt. Bei allen Schwachstellen, die Sozialversicherung hat immerhin dazu beigetragen, die Armut unter den älteren Bürgern zu lindern. Als das Regierungsprogramm in den USA in Kraft trat, gehörten die über 65-Jährigen zur ärmsten Bevölkerungsgruppe. Heute sind sie die reichste.

Eine andere bewährte Sparmethode – erfolgreich deshalb, weil man nicht wirklich das Gefühl hat zu sparen – ist der Erwerb von Eigentum. Ein 60-jähriger Amerikaner besitzt im Schnitt nur 8 300 Dollar an Vermögenswerten, während Pensionäre über 35 000 Dollar in Form von Immobilien verfügen. Jeder, der Immobilien besitzt, ist sich darüber bewusst, dass der Verlust von Hab und Gut auf dem Spiel steht, falls die Hypothekentilgung ausbleibt. Also deichseln selbst die größten Sparmuffel ihre Sache erstaunlich gut, um Zahlungsverpflichtungen nachzukommen und nicht in Verzug zu geraten.

In den achtziger Jahren stand Brooke Shields für eine Reihe Aufsehen erregender Werbespots für Calvin-Klein-Jeans vor der Kamera. In einem davon sagt sie: »Wenn ich mal Geld verdiene, kaufe ich Calvin Klein. Falls dann noch was übrig ist, zahle ich die Miete.« Erfolgreiche Sparmethoden haben ein bisschen von dieser scheinbar verdrehten Reihenfolge der Prioritäten.

Arrivierte Sparer können von sich sagen: »Einen Teil meines Geldes lege ich an. Mit dem Rest kaufe ich Essen und Obdach.« Diese Leute fangen also mit dem Sparen an, noch bevor sie Geld für andere Bedürfnisse ausgeben. Nur so wird Sparen auch effektiv. Sobald der Sparbetrag unter die laufenden Ausgaben fällt und in Form von beispielsweise Hypothekentilgung oder Lohnabzug geleistet werden muss, schaffen es die meisten Leute irgendwie, sich nach der Decke zu strecken. Doch wer unter Sparbetrag einfach nur das Geld versteht, das nach allen Kosten und Ausgaben noch übrig ist, hat in aller Regel nichts übrig.

Im Film *Damage* spielt Jeremy Irons einen einflussreichen britischen Regierungsbeamten, der eine Affäre mit der Freundin seines Sohnes hat. Jeremys Frau kommt dahinter und brüllt ihren Mann an: »Warum hast du dich nicht umgebracht? Dann hätte ich zwar gelitten, aber ich wäre darüber hinweggekommen.« Verluste beklagen und Abstriche machen kann unglaublich schmerzhaft sein, doch nahezu je-

der kommt über den Schmerz hinweg und passt sich den neu-
en Verhältnissen an.

Hypotheken und offene Investmentfonds, fabelhaft – für
die Reichen. Doch was ist mit all denen, die an einem seide-
nen finanziellen Faden hängen? Teil der Lösung ist, den richtigen Zeitpunkt abzupassen, um den Betrag der stillen Reserven zu steigern. Nach einer Lohnerhöhung beispielsweise ist
der Zeitpunkt günstig, um Beitragszahlungen auf das Ren-
tenkonto um so viel zu erhöhen, dass der Nettoverdienst unverändert bleibt. Da können wir klagen und jammern, so viel
wir wollen. Im Grunde wissen wir, dass wir mit dem alten
Gehalt auskommen. Bisher ging es ja auch.

Mit wachsenden staatlichen Überschüssen besteht sogar
die Aussicht auf Steuersenkungen für die nächsten Jahre –
ebenfalls ein ausgezeichneter Zeitpunkt, Ersparnisse aufzu-
stocken. Unerwartete Einkünfte und Gewinne wie Steuer-
vergünstigungen oder sonstige Zuwendungen investiert man
ebenfalls am besten sofort.

Das Buch *The Millionaire Next Door* beschreibt das Verhalten von Otto Normalverbraucher, wenn er plötzlich reich
wird. Das Buch kommt zu dem überraschenden Schluss,
dass die meisten Leute reich werden, weil sie weniger ausgeben, und nicht, weil sie mehr verdienen als der Durchschnitt.
Wer plötzlich zum Millionär wird, lässt sich in aller Regel ein
bis zwei Jahre Zeit und gibt dann erst sein altgedientes Auto
in Zahlung. Millionäre essen abends meist zu Hause und
protzen eher mit einer Timex als einer Rolex am Handgelenk.

Mehr sparen! Warum tun wir uns nur so schwer mit dem
Sparen, wo uns andere Verhaltensweisen doch so leicht fallen? Die Antwort ist einfach: So gut wie keine Übung brau-

chen wir für Verhaltensweisen, die zum Überleben einst unentbehrlich waren und die Selbst- und Arterhaltung Tausender Generationen sicherten. Uralte Probleme lösen wir instinktiv, und erst, wenn uns das instinktive Gefühl für eine Sache im Stich lässt, müssen wir dazulernen. Das wird besonders anschaulich, wenn wir uns die Reaktion von Kleinkindern auf gefährliche Gegenstände vor Augen führen.

Stellen Sie sich vor, Sie legen ein geladenes Schießeisen in den Laufstall. Das Kind wird unbefangen und quietschvergnügt damit spielen und es – wie andere Spielsachen – vielleicht sogar in den Mund nehmen. Nun legen Sie eine Plastikschlange in den Laufstall. Wie reagiert das Kind jetzt? Es wird angstvoll zurückschrecken. Beim Anblick von Schlangen – oder schon einem Bild davon – reagieren Menschen jeglichen Alters aufs Heftigste, geraten in Schweißausbrüche oder bekommen Herzrasen. Egal, ob jemand in Amerika, Europa, Japan, Australien oder Argentinien lebt – die Reaktion ist die gleiche. So auch in Irland, wo es gar keine einheimischen Schlangen gibt.

Warum fürchten wir uns unwillkürlich vor Schlangen und nicht vor Schießeisen? 1998 wurden mehr als 30 000 Amerikaner von Schusswaffen getötet; von Schlangen nicht einmal zwei Dutzend. In den Vereinigten Staaten ist die Wahrscheinlichkeit, vom Blitz erschlagen zu werden, achtmal höher, als von einer Schlange getötet zu werden. Nichtsdestotrotz, von allen Versuchsobjekten erzeugen Schlangen beim Menschen die stärkste instinktbedingte Angstreaktion.

Eigentlich sollten wir mehr Angst vor Schusswaffen haben und weniger vor Schlangen, doch scheinbar sind wir genau umgekehrt veranlagt. Was ist des Rätsels Lösung? Sehen wir uns die Sache ein wenig genauer an. Die Gene, die diese

Urangst in uns auslösen, sind uns wie alle Vererbungseinheiten von unseren Vorfahren übertragen worden. Schätzungen zufolge wurden in Urzeiten bis zu zehn Prozent aller Jäger und Sammler von Schlangen getötet. Im Gegensatz dazu haben Schießeisen bis vor kurzem noch gar keinen Menschen getötet. Demgemäß empfinden wir Angst und Grauen gegen unseren Urfeind, die Schlange, zeigen aber keinerlei instinktbedingte Angstreaktion gegenüber neuartigen Bedrohungen, gleich, wie tödlich sie sind.

Auch andere Primaten werden von Schlangen getötet und hegen die gleiche ererbte Angst. Selbst ausgewachsene Schimpansen und Affen, die ihr Leben lang in Zoos verbrachten und nie eine Schlange zu sehen bekamen, haben diese instinktive Angst vor Kriechtieren mit uns gemein und reagieren sofort wild erschrocken, wenn sie zum ersten Mal eine Schlange sehen.

Nach diesen evolutionsgeschichtlichen Ausführungen und der daraus hervorgegangenen Furcht vor Schlangen und anderen Tieren kommen wir nun zu etwas ganz anderem. Versuchen Sie, sich folgende Unterhaltung Ihrer Urururahnen am Lagerfeuer vor etwa 10 000 Jahren vorzustellen:

Mann: »Liebling, ich habe vor, 25 Prozent unserer Ersparnisse in nicht fest verzinsliche japanische Staatsanleihen zu stecken mit einer Tauschoption für Eurodollar. Was meinst du?«

Frau: »Verrückt. Seit Tausenden von Generationen weiß man, dass Aktien wegen der langfristig höheren Renditen und der lohnenderen Steuerbegünstigungen die bessere Kapitalanlage sind. Ein jeder investiert doch in Technologiefirmen. Ich habe sagen hören, dass Fidelity einen neuen Fonds bereitstellt, mit dem in Firmen investiert werden soll, die Feuer machen können.«

Zugegeben, das wirkt komisch. Natürlich hatten unsere Urahnen nicht die geringste Ahnung von Wertpapieren. Folglich haben wir ebenso wenig einen Instinkt für die geheimnisvolle Welt der Finanzen entwickelt wie eine instinktive Angst vor Schusswaffen. Unsere Instinkte, ein Polster für später anzulegen, sind schlicht und einfach nicht ausgerichtet auf die moderne Finanzwelt. Vielleicht irgendwann einmal, Tausende von Generationen nach uns, in diesem Steuerjahr aber sicherlich nicht mehr.

Die unzähligen finanziellen Möglichkeiten der heutigen Zeit hätten unsere Vorfahren mehr als verwirrt. Geld war ihnen völlig unbekannt. Wie es vor nicht allzu langer Zeit zu dieser Erfindung kam, wollen wir uns näher betrachten.

Als erstes Zahlungsmittel überhaupt dienten Esswaren. Dies war so erfolgreich, dass man in Lappland das ganze 19. Jahrhundert hindurch noch mit Käse zahlte, man beglich damit Schulden oder sicherte sich eine Behausung für den Winter. Doch mit Käse zu bezahlen ist kein besonders großer Fortschritt gegenüber Mutter Natur: Während Seeelefanten sich einen Fettvorrat auf die Brust packen, packen Lappländer einträglichen Fettkäse in ihre Vorratskörbe.

Menschheitsgeschichtlich spät erst haben wir gelernt, Zahlungsmittel anzusammeln, die den Tauschhandel erleichterten. Die Urwährung der Indianer Nordamerikas und der frühen Siedler war der Wampum, ein Gürtel aus roten und weißen Muschelperlen, der als Zahlungsmittel diente. Weiter südlich, in Mittelamerika, waren Kakaobohnen lange Zeit das bevorzugte Zahlungsmittel. Sie hielten sich zwar nicht lange, waren aber leicht zu zählen und zu handhaben, und zur Not konnte man sie auch aufessen. Versuchen Sie das mal mit einer Münze!

Wo wir gerade von Münzen sprechen – wann genau haben wir eigentlich all diese im Grunde tierähnlichen Methoden der Wert- und Vorratsbildung aufgegeben? Wann haben wir zum ersten Mal eine geistige Vorstellung entwickelt, einen Begriff von Geld gebildet, wie es heute existiert?

Die ersten Prägemünzen tauchten zu Beginn des 17. Jahrhunderts vor Christus im lydischen Königreich auf, dem damaligen internationalen Handelszentrum auf dem Gebiet der heutigen Türkei und Griechenlands. Die Idee, mit Münzen zu bezahlen, fand nicht sofort überall Anklang. In einem japanischen Sinnspruch aus jener Zeit heißt es: »Zu allen Zeiten haben weise Herrscher den Wert von Getreide hoch, Geld dagegen gering geschätzt. Egal, wie viel Gold und Silber jemand besitzen mag, nicht einen einzigen Tag könnte er davon leben. Reis ist das einzig Lebensnotwendige.«

Der Tauschhandel mit Geld wird allerdings kompliziert, wenn unterschiedliche Kulturen aufeinander treffen. So im Fall der französischen Sängerin Mademoiselle Zelie, für die auf einer Tournee durch die Länder der Südsee wie üblich ein Drittel der Kasseneinnahmen als Gage vereinbart war.

Doch sehr zu ihrem Verdruss wurden eines Abends nichts weiter als drei Schweine, 23 Truthähne, 44 Hühner, 5000 Kokosnüsse, Unmengen an Bananen, Zitronen und Orangen eingenommen – sage und schreibe war das in der Tat ein Drittel der Kasseneinnahmen. In Paris wäre es ein hübsches Sümmchen wert gewesen, aber so, ohne Arche Noah für den Heimtransport, war es praktisch wertlos.

Auch während der letzten zweieinhalb Jahrtausende, in denen es überhaupt erst möglich geworden ist, Reichtum in Form von Geld anzuhäufen, haben wir Menschen uns immer wieder dagegen gewehrt. Mit alten Gewohnheiten bricht man eben nur sehr schwer, besonders, wenn sie uns angeboren sind. Der Hauptnachteil des Geldes besteht darin, dass es nur in dem Maße einen Wert hat, wie wir anderen vertrauen können. Im Gegensatz zu Kakaobohnen oder Reis hat Geld keinen lebendigen Wert. Und genau aus diesem Grund beteuerte man in Lappland noch im vorletzten Jahrhundert misstrauischen Grundbesitzern, dass der Käse pünktlich kommt.

Unser Gehirn ist ausgestattet mit Genen, die sich einst in einer Welt ohne Geld auszeichneten. Der starke Instinkt, uns ein paar Fettpölsterchen zuzulegen, ist uns angeboren. Ähnliche Instinkte, die uns sagen könnten, wie wir es am besten schaffen, unser Geld zusammenzuhalten, haben wir nicht. Sie hatten ja auch denkbar wenig Zeit, sich herauszubilden.

Verlagern wir unser Schlangenexperiment in das Hochland von Neuguinea, finden wir so schnell niemanden, der die Furcht vor Schlangen mit uns teilt. Die Erwachsenen dort zeigen sich sichtlich amüsiert, wenn sie Bilder von Schlangen sehen. Es schreckt sie keineswegs. Das scheint ziemlich seltsam. Warum reagieren sie so völlig anders als die Menschen in fast allen übrigen Kulturkreisen? Im Unterschied zu New York City wimmelt es in Neuguinea nur so von Schlangen. Auch heute noch werden viele Menschen von Schlangen getötet. Einer bestätigten Meldung zufolge hat eine riesige Pythonschlange auf einer nahe gelegenen indonesischen Insel einen vierzehnjährigen Jungen getötet und mit Haut und Haar verspeist.

Falls also irgendjemand Grund zur Furcht vor Schlangen hätte, dann mit Sicherheit die Neuguineer, die auch heute noch den Schlangen zum Opfer fallen. Aber stattdessen lachen sie nur über unsere kindliche, pauschale Angst. Doch die große Erfahrung und das erworbene Wissen dieser Menschen erklären ihr Verhalten. Von Kindesbeinen an treffen Neuguineer immer und immer wieder auf Schlangen. Nur ein Drittel davon ist giftig. Sie lernen früh, die gefährlichen von den harmlosen zu unterscheiden, und fangen nicht selten die ungiftigen ein, um sie zu essen.

Die Urbevölkerung Neuguineas hat gelernt, die uns angeborene Angst vor Schlangen abzuschwächen, und Nutzen gezogen aus der großartigen Fähigkeit unseres Gehirns, das menschliche Entwicklungsprogramm zu ändern. Während Kleinkinder keine Urangst vor Schusswaffen haben, lernen Erwachsene sehr schnell, adäquat zu reagieren. Instinkte lassen sich offenbar erfolgreich modifizieren, und das sollte uns nicht zuletzt animieren, auch unsere Beziehung zum Geld zu ändern.

Doch können wir eingefahrene Verhaltensmuster so einfach ändern? Durchaus. In Wahrheit sind sie nämlich gar nicht so eingefahren. Wir haben nur das Gefühl, als hätten wir schon zeitlebens Schulden gehabt. Die Zahl derer, die in den Vereinigten Staaten Bankrott machen, hat sich seit 1980 um 300 Prozent verändert. In die falsche Richtung zwar, aber immerhin zeigt diese Entwicklung, dass wir unser Verhalten ändern können. Auch das Sparverhalten. In Amerika ging die Entwicklung in den letzten zwei Jahrzehnten anhaltend dahin, mehr und mehr des Ersparten auszugeben.

Dass wir tatsächlich fähig sind zu sparen, zeigt sich einmal mehr in Kulturen, die sparsamer sind als wir. Es mag ironisch klingen, aber so schwer es den Amerikanern fällt, ihre Sparrate in die Höhe zu treiben, die japanische Wirtschaft hat genau das umgekehrte Problem: Japanische Privathaushalte geben seit Jahren zu wenig aus. Während wir dem inneren Drang nachgeben und zu viel konsumieren, stellt die Genügsamkeit der Japaner unter Beweis, dass derartige Konsumtriebe veränderlich genug sind, um daneben ein solides Sparverhalten zu entfalten. Unser eigentliches Problem liegt darin, dass unser Sparverhalten allzu leicht beeinflussbar ist. Unternehmen wissen um diesen Schwachpunkt und wollen genau daraus Gewinn schlagen.

Kauf auf Pump! Finanzgesellschaften machen Geld auf die althergebrachte Weise: Sie erheben hohe Zinsen, wenn sie Geld verleihen, und zahlen niedrige Zinsen, wenn wir Ersparnisse deponieren. Profitorientiert, wie diese Firmen sind, machen sie Jagd auf unsere kümmerlich ausgeprägten Finanzinstinkte und nutzen diese und jene Macke in unserem genetischen Vermächtnis für sich aus. Wir müssen lernen, wie ihre Tricks funktionieren. Dann finden wir uns im modernen Finanzdschungel besser zurecht.

Nehmen wir beispielsweise Homer Simpson. Er bestellt praktisch jedes Produkt, das im Fernsehen über die Verkaufssender flimmert. Zum Beispiel sieht er, wie jemand sich sprachgewandt und einwandfrei ausdrückt, und schon bestellt er das Paket mit zwölf Kassetten, mit denen er angeblich viele neue Wörter im Schlaf erlernt. Die Lieferung der Kassetten erfolgt postwendend, während der Zahlbetrag frühestens in 90 Tagen fällig wird. Homers impulsives Konsumverhalten finden wir lustig und amüsant. Warum? Weil es unser eigenes nur leicht überspitzt darstellt.

Wir alle werden beherrscht von einem ungeduldigen, inneren Konsumtrieb. Das wissen die Finanzgesellschaften, und sie wissen auch, dass wir schneller kaufbereit sind, wenn wir das ach so schmerzhafte Bezahlen aufschieben können. Wie wissenschaftliche Versuchsreihen zeigten, waren die wenigsten Kandidaten bereit, für eine Kapitalrendite von 25 Prozent drei Tage lang zu warten. Wurden ihnen zum Beispiel 20 Dollar am selben Tag oder wahlweise 25 Dollar in drei Tagen geboten, entschied sich die Mehrheit der Kandidaten für 20 Dollar am selben Tag. Dabei wären 25 Dollar Rendite hochgerechnet auf ein ganzes Jahr ein sensationeller Gewinn, geschweige denn für drei Tage.

Es sieht ganz so aus, als ob es uns nicht eingehen will, dass Geld mit der Zeit nicht an Wert verliert. Geld ist und bleibt Geld. Nicht wie in grauer Vorzeit, wo die gerade aktuelle Tageswährung, will heißen das jeweilige Nahrungsmittel, *wirklich* an Wert verlor, da Esswaren mit der Zeit eben verfaulen, und wo ein kluger Investor die spätere Kaufkraft der Zahlungsmittel hätte herabsetzen müssen. Aber genau hier liegt das Problem, denn unser Gehirn wurde in dieser Welt programmiert. Und unglücklicherweise hält es sich noch immer an die Spielregeln von anno dazumal, und gerade deshalb sind wir leicht auszuspielen.

Dass Unternehmen diesen ungeduldigen Konsumtrieb in uns zu ihrem Vorteil ausnutzen, steht außer Frage. Und das gelingt ihnen am besten, wenn sie an unser Bedürfnis appellieren, alles haben zu wollen und das möglichst sofort. Einen Wasch-Trockner sofort mitnehmen zu können und erst in 60 Tagen bezahlen zu müssen, kitzelt tief in uns den alten Jäger-und-Sammler-Trieb wach. Da ist es uns auch egal, dass wir am Ende mehr zahlen, als wir eigentlich für angemessen halten. Denn zum Zeitpunkt des Kaufs, wenn wir abwägen zwischen aktuellem Wert und späterer Zahlungsleistung, leiten uns auch heute noch die längst veralteten Instinkte.

Die Straße zur Hölle, so heißt es, ist mit lauter guten Vorsätzen gepflastert. So ist es auch beim Geld: Wir verschwenden oft eine Menge, weil wir uns eine Veränderung zu unserem Vorteil erhoffen, stattdessen aber unserem inneren Konsumtrieb unverändert weiter nachgeben. Wie es um die Ernsthaftigkeit bei guten Vorsätzen bestellt ist, haben Wissenschaftler in einer Studie untersucht. Sie testeten Leute mit dem Vorsatz, mehr ernste und anspruchsvolle Filme sehen zu wollen. Für den Versuchszeitraum von drei Abenden konnten sich die Kandidaten ein Video pro Abend frei auswählen. Die Filme sollten zwar über die drei Abende verteilt gesehen werden, doch die Auswahl wurde bereits am ersten Tag getroffen.

Es zeigte sich ein interessantes Verhaltensmuster. Für den ersten Abend wählten die Leute leichte Unterhaltung aus, heitere Liebesfilme, Komödien oder Actionfilme. Für den zweiten und dritten Abend wählten sie ernstere Filme wie etwa *Schindlers Liste* sowie fremdsprachige Filme.

Am zweiten Abend bekamen die Versuchskandidaten wie gehabt den Film ausgehändigt, den sie sich ausgesucht hatten, doch bot der Versuchsleiter nun an, den Film gegen einen anderen einzutauschen. Ergebnis? Ernste Filme wurden gegen amüsante eingetauscht, nicht aber umgekehrt. Als ob sich die Leute am ersten Tag gesagt hätten: »Heute genehmige ich mir noch was Amüsantes, morgen dann was Ernstes, das man mal gesehen haben muss.« Morgen, morgen, nur nicht heute … – und warum sollte man sich morgen nicht noch einmal amüsieren und nicht doch *Star Wars* sehen?

Unternehmen wissen, dass wir überaus zuversichtlich sind, wenn es um gute Vorsätze für die Zukunft geht. Diese Erkenntnis nutzen sie für sich aus, um Geld zu machen. Sie bieten ein günstiges Einführungsangebot und preisen beispielsweise Kreditkarten mit niedrigem Zinssatz an. Der Trick dabei ist, dass der Zinssatz nach sechs Monaten beträchtlich ansteigt. Gesetzwidrig ist das nicht. Die Banken brauchen diese Bedingungen nicht einmal im Kleingedruckten zu verstecken (obwohl es immer so scheint, als ob sie das tun). Sie könnten sie ebenso gut riesengroß in greller Neonschrift auf einer Werbetafel anbringen: SUPERHOHE ZINSSÄTZE! NICHT IN DEN ERSTEN SECHS MONATEN!

Wegen unserer unumschränkten Zuversicht, dass in der Zukunft alles anders wird als bisher – besser natürlich –, lassen wir uns scharenweise auf diese Art Geschäfte ein. (Sollten Außerirdische einmal die Erde erobern und sich Menschen als Haustiere halten, werden sie unseren unbezähmbaren Optimismus wohl für den liebenswertesten Wesenszug an uns halten.)

Beim Unterzeichnen solcher Verträge freuen wir uns schon auf unser neues besseres Ego, in der Hoffnung, bald selbst einmal die Unternehmen so richtig übers Ohr zu hauen. Es ist uns so ziemlich egal, ob sie uns in sechs Monaten horrende Zinssätze berechnen oder nicht, da wir sowieso vorhaben, bis dahin schuldenfrei (und schlanker) zu sein. Das Ergebnis der Rechnung ist, dass der Durchschnittsamerikaner ein Fünftel seines Einkommens für Kreditkartenzahlungen verpulvert, was ihn hauptsächlich Zinsen kostet.

Finanzen – ... und alles unter Kontrolle. Wie können wir es überhaupt zu etwas bringen unter all den Kredithaien, die in einem Meer verlockender Angebote nur darauf aus sind, Bedürfnisse in uns zu wecken und auszubeuten? Auf unsere Instinkte können wir uns da nicht verlassen. Stattdessen müssen wir üben, üben und nochmals üben, um ein ausgefeiltes Bewusstsein für Finanzangelegenheiten zu bekommen. Um Banken und Unternehmen das anzutun, was sie uns antun, müssen wir die Dinge umkehren und die Plätze vertauschen. Schließlich machen sie mit unserem Geld ein Geschäft, wenn sie uns hohe Zinsen für verliehenes Geld berechnen und niedrige Zinsen für erspartes Geld bezahlen. Vergessen Sie das nicht.

Es geht also darum, die Plätze zu vertauschen. Aber wie?

Schritt eins: Denken Sie in einer einheitlichen Währung! Und zwar in allem, insbesondere, was den Zinssatz nach Abzug der Steuern betrifft. Kreditbearbeitungsgebühren, Sollzinsen, einmalige Zahlungsleistungen oder was es sonst noch so gibt, kümmern uns nicht. Allein auf den Zinssatz kommt es an. Es gibt eine ganze Reihe ausgezeichneter Bücher und Softwareprogramme, die zeigen, wie man Kosten jeglicher Art in Effektivzins umrechnet. Jeder kann die dazu nötigen Rechenschritte lernen, wenn er sich ein wenig Mühe gibt. So einleuchtend uns das vielleicht scheint, die meisten von uns wissen nicht einmal, wie hoch ihre momentane Zinsbelastung liegt.

Schritt zwei: Organisieren Sie Ihr Finanzhaus! Sämtliche Schulden sollten mit dem niedrigstmöglichen Zinssatz belastet und – falls irgend möglich – steuerlich absetzbar sein. Genauso sollten sämtliche Guthaben, die wir anzusparen in der Lage sind, den größtmöglichen Gewinn nach Steuerabzug einbringen.

Beispiel: Stehen wir mit 3 000 Dollar auf unserer Kreditkarte in der Kreide und verfügen gleichzeitig über ein Guthaben von 2 000 Dollar auf einem Sparkonto, verschenken wir bares Geld. Sparkonten bringen kaum Zinsen; läppische 2 bis 3 Prozent, wenn es hoch kommt, während man für Kreditkarten je nach Sollsaldo bis zu 20 Prozent berappen muss. Warum also machen wir es nicht wie die Banker an der Wall Street und verwenden einen Teil des Ersparten, um den Sollsaldo zu mindern? Auf diese Weise erspart uns das Geld, das uns bislang zwei Prozent Zins eingebracht hat, die 20 Prozent Überziehungszins, die uns ansonsten berechnet werden.

Die Notwendigkeit, unsere Finanzen zu organisieren und zu rationalisieren, leuchtet ein – oberflächlich betrachtet. Doch denken wir tiefer darüber nach, heißt das auch, dass wir unsere instinktbedingte Reaktionsbereitschaft auf verlockende Angebote unbedingt zügeln müssen. Das ist umso schwerer, da Unternehmen unaufhörlich Konzepte entwerfen, mit denen sie unsere intuitiven Vorstellungen von Kaufwert am Narrenseil führen.

Schritt drei: Beurteilen Sie Ihr eigenes Konsumverhalten realistisch! Das ist wohl die schwerste Aufgabe von allen. Auch wenn wir noch so sicher sind, dass wir es in naher Zukunft besser machen, sollten wir unser altgewohntes Konsumverhalten genau überprüfen, denn daran können wir geradezu hellseherisch ablesen, ob wir unsere Bedürfnisse künftig zu zügeln imstande sind. Aber keine Angst – nicht dass Sie meinen, Sie müssen sich fortan stundenlang durch langatmige Fernsehdokumentationen quälen, wenn auf einem anderen Kanal eine Seifenoper läuft. Ebenso müssen Sie nicht erst ein komplett anderer Mensch werden, bevor Sie auf Angebote eingehen, die Ihnen Geld sparen.

Letzter Schritt: Ziehen Sie Vorteile aus den Unternehmen. Jedes Unternehmen legt es darauf an, uns Geld abzuluchsen, doch untereinander wetteifern die Firmen um die Gunst des Kunden und sind gezwungen, lohnende Angebote zu machen. Da bieten Telefongesellschaften beispielsweise günstige Einführungspreise oder sonstige Vergünstigungen bei Vetragsabschluss an. Sie setzen darauf, dass wir ihnen auch nach Ablauf des Vertragszeitraums als Kunde treu bleiben. Doch eigentlich können wir das unverbindliche Sonderangebot einfach so mitnehmen und rechtzeitig zum nächsten wechseln, bevor wir am Ende den Kürzeren ziehen. Das ist ganz legal und profitabel obendrein – auch wenn ein solches Kundenverhalten den Unternehmen ein Dorn im Auge ist.

Für viele Probleme hat die Evolution geniale Lösungen gefunden. Stolpern wir beispielsweise und drohen hinzufallen, reagiert unser Organismus reflexartig, um den Fall abzufangen oder den Schmerz möglichst in Grenzen zu halten. Im Bereich Finanzen gibt es derlei instinktive Schutzmechanismen nicht. Bei jedem größeren Vorhaben sollten wir daher Entscheidungen aus dem Bauch unterdrücken und vielmehr aus dem Schatz unseres angesammelten Wissens schöpfen, um das Bestmögliche für uns herauszuholen.

Fett
Menschen, bitte nicht füttern!

Fett oder fit? Im Zoo von Atlanta lebt Chantek, ein intelligenter, liebenswerter Orang-Utan. Er beherrscht die Zeichensprache, verfügt über ein Vokabular von mehr als 150 Wörtern und gilt als begabter Künstler. Heute, mit über zwanzig, ist er längst nicht mehr der Jüngste. Geboren wurde er einst im Yerkes Primate Center in Atlanta, wo man ihn päppelte wie ein Menschenkind – mit Windeln, Babysprache und allem, was dazugehört.

Klar, dass Chantek unter solch menschlichen Rahmenbedingungen *rund und fett* wurde. Mit den Jahren kam er auf gewichtige 500 Pfund und lag damit dreimal über dem Idealgewicht eines Orang-Utans. Voller Sorge, dass seine Lungen unter der enormen Masse zerdrückt werden könnten, wurde ihm unter wissenschaftlicher Aufsicht eine strenge Diät verordnet. Das 500 Pfund schwere lustige Energiebündel, das er bis dahin war, verwandelte sich im Nu in einen vierhundertpfündigen Trauerkloß. Während seiner Abmagerungskur war das Zeichen für Süßigkeiten sein Lieblingssymbol. Er weigerte sich zu malen und aß stattdessen die Zeichenkreide auf, die man ihm zur künstlerischen Betätigung hinlegte.

Einmal gelang es ihm sogar auszureißen. Er machte wilde Drohgebärden und hätte leicht einen Wärter töten können, attackierte dann zum Glück aber nur ein 200-Liter-Fass mit Futter. Man fand ihn schließlich, wie er neben diesem leeren Fass hockte und mit Händen und Füßen in einem fort das Futter in sich hineinschaufelte.

Chantek ist einzigartig, nicht nur wegen seiner menschlichen Kontaktfreude, seiner sprachlichen und künstlerischen Fähigkeiten, sondern auch wegen seines Gewichts. Denn außerhalb von Zoos und Forschungseinrichtungen gibt es keine fettleibigen Orang-Utans. Orang-Utans in freier Wildbahn kommen gerade mal auf grazile 160 Pfund (trotz der genetisch bedingten Begeisterung für Leckerbissen aller Art, die sie mit Chantek gemein haben), da Nahrung im Dschungel von Borneo ohnehin relativ knapp und zudem schwer zu beschaffen ist. Viele von uns haben wie Chantek Probleme, schlank und rank und damit gesund zu bleiben. Wie wir noch sehen werden, liegt die eigentliche Ursache der Gewichtsprobleme – für uns Menschen ebenso wie für Orang-Utans in Zoos – in einem sorgenfreien Wohlstandsleben, wo Nahrung stets überreichlich vorhanden ist. Unser heutiges Essverhalten aber hat sich entwickelt in einer Welt, wo Nahrung im Überfluss ganz und gar undenkbar war.

Auch heutzutage können sich die Ärmsten unter den Armen keine Vorstellung davon machen, dass Überernährung ein Problem sein kann. Auf einer Reise in das ostafrikanische Land Uganda wollte Terry ein paar einheimischen Frauen erklären, was Bulimie ist. Er begann seinen Erklärungsversuch damit, dass Menschen, die an Bulimie leiden, nach dem Essen absichtlich erbrechen. »Warum? Ist das Essen schlecht?«, wollten die Uganderinnen wissen. »Nein, gar nicht«, sagte Terry. »Bulimiekranke wollen es nur einfach wieder loswerden.« Die Frauen starrten ihn verständnislos an, hatten sichtlich Probleme, diese Information zu verarbeiten.

Nachdem Terry noch mehrmals angesetzt hatte, ihnen diese Form der Essstörung begreiflich zu machen, trollten sich die Frauen in der festen Überzeugung, einem Übersetzungsfehler oder dem eigenartigen Witz eines Westlers aufgesessen zu sein. Dass ein überreichliches Nahrungsmittelangebot durchaus ein Problem darstellt, lässt sich diesen Menschen, die chronisch an Hunger leiden, nicht vermitteln – wie auch!

In vielen Ländern gilt Fett noch immer als Zeichen von Reichtum: Mit dem Wort *wohlhabend* bezeichnet man dort auch Dickleibige. In Nigeria gibt es so genannte Speckräume, wo die Braut vor der Hochzeit die Mahlzeiten einnimmt und sich in Ruhe stärkt, um noch ein paar Pfunde zuzulegen, denn, so sagt man, mollige Frauen seien ihren Männern willfähriger und die zusätzlichen Energiereserven einer Schwangerschaft förderlich.

Außerhalb der industrialisierten Welt gehören Hungersnot und Unterernährung noch immer zum Alltag. Jahr für Jahr werden in der Hälfte aller Entwicklungsländer regelmäßig die Nahrungsmittel knapp. Unter diesen Bedingungen lohnt es sich, sich eine eiserne Reserve für die stets lauernde Gefahr einer bevorstehenden Hungerperiode aufzubewahren. Nahrung bedeutet Lebensenergie. Hat man reichlich davon, können ein paar Extrapfunde zugelegt werden, um Hungerperioden zu überstehen. Und in der Tat geht unsere schier unersättliche Fressgier auf unsere früheren Ernährungsgewohnheiten zurück, wo sie einst überlebenswichtiger Teil der menschlichen Natur war.

Auch in der heutigen Zeit meinen es die Gene nur gut mit uns und steuern entsprechend unser Essverhalten. Sie wirken als Überbleibsel aus längst vergangenen Zeiten, in denen Nahrung knapp war, weiter, als hätten sich die Umstände nicht geändert. Das haben sie aber. Und wie. Wir leben wie die Made im Speck, Nahrung ist vorhanden, und wir essen, wann immer wir wollen (ein bisschen wie bei Chantek im Zoo), und wenn wir unser Essen mal nicht zur gewohnten Stunde bekommen, ist das die reinste Hungerkatastrophe.

Unsere Vorfahren fristeten ihr Dasein noch als Jäger und Sammler. Was es heißt, ausgedehnte Streifzüge unternehmen zu müssen, um überhaupt überleben zu können, ist uns in der heutigen modernen Welt kaum mehr begreiflich. Doch auch heute noch müssen viele Menschen jeden Tag aufs Neue lange Wege zurücklegen, um an Nahrung zu gelangen, verbrauchen dabei Hunderte von Kalorien und verbringen Stunden mit der Nahrungszubereitung. Zum Erhalt unseres Lebens brauchen wir eine Menge Energie – Energie, die uns nur die Nahrung liefert.

In der heutigen industrialisierten Welt genügt es, ein paar Mal das Gaspedal zu betätigen, und schon sind wir am Supermarkt angelangt, wo wir eine Riesenauswahl an küchenfertigen Schnellgerichten vorfinden. Von der Garage sind es nur wenige Schritte bis in die Küche, und vom Parkplatz vor dem Supermarkt nur wenige Meter bis zu den Lebensmittelregalen. Und wenn uns die Fahrerei zum Supermarkt zu viel ist, rufen wir den Heimservice an und bestellen uns Pizza oder Chinagerichte direkt ins Haus.

Das moderne Leben wird bestimmt von technischen Geräten wie Fernbedienungen, Telefonen, Kühlschränken, elektrischen Dosenöffnern – alles Maschinen, mit denen wir bequem unseren Kalorienbedarf decken, soziale Kontakte pflegen oder uns einfach nur die Zeit vertreiben, ohne uns dabei groß anstrengen zu müssen. Mal ehrlich, wie viele Schritte sind Sie heute schon gegangen? Sehr wenige, wie die meisten von uns wohl zugeben müssen. Wir sitzen auf der

Couch, im Auto oder am Schreibtisch und geraten erst gar nicht in irgendeine körperliche Energiekrise. Die meisten von uns haben in Form von ungeliebten Schwabbelpolstern an Hüfte, Bauch oder Po ohnehin mehr als genug Energiereserven abgelagert.

Der vom Instinkt geleitete Hungertrieb hielt unsere Ahnen in der rauen Welt von damals, die ihnen alle Kraft abverlangte, am Leben. Stellen wir uns einmal einen Kulturkreis vor, in dem jeder Einzelne ein völlig anderes Essverhalten an den Tag legt. Der eine, der notorische Vielfraß, hat Tag und Nacht nichts als Essen im Kopf, während der andere sich nur einmal am Tag ordentlich satt isst. Wer von beiden hat wohl das größere Energiedepot, will heißen die dickeren Hüften und den dickeren Hintern, falls die Nahrung einmal knapp wird? Wer trotzt dann der Hungersnot und sichert mit den überschüssigen Kalorien auch den Arterhalt? Wer kommt als Ihr Urahne am ehesten infrage? Richtig. Die Dicken und Fetten und sonst niemand.

Die Erbinformation Hunger ist als überlebenssicherndes Merkmal in der genetischen Programmierung des Menschen generationsüberdauernd eingespeichert. Heute jedoch gilt sie eher als ein Programmfehler. Die Konsequenzen der ständigen Esslust sind nicht unbekannt: In Amerika gilt heute jeder Dritte als fettleibig. Fettleibigkeit wird von der American Heart Association definiert als Übergewichtigkeit mit negativen Auswirkungen auf die Lebenserwartung. Bezogen auf das Körpergewicht heißt das: Zeigt die Waage rund 20 Prozent mehr als Idealgewicht an, gilt man nicht mehr als übergewichtig, sondern als fettleibig.

So gut wie sicher ist, dass das Phänomen der Übergewichtigkeit umso häufiger auftritt, je reicher die Gesellschaft und je älter der Einzelne ist. Dabei könnten die meisten Übergewichtigen schon mit nur zehn Pfund weniger auf der Waage die gesundheitlichen Risiken, an Herzinfarkt, Schlaganfall oder Diabetes zu erkranken, deutlich senken. Das wissen wir alle. Und deshalb wären wir froh um jedes Pfund weniger – und der Rest der Welt um jedes Pfund mehr.

Chantek ist fett, weil seine Gene den Verhältnissen in der Wildnis angepasst sind, wo Nahrung knapp und das Leben hart ist. Die Lebensbedingungen der urzeitlichen Menschen glichen eher denen des indonesischen Dschungels, der Heimat der wild lebenden Orang-Utans, als den Verhältnissen einer modernen industrialisierten Welt. Es ist anzunehmen, dass Fettleibigkeit und Übergewicht unter Urmenschen genau so selten waren wie noch heute unter den Primaten in freier Wildbahn. Haustiere wie Hund und Katze werden ebenfalls oft kugelrund, und auch in den Zoos wimmelt es nur so von übergewichtigen Tieren. Vielleicht sollten wir uns besser ein Schild umhängen mit der Aufschrift: GATTUNG MENSCH. BITTE NICHT ÜBERFÜTTERN!

Hunger tut weh. Was wiegt mehr: eine Tonne Federn oder eine Tonne Ziegelsteine? Kinder, auch relativ kleine, kommen schnell dahinter, dass eine Tonne eine Tonne ist, egal, von welchem Material. Genauso hat eine Kalorie einen bestimmten und unveränderlichen Energiewert, egal, von welchem Lebensmittel.

Wer mehr Kalorien verbraucht, als er zu sich nimmt, nimmt ab. Das gilt für jeden, ungeachtet seiner genetischen Anlagen. Die Gleichung geht immer auf, egal, ob wir Kalorien in Form von Hamburgern oder frischem Gemüse zu uns nehmen. Und demzufolge ist es auch egal, ob wir die zugeführten Energiewerte im Fitnessstudio oder im Schlafgemach wieder verbrauchen. Sich einfach aus der Affäre winden und die Schuld auf die ererbten Gene schieben, wenn wir dick und fett werden, gilt also nicht.

Eine wichtige Diätformel heißt: »Gewichtsveränderung = Kalorieninput minus Kalorienoutput«. Doch das ist nur die halbe Geschichte. Die Herausforderung liegt darin, eine dauerhafte Veränderung im Essverhalten herbeizuführen, durch die der Input reduziert und der Output gesteigert wird. Sich über kurz oder lang mit einer Hungerkur zu quälen ist keine schwere Kunst. Eine kurzfristige Abmagerungskur ist noch immer der schnellste Weg, ein paar überflüssige Pfunde (noch rechtzeitig zum gefürchteten Klassentreffen) loszuwerden. Doch eine Patentformel für einen dauerhaften Gewichtsverlust lässt sich weit schwerer definieren.

Wer langfristig erfolgreich abnehmen will und darum ständig Hunger leidet, verfehlt womöglich ganz sein Ziel. Wie es ist, permanent Hungerqualen zu leiden, erfuhren acht menschliche Versuchskaninchen im Rahmen des Biosphäre-2-Projekts am eigenen Leib. Während des zweijährigen Experiments, das von 1991 bis 1993 dauerte, lebten und versorgten sich vier Frauen und vier Männer in einem geschlossenen System von 13 000 Quadratmeter Gesamtfläche zusammen mit Pflanzen und Tieren.

Das so genannte Biodom war konzipiert als funktionelles Labor zur Erforschung der Wechselbeziehungen zwischen den Lebewesen und einem möglichst ungestörten Haushalt der Natur, doch ergaben sich dabei nicht zuletzt auch wichtige Erkenntnisse über die menschliche Natur.

Obgleich den Wissenschaftlern von vornherein klar war, dass sich das Leben in der gläsernen Arche Biodom schwierig gestalten würde, waren sie letztlich doch überrascht von der alles dominierenden Qual, die die Bewohner zu ertragen hatten – dem Hunger. Dass hungernde Menschen mürrisch und reizbar sind, kam bei diesem Projekt ganz deutlich zum Vorschein. Die Biodom-Bewohner nahmen ab, weil sie nur sehr wenig zu essen hatten. Die Knappheit an Lebensmitteln gehörte einesteils zum Konzept eines Experiments über die Auswirkungen einer kalorienarmen Diät, andernteils wurde sie aber auch durch Missernten verursacht. Erwartungsgemäß führte der körperliche Gewichtsverlust zu einer Verbesserung des allgemeinen Gesundheitszustands – einschließlich eines verminderten Herzinfarktrisikos.

Während der Zeit der strengen Diät waren ständige Reibereien unter den Biodom-Bewohnern und übles Gezänk um das Essen an der Tagesordnung, jeder wachte mit Argusaugen über die Essensrationen des anderen. Als sie den Hungerdom, wie sie ihr Domizil titulierten, verließen, sagte einer der acht: »Sollten wir alle irgendwann mal wieder normal miteinander reden, wäre das das Nonplusultra.« Nach ihrer Rückkehr ins normale Leben hatten alle Projektteilnehmer schnell wieder ihr altes Körpergewicht erreicht.

Doch man muss nicht unbedingt 100 Millionen Dollar für ein Projekt investieren, um all das herauszufinden. Der gesunde Menschenverstand sowie wissenschaftliche Versuchsreihen bezeugen, wie qualvoll Hunger sein kann. In einer Studie hatte man Testpersonen sechs Monate lang hungern lassen. Mit der Zeit phantasierten sie immer öfter stundenlang über fette Leckerbissen. Kochrezepte wurden zum Thema Nummer eins und verdrängten sogar das vorherige Lieblingsthema Sex.

Permanent Hunger leiden ist also nicht die richtige Methode, um abzunehmen. Stellt sich die Frage, welche anderen Wege es gibt, die alten Essgewohnheiten zu ändern, um einen dauerhaften Gewichtsverlust zu erlangen. Um das herauszufinden, setzten Forscher eine Gruppe von Affen auf eine äußerst kalorienarme Diät. Nachdem die Affen zuerst einige Pfunde verloren hatten, pendelte sich ihr Gewicht für ganze zwei Jahre auf einen sehr niedrigen Wert ein. Mag sein, dass sie sich in ihrer Affenphantasie von früh bis spät die leckersten Bissen ausmalten, ihr Verhalten jedenfalls schien den Beobachtern ganz normal.

Nach zwei Jahren gewährte man den abgemagerten Affen wieder freien Zugang zu Nahrungsmitteln. Was passierte? Behielten sie ihr Federgewicht? Keineswegs. Nachdem sie nun ein Zehntel der durchschnittlichen Affenlebenszeit ihr Gewicht konstant niedrig gehalten hatten, kamen sie schlagartig wieder auf ihr altes Gewicht.

Neueste Forschungsergebnisse lassen so etwas wie einen bestimmten Fixpunkt im menschlichen und tierischen Organismus zur Regelung des Körpergewichts vermuten (so wie ein Thermostat zum Einstellen und Konstanthalten einer bestimmten Temperatur): Sobald das Gewicht unter den Fixpunkt abrutscht, hungert der Körper nach Kalorien und begibt sich auf die Suche nach Nahrung; sobald es über dem Fixpunkt liegt, sind Körper und Geist frei, sich auf andere Wünsche und Begierden zu konzentrieren.

Doch wie hat man sich einen solchen Fixpunkt vorzustellen? Wie funktioniert diese innere Messuhr? Diätpatienten klagen oft über einen verlangsamten Stoffwechsel und dass sie allein schon beim Anblick einer Torte zunähmen – eine Volksweisheit, die neuere Forschungsergebnisse zu bestätigen scheinen.

Im Rahmen einer Studie bekamen mehrere Testpersonen eine bestimmte Diät verordnet, mit der sie zehn Prozent von ihrem jeweiligen Gewicht zu- beziehungsweise abnehmen sollten. Nachdem sie über mehrere Monate das Zielgewicht gehalten hatten, nahmen Mediziner Messungen der Stoffwechselwerte vor. Diejenigen, die abgenommen hatten, wiesen in der Tat niedrigere Stoffwechselwerte auf. Neben dem Gewichtsverlust arbeitete der Organismus mit aller Kraft daran, jedes einzelne Pfund zu erhalten. Umgekehrt wurden erhöhte Stoffwechselwerte bei denjenigen gemessen, die zugenommen hatten.

Zum veränderlichen Stoffwechselgeschehen kommt hinzu, dass der Körper gegen Hungerkuren ankämpft, indem er Substanzen freisetzt, die den Körper zur Nahrungsaufnahme motivieren. Das Neuropeptid NPY, ein Hirnbotenstoff, der als natürlicher Appetitanreger wirkt, stellt einen typischen Vertreter dieser Substanzen dar. Die NPY-Produktion wird mit zunehmendem Gewichtsverlust gesteigert, und der Botenstoff wird vermehrt ausgeschüttet, sobald die Kalorienzufuhr drastisch sinkt. Mit anderen Worten: Bei akutem Hunger schlägt der Körper sofort Alarm: »Hilfe, Not am Mann, muss schleunigst was essen.«

Diese natürlichen Stoffwechselreaktionen kommen sämtlichen Abmagerungsversuchen in die Quere, doch auf der anderen Seite sind sie für Menschen ohne gesicherte Nahrungsversorgung lebenswichtig. Eine Hungersnot nach der anderen sowie unzählige Hungerqualen gehörten zum Schicksal unserer Urahnen und zwangen sie zur unentwegten Suche nach Essbarem. Für Nahrung boten sie alle Kräfte auf und gaben insbesondere in Zeiten des Nahrungsmangels ihr Letztes. Sie aßen so viel wie irgend möglich und speicherten die gewonnene Energie für Notzeiten. Da es ja keine Kühlschränke gab, waren Fettdepots im Körper die geeignetste Form für eine langfristige Energiereserve. Gleichzeitig entwickelten sich Mechanismen, um die Stoffwechselvorgänge während einer Hungerperiode zu drosseln.

Hungerkuren sind anscheinend nicht nur für die Katz, sondern je nachdem auch noch gesundheitsschädlich. Wie wir gesehen haben, rutschen die Stoffwechselwerte bei einer Abmagerungskur rasant in den Keller. Zudem kommt es zu einer Beeinträchtigung wichtiger Körperfunktionen. Das ist ungefähr so, wie wenn jemand eine finanzielle Durststrecke hat und deshalb die eigentlich wichtigen Dinge – etwa die Bremsen am Auto reparieren zu lassen – aufschiebt. Genauso wird eine ganze Reihe von Stoffwechselvorgängen bei akutem Hungergefühl verlangsamt beziehungsweise komplett zum Stillstand gebracht. Vom Hunger geplagte Versuchstiere verlieren ihren Sexualtrieb fast gänzlich und sind immunanfälliger.

Doch trotz dieser neu gewonnenen Einsichten bleiben wichtige Fragen offen: Kann der Fixpunkt verändert werden? Oder gewinnen unsere hinterlistigen Gene den Kampf gegen die Pfunde sowieso?

Abnehmen. Auf der Suche nach einer Schlankmacher-Wunderpille machte man in der pharmazeutischen Forschung im Zuge medizinischer Studien eine beinahe absurde Entdeckung. In medizinischen Forschungsreihen werden neu entwickelte Schlankheitspillen immer an zwei Versuchsgruppen getestet. Den Testpersonen der einen Gruppe wird das Testpräparat verabreicht, der Vergleichsgruppe hingegen unwirksame Scheinmedikamente – Placebos. Da Placebos in Aussehen und Geschmack einem echten Arzneimittel gleichen, weiß niemand der Teilnehmer, nicht einmal der verabreichende Arzt, wer die echte Pille und wer das Scheinmedikament bekommt. Ziel dabei ist, die Wirkkraft der neuen Präparate unabhängig vom Testverlauf zu belegen.

Erwartungsgemäß zeigten ein paar der neuen Präparate Wirkung, andere nicht. Doch das auffälligste Ergebnis am Ende der Testreihen war, dass die Teilnehmer aus der Placebo-Gruppe durchweg an Gewicht verloren hatten. Wie eine Studie über die Wirksamkeit der neuen Diätpille Xenical ergab, verloren 25 Prozent der Placebo-Testpersonen wenigstens zehn Pfund. Wie ist dieses Ergebnis zu bewerten? Handelt es sich um eine Art Wunderpille? Wohl kaum. Auch wer unwissentlich das Scheinmedikament einnahm und nicht das Diätpräparat, beobachtete sein Gewicht ganz genau und achtete bewusster als sonst auf seine Ernährung – das ist der ganze Trick dabei.

Vielleicht waren es ja nur das bewusste Ernährungsverhalten und das genau geführte Gewichtsprotokoll, die die Gewichtsreduktion in der Placebo-Gruppe förderten. Und vielleicht ist das auch schon das ganze Geheimnis hinter etlichen absurden Diätprogrammen, wonach beispielsweise nur Nahrung einer bestimmten Farbe an einem bestimmten Tag (dann aber »so viel man möchte«) verzehrt werden soll. Die sorgfältige Gewichtskontrolle ist eine ganz wichtige Komponente, die Selbstbeherrschung zu schulen.

Zu einem ähnlichen Ergebnis kommen auch andere wissenschaftliche Untersuchungen. Da die meisten Diätkostler nicht in der Lage sind, das reduzierte Gewicht auf Dauer zu halten, konzentrierte man sich in einer Studie auf diejenigen, denen genau das gelungen war, und fand heraus, dass alle Erfolgsgeschichten eines gemeinsam hatten: ein bewusstes und kontrolliertes Ernährungsverhalten ohne strenge Diäten. Keiner der Erfolgshelden kam auf die Idee, Hunger zu leiden. Vielmehr achtete jeder ganz genau auf alles, was er sich in den Mund schob (genau wie die Placebogruppe in der Schlankheitspillen-Studie).

Kontrolle halten ist die eine Sache. Doch darüber hinaus können einfache vorbeugende Maßnahmen ebenso hilfreich sein. Stellen wir uns einmal Folgendes vor: Jay ist eines Sommerabends auf eine Grillparty eingeladen und zwingt sich, vorher noch drei unbelegte Brötchen zu essen, wohl wissend, dass es auf der Party jede Menge kalorienreiche Leckerbissen geben würde. Ganz besonders graut es ihm vor den vielen Cheeseburgern und Nachos, die er nur allzu gerne verspeisen würde. Indem er sich nun gewissermaßen eine Art Kampf im Vorfeld liefert und sich die Brötchen einverleibt, hat er seinen Appetit mit einem Minimum an fettreichen Kalorien gedrosselt und somit auch mehr Willensstärke, der Versuchung der gefährlichen Delikatessen zu widerstehen.

Um erfolgreich abzunehmen, sollte man genau überlegen, welche Nahrungsmittel man zu sich nehmen will, und sich auch strikt daran halten. Denn unser genetisches System wird gegen jeden Versuch, die Kalorien*zahl* zu reduzieren, ankämpfen. Berücksichtigen wir jedoch die Kalorien*typen*, steigen unsere Chancen, diesen Kampf zu gewinnen. Jay beispielsweise befolgte seinen Diätplan, der nur fettarme Kost vorsieht, indem er vor der Grillparty langweilig schmeckende Brötchen verzehrte. Welche Kalorientypen wir uns für eine Diät wählen, mag vielleicht unbedeutend scheinen, doch spielt die richtige Auswahl eine zentrale Rolle, um die Kontrolle über die tatsächlich zugeführte Kalorienmenge zu behalten.

Auf diese Weise (die Methode hat, so simpel sie ist) machen wir gleich zwei Schritte in die richtige Richtung. Schritt eins: Wir bestimmen, welche Art Nahrung wir zu uns nehmen. Ob wir eine fettarme, kohlenhydratreiche Diät machen oder lieber die kohlenhydratarme Atkins-Diät, sollte im Vorfeld entschieden werden. Schritt zwei: Um unser Ziel nicht aus den Augen zu verlieren, kontrollieren wir regelmäßig unser Gewicht und protokollieren offen und ehrlich, was wir alles verzehren. Und müssen wir uns dann wohl oder übel eingestehen, doch einmal drei bis vier Schokoladenkekse verspeist zu haben – auch wenn unsere Kontrollliste kein anderer zu Gesicht bekommt –, wird das den ein oder anderen bestimmt dazu bewegen, dieser Versuchung künftig zu widerstehen.

Ein paar Menschen werden ihr evolutionäres System besiegen und dabei schier umkommen vor Hunger. Die große Mehrheit jedoch wird früher oder später von unseren ewig nimmersatten Genen genötigt, in etwa die bisher gewohnte Kalorienzahl zu sich zu nehmen. Gut zu wissen – denn nun können wir uns getrost an unsere nächste Mahlzeit machen, ganz realistisch sein und das Essen noch mehr genießen.

Kennen Sie das? Sie wachen mitten in der Nacht auf und denken an die Kekse, die Sie im Schrank versteckt haben. Sie stehen auf und futtern alle weg. Oder Sie sind fest entschlossen, im Supermarkt diesmal nur gesunde Kost einzukaufen, kaufen dann aber doch eine Tafel Schokolade und vertilgen sie gleich vor dem Supermarkt auf dem Weg zum Auto. Kommt Ihnen das bekannt vor? Macht nichts. Sie sind eben ein Mensch mit ganz normalen Genen.

Sokrates behauptete von sich, der schlaueste Mann in ganz Athen zu sein, da er wusste, dass er eigentlich ganz schön dumm ist. Um ein Diätprogramm durchzuziehen, müssen wir Stärke beweisen, und dazu gehört zu wissen, dass wir auch schwache Momente haben werden. Und zu wissen, wo die eigenen Schwächen liegen, ermöglicht uns, Fehltritte zu minimieren und den Schaden, den wir uns in besonders schwachen Momenten zufügen, in Grenzen zu halten.

Kommen wir noch einmal zurück auf die nächtlichen Fressattacken, wenn wir spüren, wie unsere Lieblingsleckerbissen mitten in der Nacht den Gaumen kitzeln – Schokoriegel etwa oder eine Riesenportion Müsli. Doch normalerweise haben wir auch Phasen – nach dem Abendbrot etwa –, wo wir pappsatt sind und Schokoriegel oder sonstiges Naschwerk uns nicht im mindesten reizen können. Wir fühlen uns dermaßen satt, dass wir uns überhaupt nicht vorstellen können, je wieder irgendetwas Schokoladiges essen zu wollen.

Doch unser Alter Ego, mit dem wir auf Du und Du stehen, das uns mitten in der Nacht aufweckt, ist in Sachen Gaumenschmaus entschieden anderer Meinung. Besiegen Sie diesen inneren Schweinehund, indem Sie ihn hoppnehmen und gleich nach dem Abendbrot alle Schleckereien ausmisten – oder, noch besser, gar nicht mehr kaufen. Legen Sie dem kleinen Schweinehund eine Notiz in den leer geräumten Schrank: »Liebes kleines gemeines gengesteuertes Monster, haha! Keine Schokolade da. Wie wär's mit einem Reisfladen, und bedanke dich am Morgen gefälligst bei mir.«

Jeder von uns hat Phasen der Stärke und der Schwäche, die er so ziemlich im Voraus kennt. Vorbeugende Maßnahmen sollte man daher am besten dann ergreifen, wenn wir uns gerade sehr stark fühlen. Problem und Lösung sind bei jedem Einzelnen zwar individuell verschieden, doch dreht es sich im Grunde immer um das gleiche Thema. In den folgenden Fallbeispielen erkennt sich der eine oder andere vielleicht wieder und kann den Lösungsansatz einmal ausprobieren:

Problem: Meiner Leidenschaft für Knabberzeug möchte ich schon gerne frönen, aber ich überfresse mich immer. Da entschließe ich mich zum Beispiel, nur ein paar Kartoffelchips zu essen, kaufe eine Großpackung, weil ich vorhabe, erst mal nur die Hälfte zu essen, und dann ist doch die ganze Packung leer.

Lösung: Öffnen Sie die Packung, und teilen Sie die Chips in zwei Haufen. Die Chips auf dem einen Haufen essen Sie, die auf dem anderen Haufen zerbrechen und zerstückeln Sie, noch bevor Sie überhaupt anfangen zu essen. Das kann nicht so schwer sein, da Sie ja im Begriff sind, im nächsten Moment die leckeren Chips auf dem noch übrigen Haufen zu verputzen. Das ist Ihr Moment der Stärke. Nutzen Sie ihn! Wenn Sie die zerbrochenen Chips wegwerfen, stellen Sie sicher, dass sie auch ja ungenießbar sind, damit es dem inneren Schweinehund nicht einfällt, nachts um vier den Mülleimer danach zu durchstöbern.

Problem: Ich nehme mir vor, zwischen Mittag- und Abendessen nichts zu essen. Doch dann habe ich am Nachmittag doch Hunger und esse Schokolade.

Lösung: Wählen Sie sich aus Ihrem Gesamtdiätplan einen passenden Nachmittagssnack aus, den Sie dann immer mit dabeihaben. Überkommt Sie der Hunger, haben Sie stets eine passende Mahlzeit für zwischendurch parat. Zu glauben, dass man den Hunger die ganze Zeit aushalten kann, ist unrealistisch. Essen muss man und wird man auch. Diese Tatsache müssen Sie akzeptieren, aber sorgen Sie dafür, dass die Nahrungsmittel, die Sie sich für Ihren Diätplan ausgesucht haben, auch immer griffbereit sind.

Problem: Ich kaufe immer die falschen Nahrungsmittel ein. Sobald ich den Supermarkt betrete, bewegt sich mein Einkaufswagen fast wie von selbst in den Gang mit den Limonaden und den Chips, obwohl ich mir noch unmittelbar vorher geschworen habe, nur gesundes Essen zu kaufen.

Lösung: Es hat sich allgemein bewährt, möglichst immer nach dem Essen einkaufen zu gehen. Lässt es sich für Sie einrichten, gewöhnen Sie sich an, die Mahlzeiten vor den Einkauf zu legen. Falls nicht, greifen Sie zu drastischeren Maßnahmen und gehen selber gar nicht mehr einkaufen. Zum Beispiel machen Sie eine Einkaufsliste und schicken jemanden. Oder Sie nutzen die modernen Online-Möglichkeiten, mit Hilfe derer das Einkaufen im Supermarkt immer einfacher wird; steigen Sie dann aber nicht dem Lieferanten aufs Dach, weil er braunen Vollkornreis statt Brownies bringt.

Problem: Wenn ich eine Party gebe, besorge ich alle möglichen Lebensmittel, die natürlich aus meinem Diätrahmen fallen. Ich habe ja nichts dagegen, mir während der Party den ein oder anderen Leckerbissen zu gönnen, doch ist das Fest vorbei, verschlinge ich gierig die ganzen Reste.

Lösung: Sobald die Party vorbei ist, entsorgen Sie alle gefährlichen Leckerbissen. Geben Sie Ihren Gästen Reste mit, oder verteilen Sie sie an Nachbarn. Wenn es gar nicht anders geht, verbuddeln Sie sie hinterm Haus. Ignorieren Sie den Aufschrei Ihrer inneren Stimme, dass es sich nicht gehört, Essensreste wegzuwerfen. Natürlich ist es allemal besser, sie zu verschenken beziehungsweise erst gar nicht so viel einzukaufen. Aber man hat sicher nichts davon, etwas zu essen, nur damit es gegessen ist, und sich hinterher zu wünschen, es bloß nicht gegessen zu haben.

Problem: Im Flugzeug wird zum Essen immer ein leckeres Brownie serviert. Ich sitze im Flugzeug wie ein Gefangener, mir ist langweilig, ich bin müde und hungrig. Also esse ich den Keks meistens auf.

Lösung: Glücklicherweise kommt mit dem Essen und dem Brownie meist auch ein kleines Päckchen Mayonnaise. Jay reißt es immer sofort auf und schmiert die ganze Mayonnaise auf das Brownie. Auf diese Weise kommt er gar nicht mehr in Versuchung, es aufessen zu wollen, denn das Brownie ekelt ihn jetzt förmlich an. Wer weiß, vielleicht tragen wir ja eines Tages mal eine Flasche Gen-Antiwürzspray in verschiedenen Geschmacksrichtungen wie Schimmel, verfaulte Eier oder Fischeingeweide mit uns herum.

All diese kleinen Anekdoten spiegeln Sokrates' Erkenntnis wider: Zu wissen, dass wir schwach sind, macht uns stark.

Überleben nur die Faulsten? 1984 wog Peter Maher mehr als 250 Pfund und rauchte drei Schachteln Zigaretten am Tag. Obwohl er im Sport nie eine Leuchte war, wettete er eines Tages mit ein paar Kumpels darauf (wahrscheinlich aus einer Bierlaune heraus), dass er einen Marathon schaffen würde. Er fing an zu laufen und gewann die Wette.

Zugleich entdeckte er, dass er ein angeborenes besonderes Talent zum Laufen hatte. Er wurde Profi-Läufer, lief den Marathon in zwei Stunden und elf Minuten und lag damit nur sechs Minuten hinter der Weltbestzeit. Bei einer Statur von 1,90 Metern hat er nun nur noch 140 Pfund auf den Rippen. Er sorgt sich nach wie vor um sein Gewicht, befürchtet nun aber eher, dass er zu sehr abmagert.

Doch auch wenn wir keinen Marathon schaffen, hat sportliche Betätigung einen ganz offensichtlichen Nutzen im Kampf gegen die Pfunde. Körperliche Aktivität verbraucht Energie, steigert die Stoffwechselrate und macht den Körper muskulöser. Wie Peter Maher gibt es haufenweise Menschen, die liebend gerne Sport treiben. Die Mehrheit jedoch schnürt sich die Nikes für einen kurzen Dauerlauf genauso selten, wie sie zum Zahnarzt geht. Warum tun wir uns so schwer, etwas anzugehen, das uns ganz eindeutig von Nutzen ist?

Die meisten Tiere sind faul. Mäuse zum Beispiel. Wissenschaftler untersuchen die Auswirkungen von Extremsportarten daher an Rennmäusen. Das Problem ist, dass Mäuse an sich ebenso ungern Marathon laufen wie die meisten Menschen.

Setzt man Mäuse in kleine Laufräder, treten die meisten einfach in Streik. Sie bringen es sogar fertig, so lange auf der Spannrolle zu sitzen, bis die Haut an ihren Fußballen wund wird und aufscheuert. Mäuse haben eine außerordentliche Erfindungsgabe, um körperliche Anstrengung zu vermeiden; sie pressen sich gegen die Wand, strecken alle viere von sich, verrenken sich gar – tun alles, um ja nicht laufen zu müssen. Wer sich schon einmal die tollsten Ausreden parat gelegt hat, um sich vor sportlicher Schinderei zu drücken, kann das nachfühlen.

Neben Orang-Utans wie Chantek gibt es im Yerkes Center auch viele Schimpansen. Auch diese Population von Zooprimaten ist – wie kann es anders sein – übergewichtig und faul. Eine der Mutterschimpansinnen trägt den Namen Natasha, wird aber wegen ihres riesigen Umfangs auch Na-*tank*-a genannt.

Die Schimpansen sind zwar allesamt mehr als wohlgenährt, schreien und rennen aber trotzdem jedes Mal wie wild durch die Gegend, wenn jemand eine Kiste Orangen bringt – außer Natanka. Sie bewegt sich nicht so leicht vom Fleck, bleibt vielmehr direkt unter dem Ausgabepodest hocken und bettelt um das Obst mit langsamen und trägen Armbewegungen, was nicht mehr Energie kostet, als auf die Fernbedienung zu drücken, um das Fernsehprogramm umzuschalten. Sie bewegt sich allenfalls mal zehn Zentimeter, um eine saftige Frucht zu fassen zu bekommen; wollte man ihr das Maß an Bewegung verschaffen, das einem ausgiebigen Rundgang durchs Gehege entspräche, müsste man ihr die Orangen eimerweise, einzeln und zentimetergenau direkt vor die Nase servieren.

Faulheit bekommt den meisten Tieren ganz gut. (Lassen Sie das nicht Ihre Kinder hören.) Um das zu verstehen, müssen wir uns vom Sofa bequemen und uns in das Leben wild lebender Primaten hineindenken. Energie in Form von Nahrung zu bekommen kostet viel Mühe, und einmal gewonnen, sollte man sie nicht gleich vergeuden.

Das ist der Grund, warum der Löwe fast den ganzen Tag verschläft, die Maus sich im Laufrad hinhockt und der Mensch die körperliche Ertüchtigung meidet wie die Pest. Die Einzigen, die sich in den armen Ländern dieser Welt sportlich betätigen, gehören zu einer privilegierten Schicht – Reiche, Touristen oder Profisportler. Ähnlich verhalten sich Menschen in den noch heute existierenden Jäger-und-Sammler-Gesellschaften – sie sind aktiv und rührig, doch der Gedanke an unnötige körperliche Anstrengung ist ihnen fremd.

Die Evolution begünstigt sparsame Organismen und fällt ein vernichtendes Urteil gegen solche, die leichtfertig Energie vergeuden. Was passiert mit Tieren, die unnötig Energie verschleudern? Sie sterben, und ihre Gene mit ihnen. Demzufolge stammen wir von Menschen ab, die ihre Energie für körperliche Aktivität äußerst sparsam verwerteten, und diese Energie erhaltenden Gene tragen wir in uns.

Runter von der Couch! Körperliche Bewegung tut gut. Gar keine Frage. Doch hat uns die Evolution so gestaltet, dass wir die Faulheit lieben. Unsere Gene glauben noch immer, dass hinter jeder Ecke eine Hungersnot lauert, und so speichern sie jede Kalorie auf, indem sie uns körperlich träge machen, wann immer es geht. Können wir es also jemals schaffen, uns von der Couch zu bewegen?

Kehren wir noch einmal zurück zu unseren faulen Mäusen, denen Laufen absolut zuwider ist. Während sie kaum dazu zu bewegen sind, ohne Grund ausgelassen zu laufen, lieben sie einen ordentlichen Dauerlauf, wenn es einen triftigen Grund dafür gibt. Sind sie zum Beispiel hungrig, verbringen sie fast den ganzen Tag damit zu rennen. Warum? Nun, weil sie unter anderem nach Nahrung suchen. Natürlich kommen sie nicht von der Stelle, wenn sie im Versuchslabor in einem fort das Laufrad drehen, doch sie denken, dass sie ein ganzes Territorium nach Nahrung absuchen. In einer Studie liefen hungrige Mäuse täglich um die fünf Kilometer, was grob gerechnet der doppelten Laufstrecke wohlgenährter Mäuse entspricht.

In einer ähnlichen, leicht grausam anmutenden Studie hatte der Forscher Richard Simmons ein Intensivprogramm konzipiert nach der Devise »Nahrung gegen Bewegung«: Die Mäuse bekamen nur dann Nahrung, wenn sie das Laufrad drehten. Immer, wenn sie eine bestimmte Anzahl von Umdrehungen geleistet hatten (zwischen 75 und 275 Umdrehungen pro Häppchen), wurden sie mit einem kleinen Häppchen belohnt.

Je mehr Umdrehungen sie sich für ein Häppchen erlaufen mussten, desto unentwegter liefen sie; die Aktivsten unter den Mäusen drehten das Laufrad im Schnitt sogar bis zu zehn Stunden am Tag. Dass diese Mäuse am Ende weit weniger wogen als ihre Artgenossen, die sich nicht für ihre Nahrung abstrampeln mussten, überrascht nicht weiter. (Vielleicht sollte Richard Simmons auch einmal Fernseher erfinden oder Kühlschränke, die nur über ein Trimmrad betrieben werden können.)

Auf der Suche nach mehr Körperbewegung haben wir zwei Möglichkeiten: permanent gegen unsere Gene anzukämpfen oder sie zu überlisten. Wo zum Erreichen eines lohnenden Ziels körperliche Anstrengung erforderlich wird, erlahmt womöglich die dazu nötige geistige Kraft oder Willensstärke. Welche Art Ziele unsere Gene als lohnend erachten, ist von Mensch zu Mensch unterschiedlich, doch es gibt einige gemeinsame Ansatzpunkte.

Anita ist sechsundzwanzig Jahre alt und lebt in Boston. Jeden Morgen um sechs Uhr geht sie zusammen mit ihrem Laufpartner am Charles River joggen. Nun gibt es Morgen, an denen Anita vor Müdigkeit kaum aus den Federn kommt. Dann will sie ihren Laufpartner am liebsten anrufen und absagen, traut sich aber nicht, da der mit ein paar Zimmergenossen zusammen in einem Mehrbettzimmer schläft, wo es nur ein Gemeinschaftstelefon gibt. Mit einem Anruf würde sie alle Mann aus dem Bett klingeln. Diese Verknüpfung der Umstände – die Zimmergenossen ihres Laufpartners nicht wecken zu wollen oder eine Verabredung nicht einzuhalten – ist für Anita ideal und für einen Trainingserfolg höchst effektiv. Vielen Menschen ist es lieber, einen Trainingspartner zu haben oder in einem Mannschaftssport aktiv zu sein.

Andere wiederum lassen sich mit Geld zu sportlicher Betätigung motivieren. In einer Studie wurden den Testpersonen Dauerkarten für das Theater ausgegeben. Die Hälfte aller Personen bekam die Theaterkarten geschenkt, die andere Hälfte musste sie aus eigener Tasche bezahlen. Am Ende der Saison stellte sich heraus, dass diejenigen, die ihre Eintrittskarten selber bezahlten, am Ende bedeutend mehr Theaterstücke besucht hatten. Genauso gibt sich manch einer eher einen Ruck, regelmäßig etwas für die körperliche Fitness zu tun, wenn er im Sportstudio eine Dauerkarte bezahlt hat. Der Anspruch an sich selber, sein Geld nicht zu verschwenden, kann mitunter stärker sein als die Tendenz zur Faulheit.

Das erinnert uns ein wenig an unser letztes Zusammentreffen mit Chantek, dem Orang-Utan. Als wir ihn kennen lernten, war er auf Diät, war hungrig und wütend und träumte von Leckerbissen. Nach seinem Ausriss und der Eskapade mit dem Futterfass kam er in ein neues Gehege. Sein Revier war jetzt um einige Morgen größer, und er musste eine gute Strecke zurücklegen, um zu seiner Futterstelle zu gelangen.

Orang-Utans in freier Wildbahn haben ihr festes Territorium und verbringen einen Großteil der Zeit damit, ihr Dschungelrevier zu durchforsten. Auch Chantek gefällt es (oder er fühlt sich getrieben) umherzustreifen, um sicherzugehen, dass auch ja kein anderer Orang-Utan-Mann in sein Areal eindringt. Natürlich wird er im Zoo nie auf Eindringlinge treffen, aber das können seine Gene ja nicht wissen. Unterm Strich hat Chantek nun reichlich Bewegung, hat auch ohne strenge Diät tüchtig abgenommen und wiegt nur noch die Hälfte seiner ursprünglichen 500 Pfund.

Die menschliche Natur verabscheut sinnlose Energieverschwendung, doch kann sie uns in vielen Lebenslagen auch zu körperlicher Aktivität bewegen. Chantek wurde aktiver, da er für seine Nahrung etwas tun musste und es ihm dazu Spaß machte, sein Territorium zu durchstreifen. Auch der fast immer vor sich hin dösende Löwe setzt sofort zum schnellen Sprint an, sobald sich die Gelegenheit zur Jagd auf eine Gazelle oder Hyäne bietet. Warum es also nicht den Löwen gleichtun? Wer sich in bestimmten Situationen eine entsprechende Belohnung in Aussicht stellt, kann seine Faulheit überwinden. Indem wir es so einrichten, dass wir gezwungen sind, körperlich aktiver zu sein, verlieren wir ein paar Pfunde und leben zudem gesünder, ohne gleich hungern zu müssen.

Lebensmittelersatzstoffe, Operationen und Pillen. Eigentlich leben wir selbst wie im Zoo, haben Nahrung im Überfluss, sind umgeben von arbeitssparenden Geräten und Maschinen, die uns das tägliche Leben erleichtern und uns das sichere Gefühl geben, dass kein Wunsch weiter als ein Knopfdruck entfernt ist. Unsere Gene haben uns instruiert, Essen zu lieben und körperliche Betätigung zu hassen; demzufolge liegt die Ursache unserer Gewichtsprobleme darin, dass unsere ungezähmten Gene auch heute noch in einer gezähmten Welt lebendig sind. Diese Gene werden sich wohl kaum in absehbarer Zeit verändern, und auch eine Nahrungsmittelknappheit steht nicht unmittelbar bevor. Insofern haben uns die technologischen Erfindungen der Neuzeit bei allem Reichtum auch Gewichtsprobleme beschert. Da könnten sich kluge Köpfe doch eigentlich auch zu Erfindungen inspirieren lassen, mit denen wir schlank bleiben?

Die moderne Verfahrenstechnik forscht an der Entwicklung von Nahrungssubstituten. Was es damit auf sich hat, verstehen wir besser, wenn wir uns zunächst mit dem synthetischen Fettersatzstoff Olestra beschäftigen. Fettreiche Speisen lieben wir deshalb, da auf unserer Zunge Tausende von spezifischen Detektoren liegen, Geschmacksknospen, die unser Gehirn stimulieren, wenn wir etwa Nüsse, Avocados, Käse oder rote Wurst- und Fleischwaren essen. Nach jeder fetten Mahlzeit kommt es gleichsam zu einem beglückenden Völlegefühl im Gehirn, ein Prinzip, das sich entwickelt hat, da Fette den größten Energiegehalt pro Mahlzeit liefern. Unsere uralten Gene orientieren sich auch heute noch daran, wenn sie uns für jede aufgenommene Kalorie belohnen; auf der Suche nach energiereicher Nahrung sei den Fetten daher Preis und Dank (und das bekommen sie ja auch).

Wer mag sie nicht – Kalorienbomber wie frittierte Nachos mit Käse und Guacamole; wenn da nur nicht die vielen Kalorien wären. Wären alle Speisen mit Olestra (fettfreies Fett) zubereitet, könnten wir schlemmen, ohne gleich jede Ernährungssünde büßen zu müssen. Ein Teil der Molekularstruktur dieses künstlichen Fettersatzstoffs ähnelt in der chemischen Zusammensetzung den Nahrungsfetten, sodass die Detektoren angeregt werden, das Gehirn in Hochstimmung zu versetzen. Das Besondere an Olestra ist, dass es nach Fett schmeckt, im Verdauungstrakt des Menschen aber nicht aufgespalten werden kann und unverändert wieder ausgeschieden wird. Daher liefert es dem Körper keine Kalorien. Dennoch wird dem Körper vorgetäuscht, man habe gerade ein sättigendes Mahl eingenommen.

Die Ernährungsindustrie verwendet eine ganze Palette anderer Substanzen, darunter den Süßstoff Nutrasweet, die ähnlich strukturiert sind und unseren Körper gleichsam hinters Licht führen. Natürliches Fett sowie Zucker und Salz schmecken großartig, können aber schädlich sein. Synthetische Austauschstoffe hingegen versprechen die zollfreie Befriedigung der Gelüste. Sie – wie viele weitere, die sich derzeit noch in der Entwicklung befinden – ermöglichen die Herstellung von geschmackvollen kalorienarmen Speisen. Das klingt einfach. Doch funktioniert es auch?

Um das herauszufinden, wurden Testpersonen zunächst in zwei Gruppen eingeteilt. Beide Gruppen sollten Kekse essen. Unwissentlich bekam die eine Gruppe mit Zucker gesüßte Kekse verabreicht, die andere mit Nutrasweet gesüßte, welche aber genau gleich aussahen und auch gleich gut schmeckten. Die Forscher stellten fest, wie viele Kekse jeweils verzehrt wurden. Und siehe da – beide Gruppen hatten am Ende gleich viele Kekse verzehrt. Folglich konsumierten die Personen aus der Gruppe der mit Zucker gesüßten Kekse wesentlich mehr Kalorien als die der Vergleichsgruppe. Ein Sieg der Technologie? Nicht unbedingt.

Die Testpersonen wurden darüber hinaus gebeten, während der Versuchsreihe über die sonstige verzehrte Tageskost genau Buch zu führen. Die Personen der Nutrasweet-Gruppe nahmen insgesamt mehr Nahrung zu sich als diejenigen aus der Gruppe der mit Zucker gesüßten Kekse. Auffallend dabei war, dass die Gesamtkalorienzufuhr beider Gruppen unbestreitbar identisch war. Zudem aßen diejenigen aus der Nutrasweet-Gruppe mehr Zucker. Am Ende hatten alle Versuchspersonen jede Menge Zucker und Kalorien aufgenommen, aber nur die eine Gruppe auch jede Menge Nutrasweet.

Die Rettung für alle Übergewichtigen sind Lebensmittelersatzstoffe also nicht. Manche greifen deshalb zu drastischeren Maßnahmen wie operativen Eingriffen. So gibt es für Leute mit gesundheitsgefährlichem Übergewicht die Möglichkeit einer so genannten Magenbandoperation, bei welche der Magen operativ verkleinert wird. Patienten mit einem Magenband haben weniger Hunger und sind schneller satt als vor dem Eingriff. Wie Langzeitstudien zeigten, war das Gewicht bei Patienten mit Magenband über einen Zeitraum von gut zehn Jahren im Schnitt um einhundert Pfund gepurzelt – und die Pfunde blieben weg.

Operative Eingriffe, die den Dünndarm teilweise oder ganz entfernen, reduzieren ebenfalls Gewicht. Die Nahrung passiert den verkürzten Darmkanal, noch bevor alle Kalorien resorbiert werden können. Im Endeffekt ähnelt dies der Aufnahme von Olestra: Olestra schmeckt täuschend echt nach Fett und erzeugt daher ein beglückendes Völlegefühl im Gehirn, kann aber im Darmkanal nicht aufgespalten werden.

Weniger radikal verläuft die Liposuction, das Entfernen der Fettzellen durch Fettabsaugung – ein chirurgischer Eingriff, der in den letzten Jahren immer beliebter wurde. In den Vereinigten Staaten wurden allein 1998 170 000 solcher Operationen durchgeführt. Doch zum Leidwesen der Patienten legten sie die verlorenen Pfunde mit der Zeit wieder zu, auch wenn die Fettpolster nun an anderen Stellen auftraten. Angesichts dieses Ergebnisses sollte man vielleicht besser von Körper-Modelling für die schlanke Linie sprechen als von Liposuction.

Lebensmittelersatzstoffe und Operationen können offenbar nicht für eine dauerhaft schlanke Linie garantieren. Aber wie steht es mit rezeptpflichtigen Diätpillen? Sind sie der Schlüssel zur Traumfigur? Ein weltbewegender Durchbruch ist in diesem Bereich zwar noch nicht geschafft, doch die Idee, Medikamente zu entwickeln, die auf die Fettbilanz des Körpers einwirken, ist klar definiert.

Die Abmagerungspille Fen-Phen (ein Kombinationspräparat aus Fenfluramin und Phentermin = Fen-Phen) wurde über zwei Jahrzehnte rund fünf Millionen Mal an amerikanische Frauen verschrieben, bevor man herausfand, dass sie die Funktion der Herzklappen massiv stören kann. Das kombinierte Präparat besteht aus einem Appetithemmer und einer amphetaminähnlichen Substanz; wie alle erfolgreichen Abmagerungspillen kam auch Fen-Phen mit dem angeborenen Bestreben des menschlichen Organismus, jegliche Nahrung in erster Linie in eiserne Fettreserven umwandeln zu wollen, in Konflikt.

Eine andere Strategie, mit der man den genetisch bedingten und automatisch ablaufenden Vorgängen beikommen kann, ist, das Stoffwechselgeschehen einfach anzukurbeln. Es gibt bereits eine ganze Reihe von Präparaten, darunter auch Metabolife, mit denen der Energieverbrauch im Körper erhöht wird, ohne gleichzeitig den Appetit zu steigern. Dieser Ansatz klingt theoretisch ganz folgerichtig, jedoch gibt es bislang nicht genügend Daten über Sicherheit und Wirksamkeit dieser unüberschaubaren Produktpalette. Klinische Studien zeigen allerdings sehr wohl, dass die Stimulanzien Ephedrin und Koffein einen Gewichtsverlust zwischen fünf und zehn Pfund herbeiführen können.

Das neueste Präparat auf dem Markt ist Xenical. Es wird unter dem Namen Orlistat vertrieben, ist sehr teuer und hemmt die Fettaufnahme im Dünndarm. Ein Teil der Fette wird nicht resorbiert und unverdaut ausgeschieden. Das ist nicht gerade angenehm: Der Stuhl wird schmierig und ölig, außerdem meldet er sich nicht immer rechtzeitig an. Klinische Studien haben bei den Patienten eine Gewichtsreduktion von etwa zehn Pfund in einem Jahr ergeben. Im zweiten Jahr setzten die Patienten zwar wieder ein paar Pfunde an, wogen aber immer noch weniger als anfangs.

Auf diese Weise können wir mit den Diätmedikamenten, die derzeit auf dem Markt oder in Entwicklung sind, unserer Traumfigur ein Stück näher kommen. Die zehn Pfund an Fett, die Xenical im Schnitt einschmilzt und abtransportiert, machten die Schlankheitspille zwar nicht zum Wundermittel, aber es ist ein verheißungsvoller Anfang. Und viele müssen vielleicht gar nicht mehr als zehn Pfund abnehmen. Wie gesagt, wir leben ein bisschen wie Chantek im Zoo – Nahrung gibt es reichlich, und solange das so ist, werden wir mit dem natürlichen Stoffwechselsystem des Menschen, das stets darauf aus ist, die Energiespeicher mit Kalorien zu füllen, zu kämpfen haben. Aber mit einer genauen Analyse der genetisch festgelegten und automatisch ablaufenden Vorgänge, die uns ein Leben lang dick und fett machen, steigen die Aussichten auf wirkungsvollere Medikamente mit weniger Nebenwirkungen, damit der Zeiger der Waage irgendwann zu unserer Zufriedenheit ausschlägt.

KAPITEL 2
DIE STÄNDIGEN BEGIERDEN

Drogen
Der Kurzschluss in den neuronalen Erregungsbahnen

Verlockung Droge. John Daly sagt, dass er es inzwischen aufgegeben habe, mit dem Trinken aufhören zu wollen. Einst einer der hoffnungsvollsten Nachwuchssportler Amerikas, ist
Daly heute ein gefeierter Golfstar. Vor kurzem hat er einen
3-Millionen-Dollar-Werbevertrag eines führenden Golf-
schlägerherstellers ausgeschlagen, da dieser mit der Auflage
verbunden war, sich des Alkohols zu enthalten. »Die ewigen
Bemühungen, auf Teufel komm raus *trocken zu bleiben*, haben mein ganzes Leben beherrscht, und ich fühlte mich
hundsmiserabel«, so Daly. Seine Sucht schiebt er auf einen
starken, genetisch bedingten Hang zum Alkohol. Dass Alkohol ein teurer Spaß ist, stinkt ihm zwar, aber, so sagt er, »es
ist großartig, frei zu sein«.

John Daly ist nicht allein. Auch Rockstars haben Suchtprobleme, und zwar mit solcher Regelmäßigkeit, dass es
praktisch eine Schlagzeile wert ist, wenn einer von ihnen damit kein Problem hat. Die Anziehungskraft dieser kleinen
synthetischen Pillen ist enorm, und auch wenn sich die Re-
genbogenpresse mit ihren Berichten nur auf Leute wie Janis
Joplin, John Belushi oder River Phoenix beschränkt, gibt es
viele unter uns, die einen ständigen inneren Kampf um die
eigene Selbstbeherrschung gegen die Macht der Drogen führen – den sie nicht selten verlieren.

In der modernen Welt ist Drogenkonsum ein ganz alltägliches Phänomen. Besonders Alkohol ist allgegenwärtig. Die Folgewirkungen dieses Rauschmittels, von nachlassender Leistungsfähigkeit über Leberschäden bis hin zur totalen Alkoholsucht, bekommen Abermillionen am eigenen Leib zu spüren. In 75 Prozent aller Fälle von Gewalt und Missbrauch in der Ehe ist Alkohol im Spiel. Über 50 Millionen Amerikaner sind Zigarettenraucher; rund eine halbe Million aller jährlichen Todesfälle ist ursächlich auf das Rauchen zurückzuführen – das ist mehr als das Zwölffache der jährlichen Todesfälle im Straßenverkehr. Die Litanei der Schäden durch Drogenkonsum lässt sich endlos fortführen.

Winzige chemische Wirkstoffe greifen auch bei Tieren äußerst effektiv in die Abläufe im Gehirn ein. Erschnüffelt beispielsweise eine paarungsbereite Wildsau Pheromon, einen kaum wahrnehmbaren Lockstoff im Speichel eines Keilers, verharrt sie auf der Stelle wie gelähmt mit gespreizten Beinen in Paarungsstellung. Und was passiert, wenn man Ratten in einen Käfig sperrt, in dem sie ungehindert Zugang zu Kokain wie auch zu Futter haben? Gierig konsumieren sie das Kokain, lassen das Futter links liegen und hungern sich alle kurz hintereinander zu Tode.

Das weit verbreitete leidenschaftliche Interesse an Drogen wirft unausweichlich die Frage auf, ob die Evolution nicht eigentlich fleißige und arbeitsame Organismen hervorbringen müsste statt einen Haufen Drogensüchtiger. Zum besseren Verständnis müssen wir weiter ausholen und uns mit der Evolution der Gefühle beschäftigen. Warum hat unser Körper die Fähigkeit, Schmerz und Freude zu empfinden? Erst wenn wir diese Frage beantwortet haben, verstehen wir, warum wir so stark angezogen werden von schädlichen Substanzen wie Alkohol und Kokain. Am besten, wir beginnen unsere Reise in die Evolution wie die meisten Reisen – mit einer Tasse Kaffee.

Warum ist Koffein so verdammt gut? »Gäbe es keinen Kaffee, hätte ich überhaupt keine eigene Persönlichkeit«, so David Letterman. In der Tat ist Koffein die vielleicht am häufigsten eingenommene Droge. Zwar wird, abgesehen von Wasser, täglich mehr Tee als irgendein anderes Getränk konsumiert, doch dicht dahinter folgt Kaffee. In den Vereinigten Staaten ist in 90 Prozent aller Erfrischungsgetränke Koffein enthalten. Ein Amerikaner trinkt pro Jahr im Schnitt rund 400 Liter dieser drei Getränkesorten.

Philosophen, Schriftsteller wie auch Wissenschaftler und Musiker haben Koffein von jeher hoch geschätzt als unabdingbares Genussmittel zur Anregung der Schöpferkraft. In seiner Kaffeekantate von 1732 schrieb J.S. Bach: »Ei! Wie schmeckt der Coffee süße, lieblicher als tausend Küsse, milder als Muskaten-Wein!« 200 Jahre später erfreute sich der Kaffee noch größerer Beliebtheit (falls eine Steigerung überhaupt noch möglich war). Tania Blixen, deren Autobiographie im gleichnamigen Film Jenseits von Afrika umgesetzt wurde, schrieb: »Kaffee … ist für den Körper, was das Wort Gottes für die Seele ist.«

Quer durch die Jahrhunderte wurden Loblieder auf den Kaffee gesungen. Auch fast alle Tierarten reagieren auf Koffein – Ratten zum Beispiel. Grundsätzlich kann jeder Ratte beigebracht werden, blitzschnell den richtigen Weg durch ein Labyrinth zu finden, doch während die einen sehr fix sind, sind andere recht lahm und schwer von Begriff. Sobald man ihnen jedoch vor dem Trainingslauf eine kleine Koffeinpastille verabreicht, finden sie den richtigen Weg durch ein Labyrinth wesentlich schneller und prägen ihn sich viel leichter ein.

Untersuchungen über die Wirkung von Koffein haben sich auch Radrennsportler zu Herzen genommen. Sie haben herausgefunden, dass sie ihre Ausdauer um 20 Prozent steigern können, wenn sie eine Stunde vor dem Wettkampf Koffein einnehmen. Vielleicht auch, weil die Grenze zwischen einem vernünftigen Training und dem oft unvernünftig extremen Wettkampf für viele Sportler fließend ist, greift so mancher vor einem Rennen zu Koffein-Zäpfchen, um durch die zeitversetzte Wirkung dieses Stoffes rechtzeitig in Hochform zu sein.

Angesichts der Tatsache, dass Koffein eine anregende Wirkung auf Geist und Körper hat, vollführen natürlich auch die Spermien einen kleinen Koffeintanz. Nach ausgiebigem Koffeingenuss schwimmen Spermien schneller, schwänzeln lebhafter umher und schaffen es sogar besser als sonst, auf der Suche nach einem fruchtbaren Ei selbst den zähesten Gebärmutterhalsschleim zu durchstoßen.

Bemerkenswerterweise scheint Koffein für die meisten Menschen unbedenklich zu sein. Trotz umfangreicher Forschungen nach gesundheitsschädlichen Wirkungen gibt es keinerlei Beweise, dass ein moderater Koffeingenuss, von gelegentlicher nervöser Zappeligkeit einmal abgesehen, irgendein Gesundheitsrisiko steigern würde.

Was aber macht den Verführungszauber des Koffeins aus? Solange wir wach sind, leistet unser Gehirn harte Arbeit. Über unsere Sinne nehmen wir sämtliche äußeren Reize und Eindrücke auf: Der Pullover kratzt auf der Haut, die Sonne blendet durch das Fenster, die Kinder wollen Aufmerksamkeit, der Chef verlangt lautstark nach einem überfälligen Bericht und so weiter. All diese Informationen werden dem Gehirn über spezielle Nervenzellen, die Neuronen, mitgeteilt.

An jeder noch so kleinen Information, die unser Gehirn verarbeitet, sind Abermillionen von Nervenzellen aktiv beteiligt. Das Problem ist, dass unsere Denkmaschine dabei einen bedrohlichen Berg an zellulären Abfallprodukten erzeugt – so wie ein laufender Motor Abgase –, bis unsere Zellen schließlich dringend eine Auszeit brauchen. Tritt eine so genannte Neuronen-*Erschöpfung* ein, werden Moleküle aktiv, darunter das kleine Molekül Adenosin, das die Funktion von praktisch jeder Körperzelle reguliert. Adenosin wird freigesetzt, wenn Zellen zu viel Energie verbrauchen, und unser Körper will dann nur noch schlafen, um die Batterien wieder aufzuladen. Wer beim Autofahren schon einmal gegen die Müdigkeit anzukämpfen hatte, kennt den unerbittlichen Druck, mit dem uns das Adenosin zwingen will, anzuhalten und uns schlafen zu legen. Dabei löst das Adenosin selbst die Schläfrigkeit gar nicht aus, es ist lediglich ein Botenstoff, der den benachbarten Zellen signalisiert, dass es Zeit für eine Ruhepause wird. Koffein blockiert dieses Adenosinsignal.

Unsere Hirnzellen kommunizieren miteinander, indem sie chemische Botenstoffe wie etwa Adenosin aussenden. Diese molekularen Botenstoffe entfalten ihre Wirkung über ganz spezielle Reizempfänger an anderen Zellen – die so genannten Rezeptoren. Das Adenosin passt haargenau auf die zugehörigen Rezeptortypen, die sich wie winzige Schlüssellöcher nur mit dem richtigen Miniaturschlüssel öffnen lassen. Setzt eine Zelle beispielsweise Adenosin frei, bindet dieses sich an die Adenosinrezeptoren der Nachbarzellen und überbringt so die Botschaft, sich schlafen zu legen.

Aufgrund der ununterbrochenen Produktion von Adenosin werden im Laufe eines Tages immer mehr Rezeptoren besetzt. Unsere Hirnzellen arbeiten zunehmend träge, egal, wie stark sie stimuliert werden. Wir werden müde. Während wir schlafen, wischen spezielle Moleküle, eine Art nächtlicher Putztrupp, das Adenosin einfach weg. Nach dem Aufwachen fühlen wir uns wieder fit und frisch, da wir nun buchstäblich wieder einen klaren Kopf haben.

Doch angenommen, wir können uns den Luxus, ins Bett zu kriechen, wenn wir müde sind, einmal nicht leisten, dann genügt der schnelle Griff zu einem Erfrischungsgetränk oder einem doppelten Espresso. Das Koffein nimmt schnurstracks Kurs auf unser Gehirn, wo es zwischen all den Zellen umherwabert. Wegen seiner zufällig ähnlichen Molekularstruktur besetzt es dort dieselben Rezeptoren, die eigentlich für das Adenosin vorgesehen sind.

Das Koffein dockt an die Kontaktstellen an, hält sie besetzt, sodass das Adenosin seine beruhigende Wirkung nicht mehr entfalten kann. Selbst wenn wir stundenlang auf waren und bis zum Umfallen gearbeitet haben, spüren wir nicht, dass wir eigentlich hundemüde sind. Das Adenosin umspült die Hirnzellen, da aber das Koffein viele der Rezeptoren bereits besetzt hält, kann der Botenstoff Adenosin die Nachricht, dass wir zu Bett gehen sollen, nicht übermitteln. Stattdessen fühlen wir uns hellwach und noch immer fit genug, um Bäume auszureißen.

Koffein hält uns wach, da das Signalsystem zur Übermittlung des Schlafimpulses unterbrochen ist. Einige Drogen hemmen die natürliche Signalübermittlung, andere fördern sie. In beiden Fällen jedoch geben sich die Drogensubstanzen als natürlich vorkommende Verbindungen aus und überlisten damit unser Gehirn. Wie tief greifend all diese chemischen Botenstoffe unser Sehen, Fühlen und Wahrnehmungsvermögen beeinflussen, wollen wir etwas genauer unter die Lupe nehmen.

Gute Taten wollen belohnt sein! Können die Aktivitäten bestimmter Gehirnzellen tatsächlich Stimmungen oder Verhaltensweisen beeinflussen? In den 1950er Jahren implantierte ein Psychologe im Gehirn einiger Ratten Elektroden, die er durch einen Impuls stimulierte. Ein winziger Stromstoß, so stellte er fest, löste normalerweise kaum eine Reaktion aus. Wurden die summenden Elektroden jedoch nahe einem ganz bestimmten Teil im Gehirn, dem so genannten Hypothalamus, positioniert, schien das die Ratten in eine fröhlich-heitere Stimmung, ja sogar – ohne zu übertreiben – regelrecht in Ekstase zu versetzen.

Es folgten weitere Experimente, in denen die Ratten nur dann mit der Elektrostimulation belohnt wurden, wenn sie eine bestimmte Aufgabe erfüllt hatten – beispielsweise den Weg durch ein Labyrinth zu finden. Wie sich zeigte, arbeiteten die Ratten fieberhaft so lange daran, bis sie die Aufgabe gemeistert hatten und warteten danach sehnsüchtig auf ihre Belohnung. Solange sie die Belohnung bekamen, arbeiteten die kleinen Nager immer weiter an ihrer Aufgabe, bis zur Perfektion, und waren schließlich dazu in der Lage, auch die kompliziertesten Labyrinthe, die selbst für einen Menschen kaum zu bewältigen sind, mühelos zu meistern.

Nicht, dass Ratten gerne lernen. Denn hatten sie die Möglichkeit, die Stimulation durch das Drücken eines Hebels selbst auszulösen, vergaßen sie so ziemlich alles um sie herum – auch die Labyrinthe oder Freunde. Sie saßen einfach nur da und drückten den Impuls auslösenden Hebel hundertmal pro Minute, stundenlang, ohne Unterbrechung.

Nicht einmal eine Futterpause legten sie ein, drückten den Hebel auch noch, als sie fast am Verhungern waren, bis sie schließlich vor Hunger starben.

Wie würden wir Menschen uns verhalten, wenn wir ein ähnlich intensives Glücksgefühl durch Stimulation des Erregungszentrums im Gehirn herbeiführen könnten? Diese Frage ist natürlich keine rein hypothetische, denn das können wir. Denken wir nur einmal an das schönste aller Glücksgefühle – den Orgasmus. Die positive Empfindung, die wir dabei verspüren, wird ausgelöst durch das Freisetzen chemischer Stoffe, die bei uns den gleichen Teil im Gehirn wie bei den Ratten stimulieren. Sobald diese Do-it-again-Zentren (Belohnungszentren) aktiviert werden, wird der Mensch mit einem Glücksgefühl belohnt, vergleichbar mit der Ausführung existenzieller Handlungen (wie Essen, Trinken, Sexualität). Diese beglückende Belohnung wiederum wird direkt mit der jeweiligen Handlung assoziiert, die die Stimulation ausgelöst hat.

Ein solches Do-it-again-Zentrum müssen wir uns als eine ausgeformte Spalte im Gehirn vorstellen. Nehmen wir an, sie ist viereckig. Sex zu haben ist, wie den passenden Deckel zum Topf zu finden, in diesem Fall also einen viereckigen. Und das macht uns überglücklich. Zur Belohnung erleben wir einen Orgasmus, und der wiederum erzeugt das Verlangen, die Handlung, in diesem Fall den Sex, zu wiederholen. Dass wir den viereckigen Deckel zum Königreich der Sinne gefunden haben, macht uns so glücklich, dass wir die Handlung immer wieder vollziehen wollen. (Und wieder und wieder.)

Während wir den Orgasmus noch genießen, triumphieren unsere Gene. Aus ihrer Sicht haben sie sich erfolgreich in die nächste Generation gerettet (schließlich kommen dabei Babys heraus; zumindest war das so zu Zeiten unserer Ahnen vor der Geburtenkontrolle).

In ihrem Streben nach Unsterblichkeit lassen unsere Gene nicht locker, tun alles, um uns zu der einen oder anderen Verhaltensweise zu bewegen, und haben daher für entsprechend viele Belohnungszentren gesorgt. Über das ganze Gehirn verteilt, gibt es viele verschieden ausgeformte Spalten, runde, ovale und sternförmige, und jede genetisch vorteilhafte, also subjekt- oder arterhaltende Handlung wird mit der richtigen Kontaktspalte verknüpft.

Beim Essen beispielsweise, wenn wir ein leckeres Stück Erdbeerkuchen verspeisen, erleben wir zur Belohnung ebenfalls ein inneres Glücksgefühl, weil in diesem Fall der runde Deckel auf die runde Kaloriensuch-Spalte passt. Und so ist es auch, wenn wir einen Rivalen besiegen; dann ist uns ein wahrer Freudentaumel ganz gewiss, weil der vielleicht sternförmige Deckel den passenden sternförmigen Topf gefunden hat. In Wirklichkeit sind die verschiedenfach ausgeformten Deckel chemische Überträgersubstanzen, die die Belohnungszentren des Gehirns stimulieren.

Mit einem solchen regelrechten Glücksprogramm haben unsere Gene ein Belohnungssystem geschaffen, in welchem wir auf unserer Jagd nach dem Glück immer nur die genetisch verankerten Ziele erfüllen. Kein Mensch hat Nachwuchs, nur weil er seine Gene kopieren möchte. Doch indem wir stets nur pures Glück zu erlangen und Schmerz zu vermeiden suchen, fördern wir unbewusst die Ziele unserer Gene. Dabei brauchen wir uns unserer Gene gar nicht bewusst zu sein; schon das bloße Ausleben bestimmter Verhaltensweisen macht uns glücklich, und deshalb wollen wir dies oder das immer wieder tun.

Drogen greifen in dieses von der Natur beabsichtigte Belohnungssystem ein und verursachen im Regelkreis der Reizleiter einen Kurzschluss. Auch unsere Urahnen belohnten sich auf ihre Weise mit Drogen: Sie waren ihr Verdienst für tapfere Verhaltensweisen. Mit der Einnahme von Drogen werden die Glückszentren stimuliert, das Lustgefühl wird dabei jedoch nicht mit der Verrichtung existenzieller Verhaltensweisen verbunden. Wie aber starten Drogen ihren Angriff auf die neuronalen Erregungsbahnen für Schmerz und Glück?

Unsere einzig wahren erogenen Zonen befinden sich im Gehirn. Das ist unbestritten. Es ist zum Beispiel möglich, bei völlig gelähmten Männern die Genitalien bis zur Erektion und sogar zum Samenerguss zu stimulieren. Diese Patienten empfinden dabei aber keine Befriedigung, da die Botschaft nicht im Gehirn ankommt. Jedoch können die gleichen Patienten Empfindungen wie einen Orgasmus erleben, wenn die Glückszentren im Gehirn stimuliert werden. Das Problem dabei ist, dass dem Gehirn über das Nervensystem ein bestimmtes Verhalten signalisiert werden muss, und jedes Signalsystem kann manipuliert werden.

Betrachten wir beispielsweise das Signalsystem der Leuchtkäfer und wie es ihnen durch umherschwirrende räuberische Lebewesen zur tödlichen Falle wird. Auf freiem Feld in lauen Frühsommernächten lassen sich Leuchtkäfer scharenweise beobachten, wie sie ihre Kreise ziehen und Lichtblitze aussenden. Doch vollführen sie den Tanz nicht zu unserer Unterhaltung; er gehört vielmehr zu einem festen Paarungsritual. Über den Feldern ist es rabenschwarz, und unzählige verschiedene Gattungen fliegen umher. Dabei muss jede einzelne Art den passenden Artgenossen finden, um sich erfolgreich zu begatten. Und zu diesem Zweck benutzt jede Gattung einen für sie spezifischen Morsecode, der signalisiert: »Hallo, hier, ich bin der richtige Artgenosse und gattungsbereit.«

Da ein Leuchtkäfer seinen potenziellen Liebhaber selbst nicht sehen kann, sendet er stattdessen Leuchtsignale über den Hinterleib aus. Die ausgesendeten Blitze folgen dabei einem bestimmten Rhythmus. So lockt die eine Art vielleicht mit zwei langen Blitzsignalen, die durch eine kurze Pause unterbrochen sind, die andere mit vier kurzen Signalen und einer langen Pause dazwischen. Nimmt ein gattungsbereiter Käfer die auf ihn passende Abfolge von Leuchtblitzen wahr, schwirrt er sogleich herbei, um sich fortzupflanzen.

Doch für einige dieser fliegenden Romeos und Julias war das Lichtspiel am Ende vergebliche Liebesmühe. Liebshungrig folgen sie mit leuchtendem Hinterleib dem Locksignal, landen aber geradewegs im Schlund des Todes statt in den Armen der Liebe. Umherschwirrende Räuber nutzen das Signalsystem der Leuchtkäfer zu ihrem Vorteil aus, indem sie die exakt gleiche Abfolge an Blitzen wie ein paarungswilliges Männchen oder Weibchen imitieren. Wirbt ein Leuchtkäfer am falschen Hof, wird er von einem dieser ausgebufften Räuber sogleich genüsslich verspeist.

Das Signalsystem unseres Gehirns kann in ähnlicher Weise überlistet werden. Wie wir bereits wissen, stimulieren chemische Botenstoffe (die so genannten Neurotransmitter) die Glückszentren im Gehirn und lösen in uns ein Hochgefühl aus, sobald wir uns etwas Gutes tun. Drogen – ob zur Entspannung oder Therapie, ob natürlich oder synthetisch – imitieren die Neurotransmitter. So wie räuberische Tierchen die Blitze eines echten, paarungsbereiten Leuchtkäfers kopieren, imitieren Drogen exakt unsere natürlichen chemischen Signalboten. Wie wir gesehen haben, wirkt Koffein nur deshalb, da es ähnlich wie Adenosin strukturiert ist.

Wird das Glücksgefühl nun durch die Einnahme einer Droge ausgelöst, reagiert unser Gehirn so, als ob eine wahre Flut entsprechender Neurotransmitter ausgeschüttet würde. Es meint, wir hätten etwas ganz Großartiges vollbracht (seien auf Nahrung oder wohlige Wärme gestoßen), wenn wir in Wirklichkeit vielleicht über einer verdreckten Toilette kauern mit einer Heroinspritze im Arm. Unsere Glückszentren erfahren lediglich, dass sie in dieser Flut der passenden chemischen Botenstoffe, die letztendlich das Hochgefühl auslösen, regelrecht gebadet werden.

Vom Alkohol zu Prozac. Kommen wir noch einmal zurück auf die Ratten, die sich zu Tode hungerten, da sie ununterbrochen auf einen Hebel drückten, um ihr Gehirn zu erregen. Mit der Stimulation der Glückszentren im Gehirn wird Dopamin freigesetzt, einer der wichtigsten so genannten Glücksneurotransmitter. Die Dopamin-Botschaft wirkt direkt auf die Glückszentren im Gehirn und löst ein derartiges Hochgefühl aus, dass wir die damit verbundene Handlung immer wiederholen möchten.

Solange Dopamin die Nervenzellen umspült, verspüren wir das ersehnte intensive Glücksgefühl. Allerdings ist es normalerweise nur von kurzer Dauer, denn sobald die gute Nachricht übermittelt ist, wird das Dopamin wieder in die Zelle zurückgeführt, die es zuvor freigesetzt hat.

Auch durch die Nase geschnupftes Kokain wandert geradewegs in die Belohnungszentren des Gehirns. Dort angekommen, ergeben sich alle weiteren Abläufe aus einer Verwechslung der molekularen Identität. Kokain besetzt nämlich dieselben Rezeptoren wie Dopamin. Durch diese Blockade kann das Dopamin nicht mehr von der Zelle absorbiert werden, die es ursprünglich freigesetzt hat. Und solange Kokain die Wiederaufnahmestellen blockiert, badet das Gehirn in einer Flüssigkeit, die einen höheren Dopamingehalt als gewöhnlich aufweist. Dieser Trip, das weiß der Süchtige, lässt sich nur durch die Wiederholung der Handlung aufrechterhalten.

Antidepressiva funktionieren nach fast dem gleichen Prinzip. Neben Dopamin ist das Serotonin eine weitere wichtige Überträgersubstanz, die direkt auf die Glückszentren wirkt. Die Antidepressiva Prozac, Zoloft und Wellbutrin hemmen die Wiederaufnahme von Serotonin in die Zellen, die es freigesetzt haben. Das Serotonin verbleibt somit für längere Zeit in den Synapsen, das Hochgefühl hält an, und die als Signalübermittler fungierenden Synapsen schalten die Belohnungszentren an wie einen Spielautomaten.

Es gibt einige chemische Botenstoffe, denen wir ganz besonders dankbar sein sollten, so zum Beispiel den Endorphinen, den körpereigenen, natürlichen Schmerzstillern. Die im Gehirn erzeugten Endorphine hemmen die Schmerzimpulse, die aus allen Körperregionen im Gehirn ankommen. In extremen Stresssituationen (bei ernsten Verletzungen in Kriegsgefechten etwa oder wenn wir im Halbmarathon erst bei Kilometer achtzehn sind) reagiert unser Körper mit einem erhöhten Ausstoß an Endorphinen. Diese chemischen Wirksubstanzen lösen ebenfalls das Ausschütten von Dopamin in den Glückszentren aus.

Die bekannten Opiate Morphin und Heroin täuschen dem Gehirn Endorphine vor, da sie sich maßgenau in die entsprechenden Rezeptoren einpassen. Opiumkonsumenten können also mit einer entsprechend hohen Dosis einen solch intensiven Endorphin-Rausch erleben, wie er mit körpereigener Wirksubstanzen nicht möglich wäre.

Eine der gängigsten Drogen ist das Genussmittel Nikotin, der beste Freund des Tabaks. Kaum über die Lunge in den Blutstrom gelangt, fangen die Nikotinmoleküle an, einen der wichtigsten Neurotransmitter zu kopieren – das Acetycholin. Sie heften sich an die Acetycholin-Rezeptoren, die dadurch irregeleitet mit der Ausschüttung unterschiedlicher Neurotransmitter wie Adrenalin und zusätzlichem Dopamin reagieren, wobei insbesondere Letzterer eine wohlige Gefühlskaskade in den Belohnungszentren des Gehirns auslöst. Nikotin verursacht ein rapides Aufwallen wie ein anschließendes rapides Absacken dieser chemischen Botenstoffe, was für den Raucher nur ein kurzes Glück bedeutet und ihn schon bald wieder nach der nächsten Zigarette lechzen lässt.

Ratten, denen Tag für Tag Nikotininfusionen eingeführt wurden, vermehrten in nicht einmal einer Woche die Anzahl ihrer Acetylcholin-Rezeptoren um 40 Prozent. Fast genauso verhält es sich bei Rauchern. Mit zunehmender Gewöhnung nimmt die Zahl der Rezeptoren im Gehirn eines Rauchers zu, dafür werden sie unempfindlicher. Das Gehirn braucht permanent höhere Nikotindosen. Ein Kettenraucher reagiert immer weniger auf das Nikotin, obwohl er immer mehr raucht. Und nachdem das molekulare Putzkommando der Nachtschicht die vielen Rezeptoren von den Unmengen Nikotin frei gewaschen hat, ist die Bühne am nächsten Morgen wieder frei für eine neuerliche Höchstbelastung.

Wie wir gesehen haben, imitieren Drogen im Allgemeinen chemische Stoffe, die der menschliche Organismus für die normalen Funktionsabläufe im Gehirn braucht. Dabei lässt sich die spezifische Wirkung einzelner Drogen ziemlich genau vorhersagen, solange wir das Molekül kennen, welches die Droge kopiert. Wie bei einem neurochirurgischen Rundumschlag verändern Drogen auf ganz spezifische Weise den gesamten Ablauf der chemischen Vorgänge in den Nervenzellen.

Doch was passiert, wenn die Droge ein Durchschnittsgesicht hat und unzähligen verschiedenen Neurotransmittern derart ähnlich sieht, dass sie jede Rolle spielen könnte? Unser treuer Freund, der Alkohol, beispielsweise. Er gehört zu den großen Schauspielern schlechthin und simuliert gleich mindestens vier verschiedene Rezeptormoleküle. Ein kurzer Überblick über die Funktionen derjenigen Rezeptoren, die Opfer seines Täuschungsmanövers werden, erklärt, wie der Alkohol seine Wirkung entfaltet.

1. *Alkohol wirkt entspannend*, weil er die Nervenzellen entspannt. Da Alkohol die Rezeptoren blockiert, die normalerweise auf die wichtigsten, anregend wirkenden Neurotransmitter reagieren, wird das Gehirn quasi eingelullt. Wir reagieren verlangsamt und lallen – eine Wirkung, auf die wir gut und gerne verzichten könnten.

2. *Alkohol wirkt angenehm anregend.* Genau wie Kokain verhindert Alkohol die Wiederaufnahme von Dopamin in die Nervenzellen – wenn auch in geringerem Maße –, wodurch es zu einer erhöhten Konzentration dieses Botenstoffes in funktional wichtigen Hirnbereichen kommt.

3. *Alkohol hemmt die Schmerzempfindung.* Indem Alkohol den Endorphinausstoß stimuliert, spüren wir, wie wir zu Hochform auflaufen, und das sogar, ohne die Sportschuhe schnüren zu müssen. In dieser Hinsicht gleicht Alkohol den Opiaten Morphin und Heroin, auch er regt den Organismus beim Alkoholabbau zur körpereigenen Opiatbildung an – allerdings wieder in weitaus geringerem Maße.

4. *Alkohol löst Glücksgefühle aus*, zumindest so lange, wie er im Nervensystem wirkt. Alkohol verändert und steigert, wie das Antidepressionsmittel Prozac, die Funktionalität der Serotonin-Rezeptoren.

Aus diesen Gründen genießt so mancher gerne ein Glas Wein zum Essen oder genehmigt sich gelegentlich einen Cocktail am Feierabend. Doch was passiert, wenn aus einem Glas Cabernet drei werden oder ein Martini mehr ein Glas zu viel ist?

Wenn Suchtmittel zur Gewohnheit werden. In amerikanischen High Schools nehmen rund eine halbe Million Studenten – ein Viertel davon Frauen – muskelaufbauende Steroide. Was passiert, wenn sich einer (nennen wir ihn Captain America) solches Zeug spritzt und sich erhebliche Mengen Testosteron zuführt? Zusätzliche Steroidmengen zirkulieren durch die Blutbahnen. Captain America wird immer kräftiger und immer muskulöser. Seine Muskelmasse wächst und wächst. Und gleichzeitig wundert sich das Hormonsystem, das den Testosteronspiegel eigentlich reguliert: »Wo kommt denn das viele Zeug auf einmal her?«

Die innere Maschinerie reagiert wie immer anpassungsfähig, und die körpereigene Testosteronproduktion unseres Captain America wird gedrosselt. Der spritzt sich munter weiter das künstliche Testosteron, seine Sekelettmuskelmasse nimmt weiter zu, auch wenn sein Körper die natürliche Testosteronproduktion zurückgeschraubt hat. Und schließlich wird er von der grausamen Realität eingeholt, dass seine Testosteronproduktionsstätten, sprich seine Hoden, immer weiter schrumpfen, bis sie fast gänzlich verschwunden sind.

Die Moral von der Geschichte: Unser Organismus duldet keine Veränderungen. Er funktioniert nur innerhalb ganz klar festgesetzter Parameter. Während ein Auto bei eiskaltem oder brennend heißem Motor noch munter weiterläuft, gehen wir Menschen zugrunde, wenn sich unsere Körpertemperatur nur um wenige Grad verändert. Ähnliche Regeln gelten für die körpereigenen chemischen Stoffe. Da wir nur sehr geringen Spielraum haben, hat unser Körper eine ganze Reihe von Mechanismen entwickelt, die jede Veränderung bekämpfen. Beispielsweise wird der festen Absicht, Diät zu halten, durch einen verlangsamten Stoffwechsel ein Schnippchen geschlagen.

Vor kurzem wurde in die Universitätsklinik Los Angeles eine Alkoholikerin aufgenommen. Der Alkoholspiegel in ihrem Blut war, obwohl sie seit fast drei Tagen keinen Alkohol mehr getrunken hatte, immer noch so hoch, dass jeder andere längst daran gestorben wäre. Die aufgebaute Alkoholtoleranz war also derart groß, dass sie schon ein enormes Quantum brauchte, damit der Alkohol auch seine Wirkung tat. Nach drei Tagen in der Klinik entsprach der Alkoholgehalt in ihrem Blut noch immer dem eines Gin Tonic.

Wer wie unser Captain America oder ein Schwerstalkoholiker regelmäßig Drogen konsumiert, baut eine Toleranzschwelle auf. Nicht wenige brauchen morgens erst einmal ihre gewohnte Tasse Kaffee, um sich überhaupt wach zu fühlen. In Amerika wird pro Kopf und Tag im Schnitt 280 Milligramm Koffein konsumiert (das entspricht der Koffeinmenge von sechs Dosen Coca-Cola).

In einer Studie zur Koffeintoleranz sollten die Versuchspersonen gegen Honorar drei Wochen lang täglich exakt 900 Milligramm Koffein zu sich nehmen. In der Anfangsphase standen die Koffeinkonsumenten so sehr unter Strom, wie man es sich fast nicht vorstellen kann. Doch hielt diese Hochspannung nicht lange an. Binnen drei Wochen waren die Koffeinjunkies nicht mehr von den sozusagen cleanen Personen der Vergleichsgruppe zu unterscheiden. Egal, was bewertet wurde, ob Leistungskraft oder Wachheit, innere Anspannung oder Unruhe, das Koffein zeigte keinerlei messbaren Einfluss mehr. Der Organismus hatte das Koffein voll und ganz toleriert.

Toleranz des Organismus gegenüber Giftstoffen ist lebensnotwendig, doch je nach Drogentyp sind die körperlichen Schädigungen und Folgen unterschiedlich. Im Rahmen einer anderen Studie spritzte man freiwilligen Studenten eine täglich gleich bleibende Dosis Heroin und kontrollierte die Aufputschwirkung. (Studenten, aufgepasst: Unbedingt das Kleingedruckte in der Uni-Zeitung lesen!) War der Zustand der Testpersonen anfangs noch ekstatisch, reagierte ihr Körper nach einiger Zeit, indem er die Anzahl der Rezeptoren, die das Heroin an sich binden, reduzierte. Da nun immer weniger Heroinrezeptoren vorhanden waren, fiel die Wirkung der gleich bleibenden Heroindosis in nur drei Wochen auf nahezu null.

In der Realität sieht die Sache anders aus. Aus eigenem Antrieb schafft es ein Heroinsüchtiger kaum, seine Sucht zu bekämpfen. Vielmehr kann im Laufe der Abhängigkeit die benötigte Dosis um bis auf das Zehntausendfache ansteigen. Stiege die Koffeintoleranz in gleichem Maße an, würden wir mit der Zeit eine ganze Badewanne voll Kaffee brauchen, um überhaupt aus den Federn zu kommen. Glück für unsere Blase – denn die Koffeintoleranz steigt selten über das Zehn- bis Fünfzehnfache der anfänglichen Wirkdosis hinaus.

Stellt sich die Frage, warum wir den Drogenkonsum nicht einfach lassen können, wo doch der Körper sowieso eine gewisse Widerstandsfähigkeit aufbaut? Antwort: Weil schmerzhafte Entzugserscheinungen die unausweichliche Folge sind – und das ist die Kehrseite der Drogentoleranz. Der Körper gewöhnt sich zwar allmählich an den Drogenentzug, doch die Erholung von der Sucht braucht Zeit. Auch bei Captain America. Hört er auf, sich Testosteron zu spritzen, brauchen seine Hoden Wochen, um wieder auf Normalgröße zu kommen.

Entzugserscheinungen bleiben auch bei Kaffeetrinkern, Rauchern oder Alkoholikern nicht aus. Die Palette der Entzugserscheinungen reicht von Kopfschmerz bis hin zu lebensbedrohlichem Delirium tremens durch Alkoholentzug. Entzug hat seinen Preis, egal, ob wir den Genuss von Koffein oder einer anderen Droge einschränken. Doch abhängig zu werden geht schneller als aufzuhören.

Dem einen Genuss, dem andern ein Gräuel. Isabella sitzt mit Freunden auf einer Party beim Wein. Man isst gut und trinkt, der Alkohol löst die Zungen, man fühlt sich locker und entspannt. Alle sind ein bisschen blau – alle, außer Isabella. Noch ehe sie ihr erstes Glas leer hat, wird ihr Gesicht plötzlich feuerrot, ihr Herz rast, und ihr Kopf pocht. Schlimmer noch – sie verspürt Brechreiz.

Warum reagieren manche Menschen auf Alkohol mit einer Unverträglichkeit und die anderen nicht? Ein so genanntes plötzliches Erröten wie bei Isabella ist genetisch bedingt. Ein kleiner genetischer Unterschied verursacht die Bildung der hochgiftigen Chemikalie Acetaldehyd. Bei jedem Schluck Alkohol, den wir uns hinter die Binde gießen, spult unser Körper das gleiche Programm ab und verwandelt die giftigen Alkoholmoleküle in unschädliche Atome.

Zwar beginnt auch Isabellas Organismus programmgemäß mit dem Abbau von Alkohol, doch fehlt ihr von Geburt an eine genetische Bauanleitung zur Bildung eines Enzyms, das den giftigen Stoff vernichtet. Die Alkoholmoleküle werden zwar eines nach dem anderen verarbeitet, doch ohne die richtige Maschinerie, die die Vorgänge im Organismus automatisch in Gang setzt, sammelt sich das hochgiftige Acetaldehyd an. Daher das plötzliche Erröten.

Isabellas fehlerhaftes Enzym ist unter dem Namen Aldehyd-Dehydrogenase bekannt. Gut die Hälfte aller Asiaten weist den gleichen genetischen Defekt auf. Doch vielleicht sollten wir in diesem fehlerhaften Enzym weniger einen Defekt als vielmehr ein molekulares Gottesgeschenk sehen. Wie Untersuchungen an 1300 Alkoholikern aus Japan ergaben, leidet nicht ein Einziger unter ihnen am plötzlichen Erröten. Obwohl das Phänomen bei der Hälfte aller Japaner auftritt, zeigte es sich bei keinem Einzigen der untersuchten Alkoholiker. Eine geringfügige Veränderung im genetischen Code hilft offenbar, der Verlockung Alkohol zu widerstehen.

Der angeborene genetische Unterschied äußert sich in einem verminderten Verlangen nach Alkohol – so viel steht fest. Doch ist demzufolge auch das Gegenteil der Fall? Sind manche Menschen genetisch so veranlagt, dass sie von Natur aus alkoholgefährdeter sind als andere? Tierversuche legen diese Vermutung nahe.

Im Allgemeinen meiden Säugetiere den Alkohol, Primaten in freier Wildbahn ebenso wie Haustiere. Haben sie die Wahl, entscheiden sie sich immer für das Wasser. Einige Wissenschaftler machten sich daran, Versuchsratten eine Vorliebe für Alkoholisches anzuerziehen. Aus jeder Generation wurden ausschließlich die Tiere mit der geringsten Abneigung gegen Alkohol als weitere Zuchttiere ausgewählt. Alle übrigen sollten ohne Nachwuchs bleiben. Bald hatten die Wissenschaftler eine Rattengattung mit einem Hang zum Alkohol herangezüchtet.

Interessanterweise produzierten die Alkohol liebenden Ratten im Gehirn außergewöhnlich geringe Mengen des anregend wirkenden Botenstoffes Serotonin. Insofern ist ihre Vorliebe für Alkohol vielleicht nur der Versuch, den Serotoninspiegel wieder auf den alten Stand, will heißen den der normalen Ratten, zu bringen. Diese Ergebnisse ziehen einen ganzen Rattenschwanz weiterer Fragen nach sich.

Lassen sich bei Suchtkranken und Abhängigen Unterschiede in den Genen erkennen? Nach neuesten Daten ist das nicht ausgeschlossen. Wie Wissenschaftler bei der Durchführung von Autopsien feststellten, weisen die Gehirne von Alkoholikern weniger Dopaminrezeptoren auf als die von Nichtalkoholikern.

Gene spielen aber auch bei anderen Suchtkrankheiten eine Rolle. So ergaben Untersuchungen an 250 Testpersonen, dass bei fast jedem Raucher eine sehr ungewöhnliche Variante eines bedeutenden Gens vorhanden war. Es handelt sich um das Gen mit der Bezeichnung D2, das bei einem Dopaminschub die Belohnungszentren im Gehirn aktiviert. Raucher, bei denen dieses D2-Gen in veränderter Form vorkam, produzieren ein Drittel weniger Dopaminrezeptoren als normal.

Der Botenstoff Dopamin wirkt wie der Dirigent in einem Konzert auf viele Instrumente ganz entscheidend ein. Sämtliche Drogen verändern die funktionalen Strukturen des Gehirns und damit auch die natürliche Fähigkeit des Organismus, Glücksgefühle zu regulieren und zu erzeugen. Da Nikotin die Dopaminausschüttung steigert, erlebt der Raucher das Rauchen als eine beglückende Tätigkeit und macht

mit jeder Zigarette den neuerlichen Versuch, die Dopamin-
systeme immer aggressiver zu stimulieren. Durch das Rauchen können die Belohnungszentren so aktiviert werden,
dass der Spiegel der Wirksubstanzen auf das Niveau kommt,
das Nichtraucher von Natur aus haben.

Wie wir gesehen haben, aktivieren auch andere Drogen –
vor allem Kokain – das Dopaminsystem im menschlichen
Körper. Dasselbe veränderte D2-Gen, das für die Veranlagung zum Rauchen verantwortlich ist, steht auch in Zusammenhang mit anderen Suchtkrankheiten, wie etwa mit der
Esssucht.

In North Carolina wurde 1997 gegen Thomas Richard Jones verhandelt wegen fahrlässiger Tötung zweier Frauen bei
einem Autounfall, den er unter Einfluss von Alkohol,
Schmerzmitteln und Antidepressiva verursacht hatte. Sein
Verteidiger, der ausdrücklich auf eine lange Suchtgeschichte
seines Mandanten hinwies, brachte vor, dass »der Teufel, der
im Alkohol und in diesen Pillen lauert, nie von Jones ab-
lässt«. Einer der Decknamen des Teufels ist wohl Dopamin.

Die Suchtgefahr besteht darin, dass das menschliche Gehirn chemische Botenstoffe wie Dopamin und Serotonin zur
Regulierung von Empfindungen wie Freude und Glück verwendet. Ein angeborener genetischer Defekt in der Produktion dieser Botenstoffe verurteilt den einen oder anderen
womöglich dazu, nach einem chemischen Kick zu suchen.

Wie die Ausführungen gezeigt haben, spielen Gene eine
wichtige Rolle für das Suchtverhalten – beim Rauchen, Trinken und auch bei anderweitigem Drogenkonsum. Doch gibt
es hinreichend Beweise, dass genetische Faktoren nicht allein
ausschlaggebend sind. Eineiige Zwillinge zeigen eine ähnliche – nicht aber identische – Neigung zum Drogenkonsum.
Tendiert einer der eineiigen Zwillinge zur Alkoholabhängig-

keit, liegt die Wahrscheinlichkeit, dass der andere das gleiche Suchtverhalten an den Tag legt, um 25 bis 40 Prozent höher als bei zweieiigen Zwillingen. Doch wären allein die genetischen Faktoren verantwortlich, würden eineiige, sprich genau identische, Zwillinge ein identisches Suchtverhalten haben.

Die Wissenschaft steht bei der Erforschung der neuronalen Signalübermittlung noch ganz am Anfang. Für ein vollständiges Verständnis des Suchtverhaltens aber müssen sowohl die Gene als auch eine ganze Reihe nichtgenetisch bedingter Umstände untersucht werden, durch die jemand zum Drogenkonsum verleitet wird oder auch nicht.

Rettung durch Willenskraft? »Sag einfach nein« – der simpelste Weg der Entwöhnung. Leider ist diese so nahe liegende und billige Methode auch diejenige, die am ehesten danebengeht. Von 20 Leuten, die versuchen, von heute auf morgen nein zur Zigarette zu sagen, schafft es nur ein Einziger. Pure Willenskraft scheint eine großartige Lösung, doch sie reicht offenbar nur bis zum nächsten schwachen Moment. Da verlässt sie uns, und wir stecken uns wieder eine Zigarette an oder mixen uns wieder eine Margarita. Verbände wie die Anonymen Alkoholiker oder ähnliche Programme verlangen von ihren Mitgliedern eine enorme Willensstärke und lassen ihnen alle erdenkliche Unterstützung zuteil werden. Doch im Grunde hängt der Erfolg auch hier allein von der Selbstbeherrschung eines jeden Einzelnen ab. Selbst das 12-Stufen-Programm zur Schulung der Willenskraft greift nicht immer. Kritiker bringen vor, dass nur fünf Prozent der Anonymen Alkoholiker es schaffen, ein Jahr lang nüchtern zu bleiben. Befürworter hingegen bestreiten die Misserfolgsquote von

95 Prozent. Doch ganz egal, wie die exakten Zahlen lauten, mit Willensstärke allein ist es nicht getan.

Dass unser guter Wille so oft versagt, ist entmutigend. Natürlich ist uns klar, dass wir clean bleiben könnten, wenn wir mehr Stärke entwickeln würden. Darüber hinaus können auch die Menschen in unserer unmittelbaren Umgebung mit Suchtproblemen oft nicht umgehen. Dabei führt der regelmäßige Alkoholkonsum bei 14 Prozent aller Amerikaner irgendwann zu einem ernsthaften Alkoholproblem. So niederschmetternd diese Zahl ist, bedeutet sie gleichzeitig, dass 86 Prozent aller Amerikaner nie alkoholabhängig werden. Diese prozentuale Mehrheit erweckt in uns den Eindruck, dass es getan ist mit einem guten Vorsatz zum neuen Jahr und ein wenig Sittenstrenge, um nicht abhängig zu werden.

Die Unfähigkeit, unsere Suchtmittelneigung zu kontrollieren, liegt nicht etwa in einem Persönlichkeitsdefekt als vielmehr in der gewaltigen Kraft unserer Triebe. Dieser Trieb ist bei dem einen oder anderen übermächtig. John Daly, der Golfspieler, war gar bereit, drei Millionen Dollar für einen Drink zu bezahlen. Oder Thomas Covington, ein Crack-Abhängiger, der bereits 31-mal inhaftiert war, nimmt sogar Haft und Geldstrafen für seine Sucht in Kauf, denn, so sagt er, »wenn der unwiderstehliche Drang erst einmal da ist, ist es dir egal, welche Strafe droht«.

Ganz abgesehen davon, dass eine Sucht immer auch mit purem Willen zu tun hat, hat sie tiefe evolutionäre und biologische Wurzeln. Feinste Unterschiede in unseren Gehirnschaltkreisen machen uns mehr oder weniger empfänglich für die Manipulation chemischer Wirkstoffe. Obwohl der eine hier, der andere dort sein Schwäche hat und den meisten wohl extreme Suchtprobleme, wie John Daly oder Thomas Covington sie haben, erspart bleiben, ist jedem von uns eine starke, instinktbedingte Begierde für schädliche Substanzen angeboren.

Da sämtliche Drogen in die neuronalen Schaltkreise der gengesteuerten Erregungsbahnen störend eingreifen, führen wir den Kampf gegen schädliche Stoffe mit uns selbst. Inhalieren wir beispielsweise Kokain, werden die Neuronen regelrecht gebadet in Dopamin, da diese Droge die Wiederaufnahme von Dopamin in die Zelle blockiert, wodurch eine wahre Gefühlskaskade im Belohnungszentrum des Gehirns ausgelöst wird und wir uns wie im siebten Himmel fühlen. Diese Belohnung wird direkt mit der Tätigkeit des Drogenkonsums verknüpft, und deshalb hat der Verstand, der uns sagt, dass wir keine Drogen nehmen sollen oder dass diese Seite in uns keine Drogen nehmen will, gar keine Chance – das ist in etwa so, wie wenn man einen jungen Hund mit Streicheleinheiten und einem Riesenknochen belohnt, jedes Mal, wenn er auf das Sofa gepinkelt hat. So lernt er es natürlich nie, sein Geschäft draußen zu verrichten.

Sich von einer Sucht befreien zu wollen stellt eine ähnliche Herausforderung dar. Eine Sucht wird genau wie Essen und Sex mit einem Lustgefühl verbunden. Erteilen wir unserem Gehirn die Anweisung, ab sofort das Verlangen nach Essen und Sex abzustellen, wird es einen solchen Befehl einfach nicht ernst nehmen – warum sollte es auch ausgerechnet das Verhalten einstellen, das im Belohnungssystem das größte Glücksgefühl erzeugt? Einer Sucht, die unser Leben beherrscht, allein mit Willensstärke beikommen zu wollen oder sie mal eben schnell behandeln zu wollen kann also gar nicht klappen.

Für alle, die noch nie Drogen genommen haben, und insbesondere für alle, die mit einer erblichen Disposition für Suchtkrankheiten vorbelastet sind, kann Abstinenz in der

Tat die beste Strategie sein. Es ist allemal leichter, erst gar nicht anzufangen, als aufzuhören. Doch wer suchtmittelabhängig ist, kann nicht einfach nein sagen, und damit hat es sich. Die moderne Wissenschaft ist auf der Suche nach neuen Methoden, mit denen Suchtkranken geholfen werden kann. Und das lässt hoffen.

Moderne Technologie als Rettungsanker? Im alten Sumer war Bier schon im tausendsten vorchristlichen Jahrhundert bekannt. Die Sumerer waren dem Gerstensaft derart zugetan, dass das Bildsymbol für Bier in fast allen alten Ruinen zu finden ist. Auch das alte mittelamerikanische Volk der Maya hat nachweislich lange vor der spanischen Eroberung die halluzinogenen Absonderungen verschiedener Kröten eingenommen und sie sich als eine Art Kröten-Einlauf in den Darm eingeführt. Unzählige andere Urvölker konsumierten ebenfalls natürlich vorkommende Rauschmittel.

Ganz offenbar war der gelegentliche Drogenkonsum nicht weiter problematisch. Heute jedoch kann die Suchtwirkung dieser natürlichen Rauschmittel durch moderne chemische Verfahren um ein Vielfaches potenziert werden. In vielen Kulturen hat das Kauen von Coca-Blättern, die ähnlich wie Koffein wohltuend anregend wirken, eine lange Tradition. Während Coca-Blätter nicht einmal ein Prozent Kokain enthalten, werden Konzentration und Wirkkraft der extrahierten Reinsubstanz durch Raffination auf bis zu über 60 Prozent erhöht. Crack-Kokain erzeugt ein so intensives Glücksgefühl, wie es keine natürliche Handlung, nicht einmal der Orgasmus, auszulösen vermag. Kein Wunder also, dass ein Süchtiger für ein solches Rauscherlebnis das eigene Leben ruiniert und die Familie hintergeht.

Mittels moderner technologischer Reinigungsverfahren wird aus einem relativ unschädlichen Naturstoff eine gefährliche Droge. Mindestens 14 Millionen chemische Wirkstoffe gibt es; über die Jahrhunderte haben sich Arzneimittelhersteller auf zehn bis zwanzig davon konzentriert, von welchen man mehr zufällig herausfand, dass sie die neuronalen Schaltkreise reizen. Kein Zufall hingegen ist es, dass medikamentöse Entwöhnungshilfen genau die Wirkstoffe enthalten, die direkt dort im Gehirn eingreifen, wo die Abhängigkeit entsteht: in den Erregungsbahnen des Belohnungssystems. Insofern kann die moderne Technologie gleich einem unübertroffenen Doppelagenten im Kampf gegen die Drogensucht auch unser stärkster Verbündeter sein.

Erinnern wir uns an den Film Clockwork *Orange* unter der Regie des mittlerweile verstorbenen großen Stanley Kubrick. Seine Zukunftsvision spielt in einer Gesellschaft, in der sich ein paar Halbstarke aus purem Spaß an der Freude mit gewalttätigen Aktionen gegen ihre Mitmenschen einen Kick verschaffen. Die üblichen Einsätze gegen die Bande bringen nichts außer großen und teuren Polizeiaufgeboten und noch ein paar mehr Insassen in den ohnehin überbelegten Gefängnissen.

Daher ändern die Behörden ihre Strategie. Sie wollen Alex, den Kopf der Bande, umerziehen und bieten ihm an, seine restliche Strafe auszusetzen, wenn er sich einer Anti-Gewalt-Therapie unterzieht. Fortan quält man ihn mit Gewaltfilmen, sodass er schließlich beim bloßen Gedanken an Gewalt von grausamen Schmerzen und Übelkeit übermannt wird. Das Therapieprogramm *Clockwork Orange* ist repressiv und schlägt letztlich fehl. Nichtsdestotrotz pointiert es eine alternative Strategie der Drogenbekämpfung: starke, zerstörerische Triebe nicht unterbinden, sondern im Keim ersticken.

Kommen wir noch einmal zurück auf das so genannte plötzliche Erröten bei Leuten, deren Organismus Probleme beim Abbau von Alkohol hat. Während die einen gerne ein Gläschen genießen, wird ebenjenen vom Alkohol ganz schlecht. Demzufolge neigen sie auch weniger zum Alkoholismus; sie sind am Trinken einfach nicht interessiert und müssen, um nüchtern zu bleiben, auch keine Willensstärke aufbringen. Können wir mit diesem Wissen anderen helfen?

Stellen Sie sich vor, Sie sind im Besitz einer Wunderpille. Wer sie einnimmt, reagiert auf Alkohol fortan mit plötzlichem Erröten. Keine Zukunftsmusik, denn eine solche Pille ist seit ungefähr 50 Jahren auf dem Markt. Sie heißt Antabuse und deaktiviert die Alkohol verarbeitende Maschinerie im menschlichen Organismus. Bei Einnahme von Antabuse wird der aufgenommene Alkohol in toxische Stoffe umgebaut und verursacht den beim plötzlichen Erröten typischen Brechreiz.

Antabuse scheint das perfekte Präparat gegen Alkoholismus zu sein. Jedoch belegen zahlreiche Studien, dass das Mittel in der Suchttherapie keine verlässliche Hilfe bietet. Wie kann das sein? Werfen wir einmal einen Blick in das Schlafzimmer, den Abfalleimer oder die Toilette eines Alkoholikers. Es gibt jede Menge Geschichten von Alkoholikern, die ihre tägliche Pille die Toilette hinunterspülen oder sie in ihre Backentasche stecken, nur um sie später wieder herauszunehmen. Alkoholabhängige sind im Versteckspiel sehr geschickt – die Frau eines Alkoholikers entdeckte einmal eines schönen Tages die gesamte Monatsration Antabuse oben auf dem Küchentürrahmen, eine Pille fein säuberlich neben der anderen.

Mit Antabuse hat man den Süchtigen vielleicht eine Tür aufgestoßen, doch der Haken dabei ist, dass die Wirkung der

Pille allzu schnell verfliegt. Einmal nicht genommen, frönt der Alkoholiker wenige Stunden später wieder der alten Sucht. Nachhaltig und mit Erfolg können daher nur solche Anti-Sucht-Präparate wirken, die dem Einzelnen lediglich einen kurzen Moment an Willenskraft abverlangen, dafür aber längerfristig zur Selbstkontrolle verhelfen – ein Mittel etwa, das nur einmal im Jahr eingenommen werden muss oder als Impfstoff schon im Kindesalter verabreicht wird.

Eine ganze Reihe solcher Suchtkiller ist derzeit noch in der Entwicklung. Wie unlängst gezeigt wurde, hält die Wirkung eines Nikotin-Impfstoffes gegen die Lust am Rauchen eine geraume Weile an. Ein anderes Präparat, BP 897, ist eine doppelgesichtige Substanz gegen die Kokainsucht. Bei jemandem, der clean ist, puffert es die Entzugserscheinungen und stimuliert das Dopaminsystem ein klein wenig. Sobald aber Kokain geschnupft wird, versetzt BP 897 den Konsumenten in einen Rausch und blockiert so die Wirkung der Droge.

Die Entwicklung solcher und ähnlicher Produkte verheißt eine folgenschwere Erweiterung der Möglichkeiten. Eine Situation wie in *Clockwork Orange* wäre dann durchaus denkbar. Kann die Regierung Leute zur Einnahme dieser Präparate als Strafmaßnahme für bestimmte Vergehen zwingen? Sollen wir unsere Kinder immunisieren, auch wenn dadurch einige ihrer Leidenschaften abgetötet werden? Dennoch, Nikotin-Impfstoffe und eine nachhaltiger wirkende Antabuse-Variante könnten uns im Umgang mit Drogen eine wirksame Hilfe sein. Drogenkonsum hat seinen Preis. Um diesen Preis niedrig zu halten, stellt die Technologie noch eine andere Möglichkeit bereit.

Wenn die Zigarette glimmt, wird Nikotin freigesetzt, eine im Tabak enthaltene, anregend wirkende und süchtig machende Substanz. Doch ein Großteil der schädlichen Wirkungen kommt nicht vom Nikotin an sich, sondern von weiteren im Tabak enthaltenen Substanzen. Dank der modernen Wissenschaft gibt es heute Heftpflaster oder Kaugummis, die uns wie Nikotin stimulieren, ohne dass wir dafür die Krebs erregenden Stoffe im Tabak in Kauf nehmen müssen.

Mit einem Nikotinpflaster oder Kaugummi trennen sich Raucher leichter vom Glimmstängel. Aus eigener Kraft von der Sucht loszukommen, schaffen nur fünf Prozent. Eine Studie belegt, dass 40 Prozent von 4000 getesteten Rauchern nach einer kombinierten Pharmakotherapie noch nach zwölf Monaten rauchfrei waren. Diese Menschen sind zwar nicht von ihrer Nikotinsucht befreit; sie können aber dank moderner Methoden und Verfahren die gleiche anregende Wirkung mit weniger Nebenwirkungen erfahren.

Mit dem Suchtmittelersatzstoff Methadon wurde ein weiteres Präparat entwickelt, das die Drogenwidersacher direkt angreifen soll. Wie Heroin regt Methadon die körpereigene Endorphinproduktion an. In den Vereinigten Staaten leben mehr als 100000 ehemalige Heroinabhängige, die heute mit Methadon ein relativ normales Leben führen. Aber genau wie ehemalige Raucher, die ein Nikotinpflaster benutzen, sind auch sie von ihrer krankhaften Begierde nicht befreit; sie befriedigen sie nur mit weniger schädlichen Mitteln.

In absehbarer Zukunft werden wir in einer Welt leben, wo Tabakfirmen, Spirituosenhersteller und Drogenkartelle alle möglichen Sorten von schädlichen, aber doch wünschenswerten Präparaten verschachern werden. Obgleich die momentanen Lösungen begrenzt und unvollkommen sind, verheißt die moderne Medizintechnologie zwei Wege zu einem nachhaltigen Erfolg. Mit der Einnahme neuer Präparate wird es zunehmend möglich, unsere Suchtbegierden zu unterdrücken, sodass es uns entweder gar nicht mehr nach schädlichen Drogen verlangt oder wir uns nur einen solchen Kick verschaffen, den wir unbeschadet genießen können.

Risiko
Der Nervenkitzel für unsere Gene

Risikospiel – ein teurer Spaß. Kennen Sie schon das neueste staatliche Lotteriespiel? Es heißt: »Nehmen Sie einen Dollar, und werfen Sie ihn zum Fenster hinaus.« Stimmt nicht ganz. Denn die staatlichen Lotterien zahlen rund 50 Prozent der Wetteinsätze wieder aus. Richtiger wäre also: »Nehmen Sie 50 Cent, und werfen Sie sie zum Fenster hinaus.« Bei diesen Gewinnchancen klingt es verrückt, dass in Amerika im vergangenen Jahr im Schnitt 150 Dollar pro Kopf in staatliche Lotterien einbezahlt und dabei 20 Milliarden Dollar verloren wurden. Einst nur auf Matrosenviertel und dunkle Seitengässchen beschränkt, ist das Glücksspiel mittlerweile gesellschaftsfähig geworden. Las Vegas und Atlantic City ziehen nach wie vor ganze Heerscharen an, konkurrieren heute aber mit Westernspelunken, schwimmenden Kasinos, den staatlichen Lotteriegesellschaften allerorten sowie mit einer gerade in der Entstehung begriffenen Internet-Spielergemeinde. Wenn das so weitergeht, dauert es nur noch Nanosekunden, bis wir mit unserem Spieltrieb uns selbst und unsere Familien an den Bettelstab gebracht haben.

Darüber hinaus sind zweieinhalb Millionen Amerikaner ernsthaft spielsüchtig. Und Wetteinsätze kommen unverhältnismäßig zahlreich gerade von den Leuten, die sich Verluste am wenigsten leisten können: Haushalte mit einem jährlichen Einkommen von unter 10 000 Dollar geben dreimal so viel für Glücksspiele aus wie Haushalte mit über 50 000 Dollar Jahreseinkommen. Amerikaner verlieren pro Jahr über 50 Milliarden Dollar beim legalen Glücksspiel.

Warum haben wir so große Freude am Risikospiel? Sind wir schlicht Opfer von Werbekampagnen, habgierigen Kasinobesitzern und Staatsregierungen, die auf das schnelle Geld aus sind? Der Sündenbock ist gar nicht so einfach auszumachen.

Ein Blick in die verschiedenen Kulturen zeigt, dass das Glücksspiel ein universales Phänomen ist. In der Tat florieren Spielkasinos, Spielbanken und dergleichen von Las Vegas über Monte Carlo bis nach Hongkong. Die Vorliebe für Glücksspiele ist selbst in Kulturen der nicht-industrialisierten Welt zu finden. Die Hazda zum Beispiel, ein afrikanisches Volk, leben noch heute vom Jagen und Sammeln. Fernsehen und Lotteriewerbung kennen sie nicht. Dennoch verbringen die Hadza-Männer so viel Zeit mit dem Glücksspiel, dass sie, wie es heißt, das Glücksspiel dem Jagdglück vorziehen.

Diese weltweit zu findende Vorliebe für Glücksspiele spiegelt nur eine kleine Facette unserer allgemeinen Neigung zur Freude am Risiko. Es macht Spaß, im Auto ein bisschen mehr auf die Tube zu drücken als erlaubt und die Gefahr herauszufodern. Wir lieben Filme, in denen Haudegen und Draufgänger vorkommen, nicht etwa solche über brave Bürger, die Versicherungen kaufen. Die Reklame heutzutage ist voll mit Glück verheißenden Bildern von Felskletterern und Bungee-Jumpern, nicht etwa von übervorsichtigen Angsthasen, die mit Helm und Schutzbrille daheim in der guten Stube hocken.

Gefährliche Situationen üben eine so große Faszination

auf uns aus, dass wir Risiken selbst dann eingehen, wenn sie einen hohen Preis fordern. Warum?

Es liegt teilweise daran, dass wir miserable Rechenkünstler sind. Wir kriegen es scheinbar nicht hin, Zahlen in die richtige Beziehung zu setzen.

Um das zu verdeutlichen, machen wir ein wenig Denksport. Aufgabe eins: In der Hauptziehung der Lottozahlen der kalifornischen Lotteriegesellschaft werden sechs Zahlen aus 51 ausgespielt. Um zu gewinnen, müssen die getippten sechs Zahlen am Ende mit den zufällig gezogenen übereinstimmen. Was meinen Sie? Wie hoch liegen nach diesen Regeln die Gewinnchancen? Schreiben Sie auf, was Sie schätzen.

Aufgabe zwei: In chinesischen Familien haben Söhne einen hohen Stellenwert, doch die chinesische Regierung setzt allerlei Druckmittel ein, um die Größe einer Familie begrenzt zu halten. Nehmen wir an, die Chance auf ein Mädchen liegt exakt bei 50 Prozent, doch jede Familie stellt die weitere Familienplanung nach einem erstgeborenen Jungen ein. Demnach hätte die Hälfte aller Familien nur einen einzigen Jungen, ein Viertel der Familien einen Jungen und ein Mädchen, ein Achtel einen Jungen und zwei Mädchen und so weiter. Wie hoch liegt nach diesem Schema der Prozentsatz der weiblichen Neugeborenen? (Keine Sorge. Die Auflösung folgt weiter unten.)

Aufgabe drei: Stellen Sie sich vor, Sie sind Arzt und eine Ihrer Patientinnen will einen HIV-Test durchführen lassen. Sie versichern ihr, dass das völlig unnötig sei, da nur eine von 1000 Frauen im gleichen Alter und mit einem vergleichbaren Geschlechtsleben infiziert ist. Doch sie besteht darauf, und der Test erweist sich tatsächlich als positiv. Wenn das Testergebnis zu 95 Prozent richtig ist, wie hoch liegt dann die Wahrscheinlichkeit, dass die Patientin tatsächlich erkrankt ist?

Als man Ärzten und Belegschaft der Harvard Medical School diese Frage stellte, gaben die meisten zur Antwort, dass die Patientin mit 95-prozentiger Wahrscheinlichkeit erkrankt sei. Damit lagen sie um Längen daneben; die korrekte Antwort lautet nämlich: weniger als zwei Prozent. (Die Erklärung dazu folgt später.)

Kommen wir nun zu den Auflösungen. Zunächst zu Aufgabe eins: Die Gewinnchancen der kalifornischen Lotteriegesellschaft liegen bei eins zu 18 Millionen. Die Wahrscheinlichkeit, aus dem Bett zu fallen und tot zu sein, ist neunmal größer.

Zu Aufgabe zwei: Es bleibt bei 50 Prozent Mädchen in der chinesischen Bevölkerung, auch unter der offiziellen Verordnung, die Familienplanung nach dem erstgeborenen Jungen einzustellen.

Ärgern Sie sich nicht, wenn Sie mit Ihren Antworten danebengelegen haben. Uns selbst ging es nicht anders. Und eben das ist der springende Punkt. Wir sind einfach nicht geboren für diese Art von statistischen Aufgaben. Wir tun uns schwer mit Risikoanalysen. Und das permanent. Einen Flugzeugabsturz fürchten wir mehr als einen Autounfall, obwohl das Risiko, bei einem Autounfall ums Leben zu kommen, viel, viel größer ist. Werfen wir eine Münze, und sie zeigt fünfmal hintereinander Kopf, glauben wir, dass sie beim nächsten Wurf bestimmt Zahl zeigt. Und so geht es am laufenden Band.

Das gibt uns zwei Rätsel auf. Warum haben wir Spaß am Risiko? Und warum schneiden wir in der Risikokalkulation so miserabel ab?

Sind Tiere risikoscheu? Tiere scheinen das Risiko zu scheuen. Zwei ausgewachsene, vierhundert Pfund schwere Rothirsche beispielsweise kämpfen äußerst selten gegeneinander, wenn sie um ein Weibchen buhlen. Sie stehen zunächst nur da, einer neben dem anderen, und röhren. Ist das Röhren des einen überzeugend lauter, zieht der andere sprichwörtlich den Schwanz ein und räumt das Feld. Ist es gleich lautstark, messen sie sich weiter, gehen im Stolziergang nebeneinander her und mustern sich gegenseitig, während sie sich protzend zur Schau stellen. Der körperlich Unterlegene zieht sich dann zurück.

Sowohl das Röhren wie auch der Stolziergang ist ein risikofreier Wirkmechanismus, um auszumachen, wer den Kampf aller Wahrscheinlichkeit nach gewinnen wird. Größere, gesunde Tiere röhren dabei natürlich viel lauter. In der Musterungsphase werden Größe und Muskulatur taxiert. Nur wenn es nach beiden Machtproben noch immer unentschieden steht, kommt es zum körperlichen Kampf. Und selbst der geht selten tödlich aus.

Das Vermeiden tödlicher Kämpfe zugunsten eines einfachen Kräftemessens ist die vorherrschende Strategie unter vielen Tierarten, von Säugetieren über Vögel bis zu Insekten, und legt nahe, dass Tiere das Risiko scheuen. Bei näherer Betrachtung fällt jedoch auf, dass Tiere oft *sehr wohl* lebensbedrohliche Risiken eingehen.

Das Verhalten einiger Spinnenarten spiegelt das der röhrenden, stolzierenden Rothirsche wider. Buhlen zwei Spinnenmännchen um ein Spinnenweibchen, taxieren sie sich gegenseitig, und der Schwächere gibt auf. In einem (an sich ganz schön grausamen, aber schlau angestellten) Experiment setzte ein Wissenschaftler eine kleine männliche Spinne, die den Namen Mini bekam, auf ein Weibchen an.

Es dauerte einige Stunden, bis Mini anfing, das Weibchen zu begatten. Und exakt in dem Moment, als Minis Spermien ihre genetische Einzigartigkeit zum Einsatz bringen wollten, brachte der Wissenschaftler Hulkster, eine viel größere männliche Spinne, ins Spiel.

Was, glauben Sie, ist passiert? Mini, kurz davor, den genetischen Reibach seines Lebens zu machen, wird sich bestimmt nicht freiwillig davon abhalten lassen und ist bereit, gegen Hulkster anzutreten. Hulkster für seinen Teil erkennt den Größenunterschied sofort und schreitet in den Kampf voller Zuversicht, dass Mini vor ihm Reißaus nehmen wird. Bei zwei kampfeslustigen Spinnen enden 90 Prozent der Kämpfe tödlich oder zumindest mit ernsten Verunstaltungen, in knapp 80 Prozent der Kämpfe geht die kleinere Spinne zugrunde. Doch in gut 20 Prozent der Fälle gewinnt der Kleine das Rennen um den begehrten genetischen Preis.

Wie wir sehen, gehen Tiere nur dann ein Risiko ein, wenn es sich lohnt. Ein kleines Spinnenmännchen, das sich davonschleicht, bleibt zwar am Leben, wird aber kaum je mehr ein anderes fruchtbares Weibchen finden, und seine risikoscheuen Gene werden schließlich mit ihm sterben. In zahlreichen Spezies riskieren Mütter den eigenen Tod, um ihre Kinder zu schützen, und zwar aus dem gleichen genetischen Beweggrund – den evolutionären Konkurrenzkampf zu gewinnen. Der Sieger gibt seine Gene an seine Nachfahren weiter – und damit auch den (Natur-)Trieb zum Risiko.

Nicht viel anders ist es beim Menschen. Wie wir wissen, entstand das Menschengeschlecht einst in Ostafrika und verbreitete sich von dort aus über die ganze Welt. Nun stellen wir uns zwei Menschentypen vor: Die einen kauern in ihren Höhlen, und die anderen ziehen los, neue Gebiete zu erforschen. Wer von beiden trägt den Sieg davon? Eindeutig die risikofreudigen Eroberer, von denen viele zwar den Tod fanden, die es aber am Ende geschafft haben, den ganzen Globus zu bevölkern.

Quer durch die Kulturen ist von diesem klaren genetischen Vorteil der Risikobereitschaft etwas erhalten geblieben. Die Yanomamö, ein Volk südamerikanischer Ureinwohner, leben von der Jagd und ein wenig Landwirtschaft. Sie sind ein kampfeslustiges Volk; über ein Viertel der Männer stirbt durch Gewalt. Männer, die mindestens einen anderen getötet haben, werden Unokai genannt, und sie wiederum werden nicht selten von den Verwandten ihres Opfers getötet.

Warum riskieren es die Yanomamö dennoch, einen anderen zu töten? Diejenigen, welche dieses Risiko eingehen und überleben, haben am Ende mehr Frauen und mehr Kinder. In einer Langzeitstudie wurden 137 Unokais und 243 Nicht-Unokais begleitet. Unokais hatten im Schnitt 1,63 Frauen (Polygamie ist legal) und 4,91 Kinder; Nicht-Unokais kamen auf einen Schnitt von nur 0,63 Frauen und 1,59 Kinder.

Nun wissen wir, warum wir Freude am Risiko haben: Mensch wie Tier gehen in ihrem jeweils natürlichen Handlungsraum Risiken ein, wenn etwas dabei herausspringt. Und schließlich stammen wir von Menschen ab, die ihre Höhlen verließen, wagemutig loszogen und am Ende den Sieg davontrugen.

Zum Risiko geboren. Unsere Gene kriegen uns immer klein. Wer kennt ihn nicht, den Rausch der Geschwindigkeit beim Achterbahn- oder Motorradfahren. Waghalsige Unternehmungen setzen im Gehirn das biochemische Belohnungssystem in Gang, welches Dopamin produziert, ebenjenen chemischen Stoff, der uns in einen Rausch versetzt.

Rod, ein Bekannter Terrys, ist als Abenteurer und Weltenbummler immer auch für gewagte Wetten zu haben. Rods Heldentaten sorgen stets für Gesprächsstoff, und irgendwie kam ich darauf, Terry einmal zu fragen, ob Rod auch gerne scharf äße. Tut er für sein Leben gern. Er steht nicht nur auf Jalapeño-Chili-Schoten, er hat auch immer und überall eine Flasche extrascharfe Würzsauce dabei.

Mit seiner Vorliebe für Scharfes ging er eines Tages bis an die äußerste Grenze und nahm an einem Wettstreit für Chili-Essen teil. Alle Teinehmer traten paarweise gegeneinander an, und wer den schärferen Chili als sein Gegner vertilgte, kam eine Runde weiter. Das Finale gewann Rod. Er verspeiste eine Chilischote, die es derart in sich hatte, dass sein halbes Gesicht ertaubte (ein Zustand, der fast eine Woche lang anhielt). Sein Gegner kapitulierte lieber großmütig als zu versuchen, es mit Rod aufzunehmen. Wo liegt die Verbindung?

Tollkühnes Verhalten stimuliert das Dopaminsystem. Doch manche Menschen haben von Geburt an ein ganz bestimmtes Dopamin-Rezeptor-Gen, welches das Gefühl des Nervenkitzels abschwächt. Menschen, die diese ausgefallenen Dopaminrezeptoren mitbringen – und damit auch ein vermindertes Stimulationsvermögen der neuronalen Erregungsbahnen –, werden auf der Suche nach dem Dopamin-Kick immer bis zum Äußersten gehen: Bungee-Jumper, Rennfahrer und Entdeckungsreisende – alles typische Risikofreaks. Spontan und waghalsig, wie sie von Natur aus sind, gehören sie zu den tollkühnsten Spielern in Las Vegas. Und wie Rod haben sie eine größere Vorliebe für scharfe Speisen als andere.

In der Molekulargenetik spricht man vom so genannten Novelty-Seeking-Gen. Bisherige Befunde sprechen sogar für einen engen Zusammenhang zwischen der Häufigkeit dieses bestimmten Gens innerhalb einer Population und der Größe der Entfernungen, die diese Gruppe im geographischen Raum überwunden hat.

Rufen wir uns noch einmal in Erinnerung, dass das Menschengeschlecht einst in Afrika entstand und von dort aus die Welt eroberte. Die längste Wanderung führte von Afrika nach Südamerika. Zunächst ging es durch Asien, dann über die Landbrücke nach Nordamerika und schließlich den ganzen langen Weg nach Süden.

Einheimische Südamerikaner sind die Nachfahren derjenigen Menschen, die über Jahrtausende immer weiter und weiter gezogen sind. Über zwei Drittel der heutigen Südamerikaner tragen das Novelty-Seeking-Gen in sich und liegen damit mit Abstand weit vor den Afrikanern oder Europäern, von denen nur ein Viertel dieses Gen aufweist.

Die Risikobereitschaft des Einzelnen wird darüber hinaus noch von weiteren genetischen Unterschieden beeinflusst. Zum Beispiel von der Monoamin-Oxidase: Je weniger Monoamin-Oxidase, desto wahrscheinlicher wird jemand das Abenteuer und den Nervenkitzel suchen und sich auf Risiken einlassen. Es ist nur eine Frage der Zeit, bis die Forschung noch weitere Gene gefunden haben wird, die für eine höhere Risikobereitschaft verantwortlich sind. Und irgendwann werden Wissenschaftler auch in der Lage sein, den molekularen Wirkmechanismus zu entschlüsseln, den diese Gene benutzen.

Jedenfalls finden einige mehr Gefallen an einem rasanten Bungee-Sprung als andere. Doch selbst wer die normalen Dopaminrezeptoren und nur gewöhnliche Mengen an Risikomolekülen ererbt hat, ist nicht gefeit vor plötzlichen Risikoanwandlungen oder immun gegen die große Anziehungskraft von Vergnügungsparks und Spielkasinos. Suchen Sie noch immer nach dem Sündenbock? Dann suchen Sie ihn in sich selbst, denn es sind unsere Gene, die uns zu Risikojunkies machen. Genauso wie beim Drogenrausch durch chemische Reaktionen süchtig machende Substanzen entstehen, brauen unsere Gene einen körpereigenen biochemischen Cocktail zusammen, der uns immer wieder zum Risiko verführt.

Unsere Gene setzen sogar noch eins obendrauf. Sie haben uns nämlich zudem einen ungerechtfertigten Optimismus in die Wiege gelegt, auf den wir jedes Mal hereinfallen, wenn wir unsere Gewinnchancen überschätzen.

Obwohl wir zur Selbstüberschätzung neigen, uns oft besonders begabt und intelligent vorkommen, ist es mathematisch erwiesen, dass wir als Gruppe exakt Durchschnitt sind. Und dennoch. Im Brustton der Überzeugung behaupten wir von uns, dass wir länger leben als andere, weniger häufig krank werden, und glauben sogar, ein Händchen für Gewinn bringende Aktien zu haben. In einer Studie zählten sich 94 Prozent der Männer zur Spitzengruppe der sportlich Begabten. Unser übermäßiges Selbstvertrauen lässt uns auch glauben, wir könnten vielleicht doch im Lotto gewinnen (und manche gewinnen ja auch). Indem unsere Gene uns zu derlei unrealistischen Überzeugungen bringen, treiben sie uns immer wieder an, größere Risiken einzugehen, als wir dies vielleicht andernfalls tun würden.

Ein Teil des Rätsels ist somit gelöst. Wir gehen Risiken ein, da wir die Urur…urenkel von Menschen sind, die hohes Risiko spielten und alles auf eine Karte setzten. Körper und Geist des Menschen bergen Systeme und Mechanismen (wie andere Tiere auch), die uns zuweilen auf ungewisse Pfade leiten.

Die zweite Frage ist allerdings noch offen. Warum schneiden wir in der Risikokalkulation so miserabel ab? Die Evolution müsste doch eigentlich denjenigen bevorteilen, der das lohnende Risiko wagt, und nicht den leichtfertigen Spieler. Wenn es sogar winzigen Spinnen gelingt, zu kalkulieren, wann der günstigste Moment gekommen ist, den Würfel zu rollen und David gegen Goliath zu spielen, warum können wir es nicht?

Tiere – wahre Genies. Einige Tiere sind erstaunlich fähige Statistiker. Der Buntspecht beispielsweise, der sich entscheiden muss, an welchem Baum er hämmern will. Einige Bäume stecken voller schmackhafter Käfer, während andere relativ morsch sind. Wir Menschen müssen uns mit hochkomplizierter Mathematik behelfen, wollen wir dieses Problem lösen. Wie aber schafft es der Buntspecht, den richtigen Baum auszuwählen?

In einem Forschungslabor wurden Bäume mit jeweils 24 Löchern im Stamm aufgestellt, um das Auswahlverhalten der Buntspechte zu untersuchen. In der einen Gruppe von Bäumen waren die Löcher alle leer, in den anderen Bäumen steckte in sechs der vierundzwanzig Löcher Futter. Wie jemand, der auf gut Glück nach Erdöl bohrt, sollte man annehmen, dass auch der Buntspecht sich den nächsten Baum sucht, sobald er auf ein leeres Loch trifft. Doch wie viele Löcher probiert er tatsächlich aus, bevor er sich dem nächsten Baum widmet? Geht er vorschnell weiter, verlässt er möglicherweise eine futterreiche Nahrungsquelle, nur weil die ersten paar Versuche negativ ausfielen. Geht er zu spät weiter, verpasst er womöglich eine gute Chance anderswo.

Theoretisch – so die Antwort der Mathematikwissenschaft – müsste ein Vogel, um an das meiste Futter zu kommen, den Baum verlassen, nachdem er auf sechs leere Löcher gestoßen ist. Was macht der Buntspecht? Er sieht im Schnitt in 6,3 Löchern nach Futter; fast perfekt also und immerhin weitaus besser als ein ungeübter Mensch mit dem gleichen Problem. Sobald die Forscher die Anzahl der leeren Löcher nach oben oder unten hin veränderten, änderten auch die Buntspechte ihr Auswahlverhalten entsprechend.

Buntspechte sind da nicht allein. Auch Spinnen, Fische, Hirsche sowie viele andere Tierarten lösen mühelos Probleme, für die unsereiner das mathematische Können eines Mathematikgenies brauchte. Wie aber schaffen sie das mit ihrem Spatzenhirn? Ganz einfach: Der Buntspecht löst derlei Aufgaben schon seit Zehntausenden von Jahren. Er ist ein Nachkomme von Vögeln, die mit ihrem Instinkt das Problem der Nahrungssuche immer und immer wieder erfolgreich gelöst haben. Die Redensart »sich wohl fühlen wie ein Fisch im Wasser« spiegelt genau das wider: Tiere lösen ganz instinktiv die für sie alltäglichen Probleme in ihrem natürlichen Lebensraum.

Urängste. Unser statistisches Urteilsvermögen in Sachen Sterblichkeitsrisiko würde sogar einen Wurm aus der Fassung bringen. Beispiel: Sterben in Amerika in einem durchschnittlichen Jahr mehr Menschen an Naturkatastrophen oder an Diabetes? Nach Meinung der Amerikaner stellen Naturkatastrophen die größte Gefahr dar. Doch tatsächlich starben 1997 in Amerika 62 636 Menschen an Diabetes, und gerade mal 227 wurden Opfer von Tornados, Überschwemmungen und Blitzschlag.

Ebenso fürchten viele Frauen das Sterblichkeitsrisiko einer Schwangerschaft, obwohl heute so gut wie niemand mehr an Komplikationen während der Schwangerschaft oder Geburt verstirbt. 1997 wurden ganze 291 Todesfälle auf schwangerschafts- oder geburtsbedingte Komplikationen zurückgeführt (Komplikationen bei Schwangerschaftsabbrüchen eingeschlossen), wohingegen 159 791 Menschen am Schlaganfall starben. Schwangerschaft steht als tödlicher Risikofaktor ganz unten auf der Liste der Todesursachen, als Angstauslöser aber bei vielen Frauen ganz weit oben.

Ganz abgesehen davon haben unsere Ängste und statistischen Einschätzungen keinerlei Realitätsbezug. Zum überwiegenden Teil überschätzen wir tödliche Risikofaktoren wie Unfall, Mord und giftige Schlangenbisse und unterschätzen das Sterblichkeitsrisiko durch Krankheiten und Schutzimpfungen. Sind wir Menschen statistische Versager? Um das Risiko richtig einschätzen zu lernen, ist es durchaus hilfreich, die exakten Zahlen zu kennen. Nebenbei bemerkt: Alle oben stehenden Zahlenangaben beziehen sich auf das Amerika der Gegenwart.

Doch wie sah es in vergangenen Zeiten aus? Welchen Risiken sahen sich unsere Vorfahren gegenüber, lange vor der Entwicklung der modernen Medizin und lange vor dem Konsumzeitalter? Eine Frage, die wir heute nicht hundertprozentig beantworten können. Was wir aber machen können, ist, zu erforschen, wodurch Menschen zu Tode kommen, die noch heute unter vorzeitlichen Bedingungen in einer nicht-industrialisierten Welt leben.

Eine Langzeitstudie über den südamerikanischen Jagdstamm der Ache ergab, dass von 87 Todesfällen bei Männern zwölf auf Schlangenbisse, sieben auf Jaguarangriffe, zwei auf Blitzschlag und sechs auf Sippenkämpfe zurückzuführen waren. Von 39 Frauen starben drei an Schlangenbissen, eine

durch einen Jaguarangriff, und eine wurde vom Blitz erschlagen. Drei Frauen starben während der Entbindung, was fast
zehn Prozent der Gesamttodesfälle ausmacht.

Das Risiko, an schwangerschaftsbedingten Komplikationen zu sterben, liegt in Amerika heute bei eins zu 3700; in
Afrika hingegen liegt es aufgrund von mehr Schwangerschaften in Verbindung mit einem niedrigeren Lebensstandard
deutlich höher, nämlich bei eins zu 16. Die Todesraten der
Menschen der Urzeit lagen vermutlich ähnlich hoch wie die
im heutigen Afrika oder bei den Ache. Mit anderen Worten:
Schwangerschaften und die damit verbundenen Komplikationen waren eine der Haupttodesursachen unter den Frau-
en von damals.

Vor dem Zeitalter der modernen Medizin starben die
Menschen nicht still und leise an Herzversagen in Pflegehei-
men; die meisten Krankheiten konnten ohnehin nicht ent-
sprechend behandelt werden. Fürchtet jemand Mord oder
Totschlag, kann er sich wehren und Maßnahmen zu seinem
Schutz ergreifen. Fürchtet aber jemand den Krebs in einer
Welt ohne Krankenhäuser, ist er der Krankheit wehrlos aus-
geliefert.

Unsere Ängste sind also durchaus vollkommen rational,
wenn sie auch nicht in die heutige Zeit passen, so doch in die
unserer Vorfahren. Damals war es ganz real, dass Menschen
von Schlangen gebissen oder von Tieren (und auch Menschen)
getötet wurden, durch zufällige Ereignisse und Unglücksfäl-
le oder bei der Geburt starben. Eine ganze Reihe solcher
Urängste ist uns angeboren, Ängste, die für die damalige Welt
angemessen waren. Wie wir im Weiteren noch sehen werden,
haben viele unserer Fehleinschätzungen in Bezug auf Risiken
und Gefahren einen gemeinsamen Ursprung: Sie stammen
aus einer Welt, die mit der heutigen nichts mehr zu tun hat.

Ein typischer Fall: Publisher's Clearinghouse hatte jahrelang zu kämpfen, bis sich das Unternehmen eines Tages dazu entschloss, den zahlreichen Teilnehmern nicht mittelklassige Preise in Aussicht zu stellen, sondern erstklassige, allerdings mit extrem niedrigen Gewinnchancen. Der Geschäftsführer erinnert sich: »Die Gewinnchancen sind den Leuten egal, es geht ihnen nur um die Preise.« Die Preise stiegen zwar im Wert, dafür fielen die Gewinnchancen umso mehr. Aber das machte nichts. Scharenweise nahmen die Leute an den Gewinnspielen teil. Warum? Nun, wie wir gesehen haben, schneiden wir im Einschätzen extrem unwahrscheinlicher Ereignisse miserabel ab.

Weshalb man uns in diesen Situationen so leicht hinters Licht führen kann, weiß keiner zu sagen. Eine mögliche Erklärung ist die: Unsere Urahnen haben sich in einer nur sehr wenig bevölkerten Welt fortentwickelt. Eine Jäger-und-Sammler-Gruppierung bestand aus rund 100 Menschen. In der ganzen Welt lebten damals (gemessen an der genetischen Zeitskala also vor gar nicht allzu langer Zeit) nur etwa 18 000 Menschen.

Heute sind wir nicht in der Lage, die unüberschaubare Größe der derzeitigen Bevölkerungsdichte mit dem Verstand zu erfassen. Unseren Genen ist eine solche Dimension völlig unbekannt. Sehen wir also im Fernsehen einen Lotteriegewinner, so sagen uns unsere Instinkte, dass unsere Chancen doch eigentlich ziemlich gut sein müssten und wir den Gewinnern vielleicht doch nacheifern sollten. In Wirklichkeit haben wir aber weitaus geringere Gewinnchancen, als wir glauben zu haben. Wie sagte der Vorstand der staatlichen Lotteriegesellschaft von Maryland, Buddy Roogow, einmal? »Der Gewinner könnten Sie sein ... aber wahrscheinlich ist das nicht.«

Kehren wir noch einmal zurück zur Denksportaufgabe über den HIV-Test. Wir waren davon ausgegangen, dass in jeder Gruppe mit 1000 Leuten eine Person erkrankt ist und der Rest gesund. Nun führen wir den Test an jeder Person durch. Wie viele werden ein positives Ergebnis zu erwarten haben? Rechnen wir nach. Einmal haben wir die eine Person, die tatsächlich erkrankt ist. Mindestens ein Test wird also positiv ausfallen. Des Weiteren wissen wir, dass die Testergebnisse nur zu 95 Prozent zuverlässig richtig sind, was für die übrigen Leute bedeutet, dass 50 von ihnen (die fehlenden fünf Prozent) ebenfalls erkrankt sind.

Test für Test stolpern wir über Fragen, bei denen es um prozentuale Größen geht. Auch bei der Aufgabe zur Familienplanung in China lagen die meisten Befragten daneben. Wir gehen davon aus, dass die Hälfte aller Familien einen einzigen Jungen hat, ein Viertel einen Jungen und ein Mädchen und ein kleinerer Anteil einen Jungen und mehr als ein Mädchen. Es scheint also verhältnismäßig viele Jungen zu geben. Da aber bei jeder Geburt die Chance auf ein Mädchen ebenfalls bei 50 Prozent liegt, ist es im Prinzip ganz egal, wie sich die Geburten auf die einzelnen Familien verteilen.

Bei einem Standard-Intelligenztest nach menschlichen Maßstäben würde sich für unsere genialen Buntspechte oder wagemutigen Spinnen natürlich ein Intelligenzquotient von absolut null ergeben. Doch geht es um das Lösen von Problemen, die für sie selbst sowie im Laufe der Evolution für ihre Ahnen seit eh und je von überlebensnotwendiger Bedeutung waren, sind sie unübertroffene Meister. Und natürlich stellen sie sich dumm an, wenn wir Menschen sie völlig fremden Situationen aussetzen – wie der sprichwörtliche Fisch auf dem Fahrrad.

So verhält es sich auch beim Menschen, allerdings mit einem wichtigen Unterschied: Viele Tiere leben nach wie vor in ihren angestammten Lebensräumen. Der Mensch nicht. Wo Tiere uns haushoch überlegen sind, schauen wir oft dumm aus der Wäsche.

Risikogeschäft. Wie die meisten Leute zockt auch Jay hin und wieder ganz gerne und lädt sich mit seiner Frau Lisa regelmäßig ein paar Freunde zum Pokerspiel ein. Richtigen Spaß macht es erst zu mehreren, wenn die Einsätze in die Höhe gehen und um riesige Summen im Pot gespielt wird. Jay hat festgestellt, dass die sicherste Methode, die Einsätze in die Höhe zu treiben, die ist, ziemlich viele Joker festzulegen.

Sind viele Joker im Spiel, steigt der Einsatz. Doch ein jeder scheitert daran, die damit erhöhte Wahrscheinlichkeit auf ein gutes Blatt genau auszuloten. So ist beispielsweise jemand der Überzeugung, dass sein Full House unschlagbar ist, bis ein anderer einen Vierling mit zwei Jokern hat. Je mehr Spieler sich also ganz siegessicher sind, desto höher die Einsätze und desto größer der Pot.

Beamte der staatlichen Lotteriegesellschaften haben einmal den Gegenwert der Joker berechnet und Spiele aufgestellt, die die Seite des risikofreudigen Spielers in uns zum Zocken verleiten, gleichzeitig aber unsere ohnehin schwache Rechenseite austricksen. In Wirklichkeit haben die meisten von uns keinen blassen Schimmer, welche Gewinnchancen sie eigentlich haben. Wie oben bereits erwähnt: Um in Kalifornien die Hauptziehung eins aus 51 zu gewinnen, muss man sechs Richtige haben. Warum diese Regeln? Ganz recht. Um die schlechten Gewinnchancen unter den Teppich zu kehren. Testpersonen, die mathematische Aufgaben derselben Art lösen sollten, überschätzten die Gewinnchancen meist um mehr als 1000 Prozent. Und genau diese Schwäche nützen Lotteriegesellschaften aus.

Machen wir uns nichts vor. Angenommen, ein Freund sagt: »Ich denke mir eine Zahl zwischen eins und 18 Millionen. Mal sehen, ob du sie errätst.« Aussichtslos, denken Sie sofort, und würden wohl kaum die Haushaltskasse darauf verwetten.

Spielkasinos nutzen unsere Instinkte anderweitig für sich aus. In einem Experiment führten Forscher ein etwas untypisches Lotteriespiel durch. Die Besonderheit war: Die Hälfte der Testpersonen durfte sich beim Kauf die Lose aussuchen. Der anderen Hälfte wurden sie wahllos ausgegeben. Kurz vor der Ziehung boten die Forscher an, die Lose wieder zurückzukaufen.

Was passierte? Wer sein Los ausgehändigt bekommen hatte, war bereit, es für nicht einmal zwei Dollar im Schnitt wieder zu verkaufen, während die, die es sich selbst ausgesucht hatten, über acht Dollar dafür verlangten. Ein Unterschied, der unsinnig scheint, denn wie jedes Lotteriespiel basierte auch dieses auf purem Zufall, und folglich war der Wert eines jeden Loses, egal, ob ausgesucht oder zugeteilt, der gleiche.

In einer ähnlichen Studie hatten Testpersonen bei einem Glücksspiel Gegenspieler. Die Spielregel war einfach. Jeder zog eine Karte. Wer die höhere Karte in der Hand hielt, hatte gewonnen. Die eine Hälfte der Testpersonen spielte gegen sehr gut gekleidete Spielgegner mit selbstsicherer Spielermanier. Die andere Hälfte hatte Spielgegner vor sich, die man zuvor angewiesen hatte, sich unbeholfen zu geben und Kleider zu tragen, die nicht passen.

Wie hoch ist die Chance, gegen den souverän und überlegen aufspielenden Zocker zu gewinnen? Exakt 50 Prozent.

Und ebenfalls exakt 50 Prozent stehen die Chancen, gegen den unbeholfenen Leisetreter zu gewinnen. Zur Erinnerung: Es ging um pures Glücksspiel. Die Glücksritter im Experiment jedoch wetteten zu 47 Prozent mehr auf Sieg, wenn sie gegen einen schlecht gekleideten Leisetreter spielten – einmal mehr ein Beweis menschlicher Irrationalität.

Absolut irrelevante Faktoren verändern unser Verhalten offenbar ganz gravierend. Dabei ist es beim Glücksspiel völlig einerlei, ob wir gegen Albert Einstein oder Forrest Gump spielen.

Betrachten Sie das Ganze für einen Moment mal nicht durch die Brille des Anthropologen. Stellen Sie sich eine ganz reale Situation vor, und beantworten Sie die folgende Frage: Gewinnen Sie eher gegen einen fähigen Kopf oder einen unbeholfenen Naivling? Offenbar brauchen wir das Gefühl der Rivalität, um eine Einschätzung treffen zu können. Oder würden Sie sich in einem Tennismatch gegen Venus Williams Chancen ausrechnen? Das Verhalten, das wir bei Glücksspielen an den Tag legen, wirkt absurd. Doch wie bei all unseren anderen Schwächen auch funktionieren unsere Instinkte in Situationen der sozialen Interaktion – in einem vergleichsweise natürlichen Umfeld – ganz wunderbar: Unsere Gene lassen uns den Gegner abschätzen und bewerten.

Klar, dass Kasino- und andere Lotteriebetreiber unsere Wettsporttriebe bis zum Letzten ausnutzen. Sie wissen, dass wir höhere Wetteinsätze riskieren, wenn am Würfelspieltisch Leute sitzen, die kompetent wirken, und wenn wir beim Zahlenglücksspiel auf unsere Lieblingszahlen setzen können. Ganz schlaue Kasinobetreiber müssten ihre Black-Jack-Dealer allesamt in schäbige Klamotten stecken. Und das machen sie in der Tat.

Spaß und Spannung ohne Risiko – geht das? In der US-Comedyshow *Saturday Night Fever* gehören Sketche über unsinnige Geschäfte zum regelmäßigen Bestandteil der Sendung. In einem wurde eine Wechselbank, die First Citiwide Change Bank, aufs Korn genommen, die ausschließlich Wechselgeld herstellt und ausgibt, nach dem Motto: Geben Sie uns einen 10-Dollar-Schein, und Sie bekommen zwei 5-Dollar-Münzen. Geben Sie uns einen Vierteldollar, und Sie bekommen zwei Zehner und einen Fünfer. »Wie machen wir Geld? Die Menge macht's.«

Doch egal, wie groß die Mengen sind – die Wechselbank macht natürlich kein Geld, wenn jede Transaktion ein rein fiktives Geschäft ist. Aber so in etwa läuft es ab, wenn Firmen auf Risikobasis arbeiten. Sie machen nur Geld, wenn sie uns das Kleingeld aus der Tasche ziehen – allein so können Versicherungsunternehmen überleben. Ein Gewinn ist für sie nicht drin, wenn sie das Risiko lediglich zum Selbstkostenpreis an den Mann bringen. Zum Beispiel kostet jede einzelne Versicherungspolice mehr als die durchschnittliche Auszahlung an einen Versicherungsnehmer.

Doch nur weil eine Versicherung für den Versicherungsnehmer meist ein Verlust bringendes Spekulationsgeschäft ist, heißt das noch lange nicht, dass wir keine abschließen sollten. In vielen Fällen lohnt sich eine Versicherung durchaus. Egal, was für ein Produkt wir kaufen – ob Auto oder Pizza gleich, welcher Marke –, der Verkäufer setzt den Preis immer über dem Selbstkostenpreis fest. Leider aber lassen wir uns nur allzu oft von Produkten blenden, die ansprechend aufgemacht sind in der Absicht, die uns angeborene Neigung zum Spaß am Risiko auszubeuten.

Um bei Risikogeschäften sicherzugehen, sollte man sich als Erstes die Situation bewusst machen. Ganz gleich, ob uns ein Versicherungsmakler eine Gebäudeversicherung anbietet oder eine Garantie auf einen Kühlschrank, wir müssen uns in jedem Fall darüber im Klaren sein, dass uns das angebotene Geschäft in aller Regel bares Geld kosten wird. Wie bei jedem Produkt sollten wir auch Risiko mindernde Produkte nur dann kaufen, wenn wir von ihnen überzeugt sind und sie uns mehr wert sind als nur den Preis.

So ähnlich ist es auch beim Lotteriespiel. Jedes Wettspiel, das uns von einer staatlichen Lotteriegesellschaft oder einem Kasino offeriert wird, ist ein Minusgeschäft. Vielen sind diese Spiele zwar ihren Preis wert, doch genau wie im Versicherungsgeschäft sollten wir uns erst über die Einlage im Klaren sein, bevor wir unser Geld ausgeben.

Beim Roulettespiel beispielsweise bringt jeder eingesetzte Dollar ganze 95 Cent Gewinn. Es gibt keine besseren oder schlechteren Spieler; bei jedem neuen Spiel kauft man sich für einen Dollar Spannung, zahlt aber de facto fünf Cent. Im Gegensatz dazu kostet eine sehr gute Wette beim Würfelspiel nicht einmal einen halben Cent pro Dollar Wetteinsatz, während die schlechten Wetten bei fast zehn Cent pro Dollar Wetteinsatz liegen. Also – nichts wie ran an den Roulettetisch, wenn Ihnen die Spannung fünf Cent und der Wetteinsatz einen Dollar wert sind. Und würfeln Sie nicht, wenn Sie nicht genau wissen, was gute und was schlechte Wetteinsätze sind.

Das bedeutet nun aber keinesfalls, dass wir, um einen Treffer zu landen, nur sämtliche Details der Kasinospielregeln auswendig lernen müssen (obwohl das auch Spaß bringen kann). Vielmehr geht es darum, dass wir uns beim Glücksspiel nicht wie gutgläubige Trottel verhalten. Um in dieser unsicheren Spielarena zu triumphieren, sollten wir uns nicht auf unser Gefühl, sondern eher auf mathematische Analysen verlassen. Die meisten von uns sind wohl kaum imstande, die dafür nötigen Berechnungen anzustellen, doch es gibt unzählige Bücher und Internetseiten, die uns da weiterhelfen können. Diese Quellen sollten wir nutzen – und uns nicht einfach auf unser instinktives Gespür verlassen.

Unter uns: Terrys ganz persönlicher und größter Schwachpunkt ist der Hang zum Risikospiel. Das machte sich schon in früher Jugend bemerkbar, als er mit seiner Familie immer *Stocks and Bonds* (Aktien und Anleihen) spielte. Wie an der richtigen Börse investieren die Spieler Papiergeld in verschiedene Firmen. Ein Handelstag wird simuliert, indem Karten aus einem Pack Spielkarten gezogen werden, auf denen der Kurswechsel für jede Aktie notiert ist.

Im Spiel kursieren allerlei Aktien; solche mit ruhigem Verlauf, die sich am Tag nur um einen Viertelprozentpunkt oder weniger verschieben, und solche, die sich lebhaft bewegen wie die Mineralölaktie von Striker Drilling, die, genauer betrachtet, mehr der einer Internetfirma gleicht. Sie bewegt sich mitunter äußerst sprunghaft, steigt an manchen Tagen um 20 Dollar nach oben, dann wieder um 17 Dollar nach unten. Als Kind investierte Terry ausschließlich in Striker Drilling, hatte riesigen Spaß am Auf und Ab (und aß immer scharfe Sachen, während er spielte).

Terrys Hang zum Risikospiel blieb bis heute unverändert. 1998 beteiligte er sich leidenschaftlich am täglichen Aktienhandel und machte mehr als zweitausend Börsengeschäfte, kaufte und verkaufte Wertpapiere für eine Viertelmilliarde Dollar. Trotz des einträglichen Geschäfts befand Terry, dass ihn die ganzen Handelsaktivitäten doch eigentlich unglücklich machten und anödeten. Was also tun? Der Reiz des Risikohandels raubte ihm zwar beinahe den letzten Nerv, dennoch ließ er den unzählige Male gefassten Vorsatz, damit aufhören zu wollen, immer wieder fallen.

Terry löste sein Problem in zwei Schritten. Als Erstes verschob er seine Konten von einem kostengünstigen Internet-Broker zu einem herkömmlichen Broker mit höheren Kosten und langsameren Reaktionsverläufen. Früher war Terry nur ein paar Mausklicks vom Börsenspiel entfernt, wenn ihn die Finger danach juckten. Jetzt, mit dem neuen Broker, war er genötigt, erst zu telefonieren, dann zwei Minuten lang über den aktuellen Golf-Spielstand zu plänkeln und obendrein auch noch eine saftige Maklergebühr zu blechen.

Als Nächstes gewöhnte sich Terry ab, von früh bis spät die Aktienkurse zu verfolgen. Da heute jeder mit einem Internetanschluss die Kurse seiner persönlichen Wertpapiereinlagen wie ein richtiger Börsenmakler jederzeit verfolgen kann, ging Terry ganz bewusst offline und gab das Anschlusskabel dann und wann seinen Freunden mit. Das sparte ihm unglaublich viele Netzeinheiten. Wenn er an manchen Tagen das Gefühl hatte, dem Trieb gar nicht mehr Herr werden zu können, packte er das Anschlusskabel in ein Päckchen und schickte es an sich selber. Heute geht Terry nicht mehr an die Börse – und hat so Platz für andere schöne Dinge des Lebens.

Packt uns ein Verlangen, ist normalerweise alles zu spät. Vorbei mit der Selbstbeherrschung. Heftige Begierden lassen die Willenskraft nur allzu oft schwinden. Deshalb sollten wir vorsorgliche Maßnahmen treffen, die im Fall der Fälle den Spieltrieb in uns zügeln. Das ist der Schlüssel zur Lösung. Im Falle der Spielerleidenschaft hieße das: niemals eine Kreditkarte mit ins Kasino nehmen. Schließen Sie sie weg, in den Hotel-Safe oder noch besser zu Hause.

Heutzutage gewähren Kasinos einen Kredit schon bei Vorlage des Führerscheins oder eines anderen Wischs. Die

Geldautomaten in den Spielhallen spucken zwar Geld aus, einzahlen kann man dort aber nichts. Um zu gewinnen, müssen wir vorab einen Höchstbetrag festsetzen, den wir uns zu verlieren leisten können, und dann sicherstellen, dass wir dieses Limit auch nicht über die Hintertür überschreiten können.

Man kann sich aber auch anders vergnügen. Beim Kreditkarten-Roulette beispielsweise. Nach dem Essen im Restaurant legt jeder reihum seine Kreditkarte in einen Hut oder eine Serviette. Die Bedienung muss dann eine Karte ziehen, und der, dessen Karte gezogen wird, zahlt die Rechnung. Auch das ist Risikospiel, aber im Gegensatz zu Lotterie- und Kasinospielen kostet es nichts. Spielt man es öfter, trifft es jeden einmal. Und obwohl es keinen Pfennig kostet, ist es erstaunlich spannend.

Es gibt auch noch andere Wege, preiswert oder sogar mit Gewinn Spannung und Nervenkitzel zu erleben. Was hat man sich schon alles ausgedacht, um uns glauben zu machen, wir gingen jeden Moment hops, wenn wir in Wirklichkeit in Sicherheit sind. Achterbahnen bringen es heute leicht auf 120 Stundenkilometer, im Sturzflug geht es bergab, um den Nervenkitzel vollends in die Höhe zu treiben. Nach diesem kurzen Augenblick voll Angst und Schrecken steigen wir aus und schlecken schon einen Moment später etwas Süßes. Ähnlich ergeht es uns mit Horrorfilmen, beim Fallschirm- und Bungee-Springen oder mit einer Reihe von Videospielen: Ein Cocktail chemischer Stoffe jagt durch unsere Erregungsbahnen, wir fühlen uns wie im Rausch – nur ohne den großen Katzenjammer danach.

Auf hohes Risiko gespielt wird, seit es sie gibt, an der Börse. Der Kauf von US-Wertpapieren hat sich als lohnende Investition mit spannenden Hoch- und Tiefflügen erwiesen. Seit dem Zweiten Weltkrieg haben US-Wertpapiere weit mehr eingebracht als Pfandbriefe, Gold, Grundbesitz oder Immobilien. Auf dem Spielfeld der Finanzwelt kann sich das hohe Risikospiel sogar bezahlt machen.

Im Investmentgeschäft bringen uns unsere Instinkte jedoch sehr oft ins Schleudern. Wie wir wissen, neigt der Mensch in vielen Bereichen zur Selbstüberschätzung, so auch in Finanzfragen. Führungskräfte im Kapitalmanagement durchlaufen eine gründliche Schulung. Doch selbst danach gelingt es den wenigsten, sich in die sprichwörtliche erste Reihe zu spielen. Bei Privatanlegern sieht es noch düsterer aus. Je aktiver wir Kapitalhandel betreiben, desto schlechter sieht es für uns aus. Das jedenfalls haben Studien ergeben. Demnach können Aktien riskant und profitabel zugleich sein. In jedem Fall aber müssen wir den waghalsigen Spekulanten, der in jedem von uns auf den unsicheren und zufälligen Erfolg im Risikospiel lauert, in Ketten legen.

Wer wagt, gewinnt. Vor ein paar Jahren hatte John O'Connor es gewagt, Sandra, die Frau, mit der er verabredet war, nicht nach der nächsten, sondern gleich nach einem Dutzend weiterer Verabredungen zu fragen. Was machen die beiden heute? Sie sind noch immer glücklich verheiratet. (Sie ist heute Richterin beim Obersten Bundesgericht der USA.)

Bis jetzt haben wir uns mit Situationen befasst, in denen man zu schnell zu viel riskiert. In vielen Fällen jedoch haben wir genau das umgekehrte Problem: Wir sind zu zögerlich. Auf der gesellschaftlichen Ebene beispielsweise – ein ganz wichtiges Feld, in dem wir unbedingt mehr Risiken eingehen sollten.

Unsere Urahnen bezahlten für Fehltritte und Misserfolge im sozialen Bereich einen vermutlich weit höheren Preis als wir. Vom frühen Erwachsenenalter an bis zum Tod lebte man in der gleichen Sippe unter sich. In einem solchen Umfeld war man förmlich dazu verdammt, sich seine sozialen Ausrutscher immer wieder anhören zu müssen und in der Runde am Lagerfeuer damit aufgezogen zu werden.

Davon ganz abgesehen, wirkte sich das soziale Fehlverhalten eines Einzelnen vermutlich sehr viel fataler auf die gesamte Gruppe aus, als das heute der Fall ist. In der gefährlichen Welt unserer Ahnen hatte der Einzelne einen schweren Stand. Wer es wagte, das Ehrgefühl der falschen Sippe zu verletzen, riskierte Kopf und Kragen. Noch heute werden bei den Yanomamö einzelne Personen deshalb aus der Gemeinschaft ausgestoßen. Mit etwas Glück können sie sich benachbarten Gemeinschaften anschließen, laufen aber auch Gefahr, getötet zu werden.

Es war daher ganz und gar nicht verkehrt, sich in diversen Situationen zögerlich zu verhalten. Doch kommen wir noch einmal auf John O'Connor zurück. Was wäre schon groß passiert, wenn er einen Korb bekommen hätte? Kein Hahn hätte danach gekräht. Er hätte sich einfach weiter umgesehen unter den vielen Menschen auf der Welt. Heute witzeln wir darüber, dass jeder mit jedem um sieben Ecken herum verwandt ist, bei unseren Urahnen jedoch gab es keine weit verzweigten Verwandtschaftsgrade.

Eine ähnliche Veränderung hat auch in vielen anderen Bereichen stattgefunden. Unsere Ahnen holten sich ihren Kick auf überholte Art und Weise: Sie nahmen Risiken auf sich. Wie zum Beispiel Ötzi, der Mann aus der Eiszeit. Vor ungefähr 5000 Jahren machte er sich irgendwo in Europa auf, suchte das große Abenteuer und endete als eingefrorener

Gletschermann. Komplett erhalten, kann er heute im Museum besichtigt werden.

Für den Gletschermann hatte ein Fehler fatale Folgen. Wagen wir heute hingegen einen riskanten Schritt (und fangen beispielsweise einen neuen Job bei einem Internetunternehmen an, das finanziell nicht gesichert ist), kommen wir dabei nicht gleich um. (Sehr wahrscheinlich finden wir schnell einen neuen und obendrein besser bezahlten Job.) Machen wir gar richtig Furore, können wir damit Bücher füllen, wie Donald Trump. Doch würden wir uns im Berufsleben allein auf unseren inneren Antrieb verlassen, kämen wir sehr wahrscheinlich nur zaghaften Schrittes voran.

Ein Wagnis kann durchaus spannend sein. Sir Edmund Hillary, der die ersten Menschen auf den Gipfel des Mount Everest führte, sagte einmal: »Todesangst hatte ich schon unzählige Male. Doch ich glaube, dass Angst auch ganz anregend sein kann.« Nur gut, dass wir nicht unbedingt hohe Berge erklimmen müssen, um einen intensiven Nervenkitzel zu erfahren.

Habgier
Ich will mehr!

Macht Geld glücklich? »Wenn Sie meinen, dass Glück nicht mit Geld zu kaufen ist, dann haben Sie nicht genug Geld!«, war in einer Stellenanzeige für Aushilfen zu lesen. Über einen warmen Geldregen, insbesondere, wenn man gar nicht damit rechnet, freut sich jeder. Da sollte man meinen, mit genügend Geld ließe sich ein sorgenfreies Leben führen. Und in der Tat. Auf die Frage, was ihnen am meisten fehlt zu ihrem Glück, antwortet der Großteil der Amerikaner: mehr Geld.

Auf der Jagd nach Geld und Karriere arbeitet ein Amerikaner heute härter als je zuvor. Und während die Reichen früher für ihr süßes Nichtstun berühmt waren, verbringt die Spitze der wohlhabenden Gesellschaft heute mehr Zeit im Büro und gönnt sich weniger freie Zeit als je zuvor. Was aber haben wir von all der Schufterei? Die Antwort lautet kurz und bündig: freudlosen Materialismus.

Das Durchschnittseinkommen in den Vereinigten Staaten (angeglichen an die Inflation) ist seit 1972 um mehr als 40 Prozent gestiegen. Alljährlich starten Wissenschaftler eine Umfrage und wollen wissen: »Wie glücklich sind Sie mit Ihrem Leben?« Doch wie aus den Antworten hervorgeht, sind wir heute trotz viel mehr Geld, trotz der sicherheitstechnisch besseren Autos und des größeren Wohnkomforts offenbar nicht glücklicher als vorher. In Japan, einem der reichsten Hochtechnologieländer der Welt, sieht es nicht anders aus. Japaner sind heute im Schnitt dreimal reicher als 1958. Doch auch die Japaner sagen, heute nicht glücklicher zu sein als früher. Fazit: Wir sind heute reicher, aber nicht glücklicher.

Daraus ergibt sich eine ebenso klare wie unbegreifliche Folgerung: Erfülltes und dauerhaftes Glück kommt nicht von materiellen Werten. Das *Erwerben* von Geld, Fernsehern oder Autos macht uns zwar glücklich, das *Besitzen* dieser Dinge aber nicht.

Neben Geld haben zahlreiche andere Faktoren ebenfalls erstaunlich wenig Einfluss auf unser Glücksbefinden. Die große Mehrheit der Amerikaner aus dem Mittleren Westen etwa macht die strengen Winter für das beschwerliche Leben in diesem Gebiet verantwortlich und ist der Überzeugung, die Kalifornier hätten es besser und seien glücklicher. Die Kalifornier wiederum lieben zwar ihr sonniges Klima, geben aber an, nicht glücklicher zu sein als die Mittelwestler.

Zweifel? Vielleicht sagt der eine oder andere ja bewusst die Unwahrheit und behauptet einfach, dass er glücklich sei, obwohl er das in Wirklichkeit gar nicht ist, oder umgekehrt. (Vielleicht wollen die Kalifornier ja nur vorbauen, um einen Massenzuzug zu verhindern.) Sind diese Selbstauskünfte als Gradmesser der Glücklichkeit überhaupt verlässlich? Da Glück nur sehr schwer vom äußeren Eindruck her beurteilt werden kann, gibt es neben der einfachen Befragung zum augenblicklichen Glücksbefinden nur wenige andere belegbare Fakten. Eines dieser zugegebenermaßen unvollkommenen Richtmaße für das momentane Glücklichsein – oder genauer gesagt Unglücklichsein – ist die Selbstmordrate.

Geld macht glücklich – wenn das stimmt, dann müsste die Selbstmordrate in den ärmeren Ländern vergleichsweise höher liegen als die in den reichen Ländern. Das ist aber nicht der Fall. Japan zum Beispiel ist eines der reichsten Länder der Welt und hoch entwickelt. Dennoch lag die Selbstmordrate in Japan 1998 an zweiter Stelle weltweit, knapp hinter Finnland, einem ebenfalls verhältnismäßig reichen Land.

Auch in den wohlhabenden Vereinigten Staaten begingen im Jahr 2000 30 000 Menschen Selbstmord, weitere 500 000 wurden nach Selbstmordversuchen stationär behandelt. Insgesamt sterben in den USA jährlich mehr junge Menschen durch Selbstmord als an Aids, Krebs und Herzkrankheiten zusammen.

Selbstmord ist die dritthäufigste Todesursache unter amerikanischen Jugendlichen. Unter den Teenagern der reicheren Gesellschaftsschicht, die auf ein College gehen, liegt der Freitod sogar auf Platz zwei der Todesursachen. Und die Selbstmordrate unter Afroamerikanern, die überall in Amerika zur ärmeren Schicht gehören, liegt bedeutend niedriger als unter der restlichen Bevölkerung.

Seinem Leben durch Selbstmord ein Ende zu bereiten ist aber nur die Spitze des Depressionseisbergs. Mehr als 25 Millionen Amerikaner sind krankhaft depressiv. Hinzu kommen noch einmal zehn Millionen, die an heftigen Schwermutattacken leiden. Amerika, die Prozac-Nation – wie man unlängst titulierte. Nie zuvor lebten die Reichen und die breite Masse der reichen Industrienationen in größerem materiellen Überfluss. Und dennoch sind heute mehr Menschen als je zuvor depressiv und selbstmordgefährdet.

Wem können wir die Schuld für unsere Habgier und Unglücklichkeit in die Schuhe schieben? Die Werbeindustrie trägt sicherlich ihren Teil dazu bei, mehr und mehr Wünsche zu wecken, doch auch die Armen der Welt gleichen in ihrem Streben nach materiellen Zielen den amerikanischen Yuppies. Sobald man den Menschen aus der weniger entwickelten Welt westliche Güter feilbietet, gieren sie nach Kühlschränken oder Michael-Jordan-T-Shirts; sie bekommen das Gefühl, dass Kaufen glücklich macht. Die lockende Kraft gemeiner Habgier ist stark und ganz natürlich.

Der bereits erwähnte südamerikanische Stamm der Yanomamö lebt im Regenwald im Grenzland zwischen Venezuela und Brasilien. Noch 1968, als der Anthropologe Napoleon Chagnon ein paar Jahre mit den Yanomamö verbrachte, waren ihnen Fernseher oder andere Medien, die ihre Wünsche hätten beeinflussen können, völlig unbekannt. Die Lebensweise der Yanomamö – mit wenig Technologie und Industrie – ist wie ein Fenster in unsere entwicklungsgeschichtliche Vergangenheit.

Sie besitzen zwar nur primitivste Werkzeuge und Waffen, haben aber dennoch einen abwechslungsreichen Speisezettel, ernten Honig (den sie lieben), hegen Gärten mit Plantanas (eine Art Kreuzung zwischen Banane und Kartoffel), jagen Wildschweine, Affen, Vögel und sogar ein paar Schlangen. Außerdem essen sie die in Palmen lebenden Käferlarven, sich kringelnde, madenähnliche, mausgroße Leckerbissen (die kurz angebraten angeblich wie Schinken schmecken sollen).

Die Yanomamö lebten, ohne je einen einzigen Werbespot gesehen zu haben, und auch der Verkauf von Produkten durch irgendwelche Unternehmen war ihnen völlig fremd. Dennoch teilten sie mit allen anderen Menschen den Durst nach weltlichen Gütern. Kaum war Chagnon an seinem ersten Tag bei den Yanomamö eingeschlafen, raubte man ihm beinahe alles, was er bei sich hatte – Kleidung, Werkzeug, Arznei und Essen.

Was Chagnon am meisten beklagte, war, dass er während

der ganzen fünf Jahre, die er bei den Yanomamö verbrachte, immer wieder bestohlen und unaufhörlich belästigt worden war; alles wollten sie haben, von Streichhölzern über Taschenlampen bis zur Axt. Dass selbst seine Freunde unter den Yanomamö nichts lieber wollten als ungehinderten Zutritt zu seiner abgesperrten Hütte, um ihn bestehlen zu können, betrübte ihn bitterlich.

Chagnons Erlebnisse decken sich mit denjenigen anderer Anthropologen. Auch sie können aus eigener Erfahrung mit primitiven Kulturen der nicht-industrialisierten Welt berichten und kennen das ständige Anklopfen am Zelt mit der Bitte um materielle Güter wie etwa Waffen nur zu gut. Der ausgeprägte Trieb nach materiellen Besitztümern ist weltweit allen Menschen eigen. Mag sein, dass aggressive Reklamefeldzüge diesen Gierteufel in uns erst wecken und ihn ermutigen, sein Unwesen zu treiben, doch er liegt in jedem von uns auf der Lauer.

Dass eine dauerhafte Veränderung der äußeren Lebensumstände nicht zwangsläufig auch zu einer dauerhaften Veränderung des inneren Glücksbefindens führt, klingt insoweit schlüssig – eine Folgerung, die die Ergebnisse wissenschaftlicher Studien zusätzlich untermauern. In einer dieser Studien wurden Menschen interviewt, kurz nachdem ihr Leben durch ein wichtiges Erlebnis verändert worden war. Darunter echte Glückspilze, die im Lotto eine beträchtliche Summe gewonnen hatten, und wahre Unglücksraben, die nach einem Unfall für den Rest ihres Lebens nicht mehr gehen konnten (oder schlimmer).

Erwartungsgemäß schwebten die Glückspilze unmittelbar nach dem Ereignis im siebten Himmel, während die Unfallopfer in tiefe Verzweiflung stürzten. Mit der Zeit allerdings kehrten beide Gruppen wieder zu einem durchschnittlichen Glücksbefinden zurück, einem mittleren Wert, der sich aus den Angaben von Personen ergeben hatte, die weder im Lotto gewonnen noch einen Unfall erlitten hatten. Noch bevor sich der Glücksfall gejährt hatte, lag der innere Zustand froher Zufriedenheit wieder im Durchschnittsbereich und damit nicht höher als der der großen Allgemeinheit.

Kandidaten der MTV-Show *The Real World* machen ähnliche Erfahrungen. Dort verbringen sieben junge Leute freiwillig mehrere Wochen in einem luxuriös ausgestatteten Traumhaus. Anfangs schweben sie in ihren neuen Studentenbuden vor lauter Glück wie auf Wolken, fallen aber schon kurze Zeit später in ein schwarzes Loch.

Offenbar passen wir uns unerwarteten günstigen Fügungen des Schicksals sehr schnell an. Gilt das auch umgekehrt? Wie erging es denn anderen Personen der Studie, die nach einem schweren Unfall Lähmungen davongetragen hatten? Auch sie mussten ihr Glücksbefinden bewerten und kamen im Verlauf eines Jahres auf einen durchschnittlichen Wert von drei auf einer Fünfpunkteskala. Damit lagen sie zwar niedriger als der Gesamtdurchschnitt mit vier Punkten, aber immer noch weit über der Verzweiflungsmarke.

Diese Ergebnisse sind insofern bedeutsam, da sie zeigen, dass diese Art lebensverändernder Einschnitte sich auf das Glücksbefinden weniger tief greifend auswirken und offenbar schneller verarbeitet werden als erwartet. Das Schicksal von Christopher Reeve beschreibt die typische Gefühlsachterbahn, die ein Mensch (auch die Unfallopfer aus der Studie) nach tragischen Ereignissen durchlebt.

Seit einem Sturz von seinem Pferd während eines Wettkampfes im Frühjahr 1995 ist Christopher Reeve querschnittsgelähmt. Als berühmter Schauspielstar – ein *Superman* im wahrsten Sinne des Wortes – sah er sein bis dahin privilegiertes Leben von heute auf morgen nur noch auf Rollstuhl, Heilgymnastik und Gussbäder reduziert. In seiner Autobiographie schreibt er, er habe das Gefühl gehabt, sein Leben ruiniert zu haben, und sich gefragt: »Warum nicht gleich sterben und damit den Leuten um mich herum eine Menge Probleme ersparen?«

Doch ein paar Jahre später meldet sich Reeve im öffentlichen Leben zurück und gründet aus eigener Initiative eine Stiftung zur Unterstützung der Rückenmarkforschung. Er spricht auf der Oscar-Verleihung 1996 und spielt 1998 neben Daryl Hannah eine Hauptrolle in einer Neuverfilmung des Hitchcock-Klassikers *Fenster zum Hof*. Reeve wird sein Leben lang vom Hals abwärts gelähmt und an den Rollstuhl gefesselt bleiben. Doch sein Optimismus ist ungebrochen. Selbstsicher sagt er: »Wenn ich in die Zukunft blicke, sehe ich mehr Möglichkeiten als Grenzen.«

Die Geschichte Reeves gleicht der vieler anderer, die ähnliche Tragödien ebenfalls gemeistert haben. Unmittelbar nach dem Ereignis tut sich ein dunkles Loch auf, doch die Hoffnung kehrt zurück. Diese Abfolge der Emotionen ist so normal, dass sie eher die Regel als die Ausnahme ist. Dennoch können sich die Betroffenen nicht vorstellen, die anfängliche negative Grundstimmung je zu überwinden. Auch Reeve erinnert sich daran, wie man ihm erklärte, er würde sich emotional wieder erholen. Heute sagt er nur: »Das konnte ich nicht glauben.«

Wollen Sie also wissen, wie glücklich jemand momentan lebt, fragen sie nicht nach Karriere, Einkommen, Liebesleben oder gar, ob er laufen kann. Erstaunlicherweise kommt es nämlich nur darauf an, wie glücklich jemand in früheren Jahren einmal gewesen war, im Alter von 20 (oder sechs) Jahren.

Die gefühlsmäßige Grundverfassung ist im Wesentlichen

persönlichkeitsbedingt; manche sind mit einer positiven Lebenseinstellung geradezu gesegnet. Scheinbar wichtige Informationen wie Alter, Geschlecht, Rasse oder finanzieller Status sagen nichts über die Chancen auf Glück einer Person aus. Wir können nur von der Tatsache ausgehen, dass es glückliche Menschen und unglückliche gibt.

Überlegen Sie an dieser Stelle noch einmal, wie Sie sich fühlen würden, wenn Ihnen plötzlich ein großer, steuerfreier Millionengewinn in den Schoß fallen würde. Können Sie sich vorstellen, dass die anfängliche Hochstimmung tatsächlich irgendwann verflogen sein wird, wo sie doch am Tropenstrand in der Sonne brutzeln und nach Herzenslust schlemmen können, ohne jeden Pfennig umdrehen zu müssen? Doch in der Tat wären Sie ein Jahr nach Ihrem Millionengewinn nicht glücklicher, als Sie es heute sind. So unglaublich das scheint, unser Glücksbefinden wird von einmaligen Ereignissen zwar beeinflusst, aber längst nicht davon beherrscht.

Die Diskrepanz zwischen der gewaltigen kurzfristigen und der minimalen langfristigen Auswirkung lebensverändernder Umstände auf unsere Gefühlslage ist eines der Hauptparadoxa des menschlichen Daseins an sich. Um dieses Geheimnis der Natur zu enträtseln, müssen wir herausfinden, warum unsere Gene davon profitieren, Menschen zu gestalten, die offenbar alle Mühe haben, im Leben Glück und Erfüllung zu finden, andererseits aber immer zuversichtlich sind, dass das Glück in Reichweite ist.

Da liegt der Hase im Pfeffer! Veranstalter von Hunderennen sind alte Hasen auf ihrem Gebiet und wissen, wie man ein Wettrennen spannend macht: mit einem künstlichen Hasen.

Der Köder befindet sich in unmittelbarer Reichweite der Hunde, damit sie rennen, was das Zeug hält, weil sie glauben, im nächsten Moment in den Genuss von frischem Hasenfleisch zu gelangen. Aber egal, wie schnell sie rennen, die Beute werden sie nie kriegen, denn der Hase liegt zur Unterhaltung der Zuschauer immer um eine Nasenlänge vorn.

Unsere Gene benutzen das Glück als Köder, halten es uns immer zum Greifen nah vor die Nase, um uns zu Verhaltensweisen zu bewegen, die ihren Zwecken dienlich sind – genauso wie der Rennveranstalter sich den Hasen für seine Zwecke dienstbar macht, nicht für die der Hunde. Und auch wir richten unser ganzes Streben auf schwer greifbare Ziele, haben davon selbst aber keinen Vorteil. Allein unsere Gene profitieren davon.

Demzufolge laufen wir unserem Glück auf immer hinterher. Gleichzeitig aber sind wir so geschaffen, dass wir das Gefühl haben, dauerhafte, frohe Zufriedenheit sei möglich, wenn wir dem Glück nur ein klein wenig näher kommen – sei es durch eine kleine Verschnaufpause bei der Arbeit oder einen Lotteriegewinn. Sind augenblickliche Krisen erst einmal überwunden, sieht die Welt schon wieder anders aus. Da unsere Träume uns immer einen kleinen Schritt voraus sind, arbeiten wir unerbittlich daran, unsere Situation zu verbessern.

Eine Folge dieses unbarmherzigen Systems ist, dass wir uns schnell anpassen, wenn es das Schicksal gut mit uns meint. Elvis Presley zum Beispiel hat 1976 mehrere Millionen Dollar verdient. Doch leider geriet er immer tiefer in Schulden, da er das Geld in jenem Jahr schneller ausgab, als er es einnahm. Ein Essen, bei dem er Erdnussbutter und Bananensandwiches spendierte, kostete ihn 35 000 Dollar. (Eigens dafür flog er mit ein paar Freunden in seinem Privatjet *Lisa Marie* von Memphis nach Denver und zurück.)

Mit dem Hang, das Geld in guten Zeiten mit vollen Händen auszugeben, steht Elvis nicht allein. Eigentlich wünschen wir, im Rahmen unserer Verhältnisse ein bequemes Leben zu führen, doch unsere Instinkte treiben uns in einem fort an, dieses Verhalten zu ändern, und so leben wir ständig auf des Messers Schneide. Diese Eigenart teilen wir mit zahlreichen Tieren. Unter den Beutelratten beispielsweise verbringen diejenigen mit den meisten Jungen auch die meiste Zeit damit, emsig hin und her zu hasten, um sie zu nähren und zu beschützen.

Warum treten diese pelzigen Elterntierchen nicht einfach langsamer, haben weniger Nachwuchs und genießen mehr freie Zeit? Nun, die natürliche Selektion ist ein gnadenloser Vorarbeiter und begünstigt die Großfamilie, auch wenn Hege und Pflege der dickbäuchigen Brut die Tierchen bis zum Umfallen auf Trab hält.

Ermöglichen unverhoffte Reichtümer auch Beutelratten ein bequemes Leben? Welche Auswirkungen haben sie auf die Familiengröße? Diese Fragen waren Gegenstand einer Studie, in der man aus einer Gruppe von Beutelratten wahllos glückliche Gewinner selektierte und ihnen einen Gewinn in Form von riesigen Mengen an leckerem Futter ausbezahlte. Damit wären sie ohne weiteres in der Lage gewesen, die bestehende Familiengröße unverändert beizubehalten und mehr freie Zeit für sich zu haben. Doch was passierte? Genau wie Elvis passten sich auch unsere wohlgenährten Ratten sofort an die neue Situation an: Sie investierten ihre Extra-Ressourcen, zeugten noch fettbäuchigere Jungen und waren kurze Zeit später wieder genauso beschäftigt wie vorher.

Aber es muss doch eine Grenze geben. Wenn wir als Gesellschaft und als Einzelperson immer reicher und reicher werden, müssten wir doch irgendwann einmal den Punkt der Glückseligkeit erreicht haben. Wenn alle Hypotheken getilgt sind, das Traumauto vor der Tür steht und eine angemessene Gesundheitsvorsorge für die Familie gesichert ist, dann müssten unsere habgierigen Triebe doch irgendwann einmal befriedigt sein. Will man meinen. Doch traurig, aber wahr – auf der Rennstrecke ins Glück gibt es keine Geschwindigkeitsbegrenzung und auch keine Ausfahrt.

Sehen wir uns einmal an, wie sich die Ziele von Jim Clark, der mit der Gründung von Silicon Graphics, Netscape sowie ein paar Dutzend anderer Firmen zu einem der reichsten Männer der Welt wurde, mit der Zeit verändert haben. Bevor ihn der Business-Bazillus packte, lehrte Clark als Professor an der Universität Stanford, wo er ein niedriges Gehalt bezog und davon träumte, auf eine reiche Geldquelle zu stoßen.

Wenn er irgendwie ein paar 100 Millionen Dollar machen könnte, so erzählte er Freunden, wäre er für immer und ewig froh und zufrieden. Als er dieses ferne Ziel ins Auge fasste, peilte er eine Milliarde Dollar an. Heute, mit Abermilliarden von Dollar in der Tasche, arbeitet er genauso hart wie eh und je mit dem neuen Ziel, Bill Gates den Rang als reichster Mann der Welt abzulaufen. Auch nach der Gründung seiner drei Firmen, von denen jede mehr als eine Milliarde Dollar wert ist, rackert sich Clark nach wie vor ab.

Lotteriegewinner, Unfallopfer, Jim Clark und auch Elvis jagen fernen Zielen nach und laufen damit ihren augenblicklichen Ängsten davon. Das machen wir alle. Wir sind von Natur aus so veranlagt, dass das Spiel um die innere Zufriedenheit weder durch das Erreichen von Zielen gewonnen noch durch Rückschläge verloren werden kann. Sich auf seinen Lorbeeren auszuruhen oder über etwas zu jammern, das ohnehin nicht mehr zu ändern ist, wäre ein genetischer Defekt. Unsere Gene machen sich nichts aus unseren früheren Leistungen und Errungenschaften. Es geht ihnen allein darum, uns einen Köder immer gerade so weit vor die Nase zu halten, dass wir nach ihm gieren und nicht aufhören, uns für die genetisch vorgegebenen Ziele ins Zeug zu legen.

Ferne Ziele zum Greifen nah. Stellen Sie sich vor, Sie arbeiten als Verkaufsvertreter und haben eine Chefin, die viel von Ihnen erwartet, hohe Zielvorgaben setzt und Ihnen dafür einen ungewöhnlich hohen Lohn in Aussicht stellt. Wenn Sie es zum Beispiel schaffen, in einem bestimmten Monat 1000 Enzyklopädien zu verkaufen, bezahlt Ihnen die Firma einen Luxusurlaub. Sie arbeiten zielstrebig darauf hin, damit Sie auch ja in den Genuss dieses Vergnügens kommen. Schon in der zweiten Woche haben Sie das Ziel fast erreicht. Sie müssen nur noch den Entscheidungsträger einer Universität davon überzeugen, für jeden Studenten eine Enzyklopädie zu kaufen. Dann ist es geschafft!

Im Hawaiihemd, die Golfschläger in der Hand, hasten Sie in das Büro der Chefin, aber die sagt nur: »Wow, das war ja Spitze, aber aus dem Urlaub wird nichts. Ab morgen geht es um die neue Zielgröße von 1100. Wenn Sie diese höhere Quote schaffen, zahlen wir Ihnen eine Luxusvilla.«

Abgesehen davon, dass solche Leistungsanreize rechtswidrig sind, steigern sie auch keinesfalls den Absatz. Einmal angeschmiert, würde sich wohl nur ein Trottel ernsthaft an die Erfüllung der neuen Zielgröße machen. Wenn jemand anders seine Versprechungen nicht einhält, sind wir schnell dabei, die Konsequenzen zu ziehen. Leider sind wir weniger konsequent, wenn es um unsere eigenen Vorsätze geht.

Bei den *Peanuts* wird Charlie Brown immer und immer wieder von Lucy gefoppt. Sie legt ihm einen Fußball hin und ermuntert ihn, mit aller Kraft zu kicken. Jedes Mal weist er sie erst darauf hin, dass sie ihn letztes Mal ausgetrickst habe, indem sie ihm den Ball vor den Füßen weggezogen hat. Doch dieses Mal, so versichert sie ihm jedes Mal aufs Neue, wolle sie ehrlich spielen. Charlie nimmt also vollen Anlauf und setzt zu einem mächtigen Schuss an. Doch Lucy zieht ihm wie immer in letzter Sekunde den Ball weg, und er knallt mit voller Wucht hin.

Im wirklichen Leben hätte Charlie das doppelte Spiel gleich durchschaut, so wie unser Enzyklopädie-Verkäufer. Doch die Tatsache, dass dieses Spiel immer und immer wieder gespielt wird, erhellt etwas in der menschlichen Natur sehr tief Liegendes. Auf unserer Jagd nach dem Glück verhalten wir uns genau wie Charlie Brown. Wir nehmen jedes Mal aufs Neue Anlauf und rennen auf bewegliche Ziele zu. In einem fort denken wir: »Nur noch diese eine Woche durchhalten, dann ist alles gut, ein für alle Mal.« Oder: »Nur noch diesen Kredit abstottern und dann nie mehr in diese Situation kommen.«

Doch irgendwo im Dunkel unserer Hoffnungen liegen Gene auf der Lauer, die wollen, dass wir unaufhörlich hart arbeiten. Sie gedeihen am besten, wenn wir vollen Einsatz bringen. Aber sobald wir dem Punkt der erhofften Glückseligkeit näher kommen, bewegt sich unser Wunschziel wieder von der Stelle. Auf diese Art werden wir angetrieben, in jeder Minute unser Bestes zu geben.

Diese biologische Antriebskraft erklärt auch, warum wir uns von Schicksalsschlägen wieder erholen. Unsere Gene dirigieren unser Empfinden und schützen uns damit vor Unglücksfällen – empfinden wir Furcht, gehen wir bestimmten

Situationen aus dem Weg; empfinden wir Schmerz, lassen wir Schaden bringende Verhaltensweisen künftig bleiben. Doch erleiden wir einen Schicksalsschlag, wandelt sich diese sonst so unbeugsame Strenge in mitleidvolles Erbarmen. Egal wie verheerend unser Elend oder wie töricht unser Verhalten – sie verzeihen uns.

Einen besseren Boss können wir uns gar nicht wünschen – der unsere Instinkte mit äußerster Strenge, aber auch wohlwollend gnädig steuert. Unsere Gene treiben uns beständig vorwärts, scheren sich nicht um die Verdienste von gestern, sondern fordern jeden Tag aufs Neue maximale Leistung.

Demzufolge sind unsere Empfindungen so geschaffen, dass sie weniger dauerhaft sind, als wir meinen. Frauen zum Beispiel berichten einmütig, sich kaum mehr an die Geburtsschmerzen erinnern zu können. Die evolutionären Vorteile dieser zweckdienlichen Amnesie liegen auf der Hand; alle, die nicht als Erstgeborene auf die Welt kamen, sollten dafür dankbar sein. Gleichwohl sind wir auch nicht in der Lage, die sich ändernde Natur unserer Ziele zu erkennen. Der genetische Boss lässt uns vergessen, dass wir die Vorsätze der letzten Woche nicht eingehalten haben. Aber wenn wir an diesem Spiel schon beteiligt sind, müssen wir uns fragen: Wie können wir Kapital daraus schlagen?

Zunächst können wir versuchen, unsere Ziele weniger ernst zu nehmen. Wir sollten nicht einfach wahllos Dinge kaufen in der Hoffnung, dass sie uns glücklicher machen. Zum Zeitpunkt des Kaufs sollten wir anstelle der Freude – über einen schnellen Computer etwa oder ein größeres Haus – die Zahlungsverpflichtungen im Blick haben. Die Freude wird schwinden (und zwar schneller, als wir uns das vorstellen), die Rechnungen aber nicht. Wir müssen begreifen, dass wir mit dem Abbezahlen unseres Computers auch dann noch beschäftigt sind, wenn er längst nicht mehr der modernste und schnellste ist.

Ein Silberstreif am Horizont ist, dass ein Schmerz schneller vergeht und weniger wehtut, als wir das erwarten. Dennoch überschätzen wir unsere gedrückte Stimmung nach einem Tiefschlag. Dabei weiß jeder Sportbegeisterte, dass der Schmerz nach einer Niederlage vergeht und das Lampenfieber im nächsten Spiel oder in der nächsten Saison unverändert wieder da ist. Patienten, die auf das Ergebnis ihres HIV-Tests warten, sehen sich im Falle eines positiven Ergebnisses schon am Boden zerstört, sind dann aber weit weniger niedergeschlagen als befürchtet.

Da wir uns schneller als erwartet erholen, können wir auch getrost mehr riskieren. Wir scheuen Alternativen, weil sie uns Angst machen, dabei sind die damit verbundenen Ärgernisse oft nur begrenzt (etwa wenn wir einen moralischen Dämpfer bekommen oder im sozialen Bereich einen Reinfall erleben). Vielleicht trauen wir uns nicht, unsere Traumkarriere zu verfolgen, weil wir vorübergehende Einbußen hinsichtlich Verantwortung, Prestige und Gehalt fürchten. Begreifen wir aber, dass Schmerz schneller vergeht, als wir ahnen, handeln wir künftig vielleicht unerschrockener.

Allerdings sollten wir es vermeiden, weitreichende Entscheidungen unmittelbar nach einem lebensverändernden Einschnitt zu treffen. Die Hälfte aller Selbstmorde in Gefängnissen ereignet sich am ersten Tag der Haft. Im Zustand tiefer Niedergeschlagenheit oder wilder Freude fällt es uns schwer zu glauben, dass derlei starke Emotionen je wieder schwinden werden.

Vielmehr müssen wir uns in allem, was wir tun, erst einmal vorsichtig zurückhalten und konkrete Maßnahmen treffen, damit wir unsere Entscheidungen nicht übereilen. Wir sollten uns nach einem schweren Autounfall also nicht gleich umbringen oder die gewonnenen Millionen gleich alle auf einmal ausgeben. Warten Sie ein halbes Jahr. Kommen wir in den Genuss eines warmen Geldregens, sollten wir das Geld sofort für sechs Monate auf ein Sparkonto festlegen, damit wir nicht darüber verfügen können.

Ebenso können wir aus Erfahrungswerten schöpfen, um wahrscheinliche Verhaltensweisen vorherzusehen. Als sich Elizabeth Taylor zum ersten Mal von Richard Burton scheiden ließ, traf ihn das wohl überraschend. Als sie ihn ein zweites Mal heiratete und sich dann erneut scheiden ließ, war er vielleicht nicht mehr ganz so überrascht. Wer wissen will, wie sich jemand in bestimmten Situationen verhalten wird, wirft am besten einen kritischen Blick in dessen Vergangenheit. Elizabeth Taylor hatte insgesamt acht Ehemänner. Burton war Nummer fünf und sechs. Demnach hätte er damit rechnen müssen, dass die Ehe nicht halten würde, genau wie Taylors frühere Ehen auch.

Der Mensch ändert sich viel weniger, als er meint. Aus glücklichen Kindern werden glückliche Jugendliche und schließlich glückliche Erwachsene – das hört man immer wieder. Um auch für alle Zukunft von lauter optimistischen Menschen umgeben zu sein, müssen wir zusehen, dass wir schon jetzt nur mit glücklichen Menschen befreundet sind.

Und schließlich sollten wir noch heute mit der Veränderung unserer eigenen Lebensumstände beginnen. Von Natur aus erwarten wir, dass am nächsten Tag alles anders sein wird. Aber von alleine ändert sich nichts. Wenn wir in der Gegenwart nichts ändern, wird sich auch in Zukunft nichts ändern. Wir sollten versuchen, so zu leben, als ob heute alle Tage wäre.

Zu viel ist nie genug. Rauschhafte Freude überkommt uns, wenn uns aus heiterem Himmel Geld in den Schoß fällt. Doch Geld spielt so gut wie keine Rolle für das langfristige Glück. Das scheint unmöglich; wie kann es sein, dass uns jeder Extra-Pfennig glücklicher macht, aber Tausende von Mark keinen langfristigen Effekt haben sollen? Es ist, als ob wir ein Laufrad treten würden. Ununterbrochen bewegen wir uns vorwärts, aber der Boden unter uns weicht zurück, sodass wir auch nach der größten Anstrengung nicht einen Zentimeter vorangekommen sind. Was aber treibt uns an? Was ist der Grund dieses Verhaltens? Um dahinter zu kommen, müssen wir die Frage anders formulieren: »Wie viel ist genug?« Unsere Gene würden antworten: »So viel wie irgend möglich.« Die Evolution ist ein Spiel der natürlichen Auslese, in dem der Gegner nicht nach Punkten besiegt wird, sondern durch einen klaren Vorteil. Wir stammen ab von den Menschen, die die *meisten* Kinder hatten, nicht von denen mit *genügend* Kindern.

Stellen wir uns einmal zwei Arten Mensch vor: die Vernünftigen und die Habgierigen. Die Vernünftigen sind zufrieden, wenn sie es mit ihrer täglichen Arbeit zu etwas Wohlstand bringen und den Rest des Tages dann auf der Harfe oder mit ihren Kindern spielen können. Den Habgierigen ist diese Art Zufriedenheit völlig fremd. Sie arbeiten und arbeiten, auch dann, wenn ihre Mühen längst reiche Früchte getragen haben, und häufen so viel wie möglich an. Sie sehen kein Ende der Fahnenstange und setzen sich keine Endziele. Sie streben allein nach dem relativen Sieg und haben nur den einen Wunsch: mehr zu kriegen als andere. Bloß nicht denselben Lebensstandard haben wie Herr und Frau Nachbar, sondern sie übertrumpfen.

Wenn einmal die unvermeidbaren schlechten Zeiten in

Form von Hungersnot, Dürre oder Krankheit über uns hereinbrechen, wer hat dann wohl die besseren Karten zum Überleben? Wer waren unsere Vorfahren? Wer sind wir? Solange zusätzliche Reserven die Überlebenschancen verbessern, werden die materialistisch orientierten Menschen die Nase vorn haben. Das erklärt, warum wir uns auf der Suche nach dem Glück wie im Laufrad ununterbrochen vorwärts bewegen – weil wir die Urur…urenkel habgieriger Ahnen sind, derjenigen, welche die meisten Reserven horteten.

Aber haben die Reichen auch wirklich mehr Kinder? Bill und Melinda Gates, das reichste Paar der Welt, haben lediglich zwei, und das scheint repräsentativ für eine Welt, in der heute die Armen wesentlich mehr Kinder haben. Das Problem liegt vielmehr darin, dass man das Verhältnis zwischen Reserven und Reproduktion nicht richtig verstehen kann, wenn man ausschließlich die modernen Industrieländer im Blick hat.

Die genetische Evolution der Habgier hängt wie andere Verhaltensweisen auch mit den Lebensumständen unserer Urahnen in der damaligen Welt zusammen und nicht mit denen in Berlin oder New York. Die Frage muss daher sinnvoller lauten: Hatten die in der evolutionären Urgeschichte Reichen mehr Kinder als die Armen? Gingen Kinder und Reichtum seinerzeit Hand in Hand?

Man brauchte schon eine Zeitmaschine, um darüber eine sichere Aussage treffen zu können. Aber immerhin, wir können auf der ganzen Welt Menschen beobachten, die noch heute unter ähnlichen Umständen wie zu Urzeiten leben. In vielen Kulturen wird Reichtum tatsächlich gleichgesetzt mit Kindern. Eine Studie über afrikanische Frauen in Gambia hatte ergeben, dass diejenigen Frauen, denen zusätzliche Ressourcen geschenkt wurden, mehr Kinder gebaren. Die

Frauen litten, wie ein Großteil der Bevölkerung dort, Hunger. Mit zusätzlichen Nahrungsmitteln war es ihnen möglich, ihre Kinder zu ernähren und immer noch genügend Energie zu haben, schwanger zu werden.

Dass Habgier biologische Wurzeln hat, belegt einmal mehr ein Blick auf diejenigen Völker unserer Zeit, die unseren Urahnen vergleichsweise am nächsten kommen – die Jäger-und-Sammler-Völker. Die Menschen dieser Naturvölker leiden chronisch an Hunger, und ihre Bedürfnisse sind elementar. Wer unter ihnen zu mehr Reichtum gekommen ist, besonders in Form von Nahrung, hat auch mehr Kinder. Insofern hat das Bedürfnis dieser Völker nach mehr natürlichen Reserven ganz dramatische und offensichtliche evolutionäre Folgen.

Im harten Leben unserer Urahnen beglich man die unersättliche Gier in der einzigen Währung, die für unsere Gene von Bedeutung ist – Überleben und Sicherung der Nachkommenschaft. Die Habgier, die sich heute in dem Bedürfnis manifestiert, materielle Reserven wie Geld und Besitztümer anzuhäufen, haben wir als Veranlagung von unseren Ahnen mitbekommen. Auch wenn in den Industrieländern Reichtum nicht in direkter Beziehung mit einer großen Kinderzahl steht, stammen unsere Instinkte aus einer Zeit, als die Sorge um materielle Besitztümer überlebensnotwendig war.

Natürlich ist es möglich, seine Bedürfnisse nur auf das zum Überleben Notwendigste auszurichten. Der indische Führer Mahatma Gandhi beispielsweise besaß nur eine Hand voll Sachen, darunter Kleidung, eine Taschenuhr, eine Brille und einen Spazierstock. So stark wie er sind nur wenige, und so hasten wir mit unseren buchstäblich Tausenden von Besitztümern wie im Laufrad dem Glück hinterher.

Zeitverlauf. Stellen Sie sich vor, Sie gehen während der Weihnachtszeit zur Post, um ein Päckchen aufzugeben. In der Post ist es brechend voll, und Sie müssen sich entscheiden, in welcher der beiden Schlangen Sie sich anstellen. In der einen Schlange, die kurz ist und sich nur langsam bewegt, müssen Sie mit einer Stunde Wartezeit rechnen. Jeder Kunde braucht ewig, da der Angestellte hinterm Schalter ständig wegläuft, um einen erfahreneren Kollegen zu finden, der ihm bei komplizierteren Geschäftsvorgängen behilflich ist. In der anderen Schlange, die lang ist und sich schnell bewegt, müssen Sie ebenfalls mit einer Stunde Wartezeit rechnen. Die Leute vor Ihnen werden schnell abgefertigt, und während sie warten, geht es immer schneller vorwärts, sodass Sie fast zum Schalter joggen.

Welche Schlange ist Ihnen lieber? Die meisten entscheiden sich für die längere Schlange, obwohl die Wartezeit genau die gleiche ist. Zwei Merkmale der längeren Schlange sind es, die uns angenehmer sind: Sie bewegt sich schneller, und der Anteil der abgefertigten Personen steigt im Verlauf der Zeit. Zahlreiche Studien zeigen, was der Mensch für einen positiv erlebten Ablauf so alles in Kauf nimmt.

In einer Studie wurden Freiwillige gegen Honorar gebeten, ihre Hände in eisig kaltes Wasser zu tauchen. Die eine Hand musste für 60 Sekunden in eiskaltes Wasser gehalten werden. Nach einer kleinen Pause wurde die zweite Hand unter den genau gleichen Bedingungen eingetaucht, nur musste der Schmerz noch 30 Sekunden länger ausgehalten werden. Während der zusätzlichen 30 Sekunden erhöhte sich die Temperatur ganz allmählich von eiskalt auf nur noch frostig kalt.

Die Testpersonen sollten sich danach für eine dritte Sitzung für eines der beiden Experimente entscheiden. Was meinen Sie? Haben sie sechzig Sekunden oder neunzig Sekunden Schmerz vorgezogen? Mit überwältigender Mehrheit entscheiden sie sich für den länger andauernden Schmerz. Das scheint verwunderlich, da die längere Variante die kürzere plus Extra-Schmerz bedeutet. Doch die längere Variante endet mit einem positiven Verlauf.

In einer verwandten Studie wurden Männer beobachtet, während sie sich einer Darmspiegelung unterzogen. Bei dieser unangenehmen medizinischen Prozedur wird ein relativ dicker, unelastischer, metallener Schlauch in das Rektum eingeführt, um die Gedärme zu untersuchen. Für die Hälfte der Patienten endete die Untersuchung auf die übliche Weise: Der Arzt bereitete mit dem Herausziehen des Beobachtungsinstruments den Schmerzen ein Ende. Bei den anderen Patienten wurde der Schlauch nach der Untersuchung noch eine Zeit lang an Ort und Stelle belassen. Dieses unveränderte Belassen des Instruments in einer Position ist zwar schmerzhaft, aber erträglicher als die eigentliche Untersuchung, bei der das Instrument bewegt wird.

Nach der Untersuchung bewerteten die Patienten ihre Erfahrung. Diejenigen, welche die längere Prozedur über sich hatten ergehen lassen, bewerteten die Untersuchung als insgesamt weniger schmerzhaft, was die Ärzte zu der Prognose verleitete, dass diese Patienten in größerer Zahl auch zu den anschließenden Nachuntersuchungen erscheinen würden. Wie bei der Eiswasser-Studie bevorzugten auch hier die Patienten ein paar zusätzliche Minuten an Unbehagen, um zu einem positiver erlebten Ende zu kommen. Wir favorisieren offenbar Erfahrungen, die auf eine positive Bilanz hinauslaufen.

Neben dem Zeitverlauf ist ein weiterer anderer Faktor für unser Glücksbefinden entscheidend – die Erwartungshaltung. Mal ehrlich: Wie oft sind Sie schon voller Erwartung ins Kino gegangen, nur um hinterher enttäuscht zu sein? Oder umgekehrt: Sie machen ein großzügiges Geschenk und wollen den Effekt noch erhöhen, indem sie es herunterspielen mit dem Kommentar, dass das doch wirklich nichts Besonderes sei. Die Redensart »Zufriedenheit ist gleich Leistung minus Erwartung« bringt auf den Punkt, welch große Rolle die Erwartungshaltung für unseren Gefühlszustand spielt. Glücklichkeit und Traurigkeit ergeben sich aus der Differenz zwischen dem, was wir im Vorfeld erwarten, und dem, was wir am Ende bekommen. Und das gilt für alle Erfahrungsräume – vom Kinofilm angefangen bis hin zu lebensbedrohlichen Situationen.

Das Werk des Literaturnobelpreisträgers Alexander Solschenizyn *Ein Tag im Leben des Iwan Denissowitsch* zeichnet die Figur eines Sowjetsoldaten, der in einem sibirischen Arbeitslager in Haft ist. Offiziell gilt die Geschichte zwar als fiktive Erzählung, aber sie basiert auf eigenen Erfahrungen Solschenizyns. Der Arbeitstag des Helden Iwan ist von unsagbarer Härte erfüllt. Er leidet Hunger und bekommt nur einen kleinen Schöpfer dünner Suppe mit Brot. Seine Kleider sind nicht mehr als zerschlissene Lumpen, dennoch muss er stundenlang bei eisigen Temperaturen harte, körperliche Knochenarbeit leisten.

Als er sich am Abend schlafen legt, ist Iwan voll und ganz zufrieden. Er kommt zu dem Schluss, dass es »ein Tag ohne eine Wolke war. Fast ein glücklicher Tag.« Warum ist er glücklich anstatt betrübt? Iwan ist schon seit einiger Zeit im Arbeitslager. Er erwartet demnach nichts anderes als schlechtes Essen, harte Arbeit und beißende Kälte – gegebene Umstände, die in ihrer Grausamkeit für Iwan absehbar sind und ihm daher wenig Schmerz bereiten.

Es sind vielmehr die vielen kleinen, aber unerwarteten Freuden des Alltags, die Iwan erfüllen. So gelingt es ihm, ein bisschen Extra-Essen einzuheimsen, ein Teil eines Metallsägeblatts ins Lager zu schmuggeln oder an etwas raren Tabak zu kommen. Für uns wäre ein solcher Tag die Hölle. Doch dieser Tag hat Iwans niedrige Erwartungshaltung so weit übertroffen, dass er für ihn nahezu perfekt war.

Positive Überraschungen stimmen uns glücklich, selbst wenn sie noch so klein sind. In einer Studie wurde die Wirkung eines winzigen, unerwarteten Geschenks untersucht. Die Testpersonen sollten ein Kopiergerät bedienen. Die Hälfte der Personen fand dabei ein Zehncentstück, das vor Beginn des Experiments in die Geldrückgabeklappe des Kopierers gelegt worden war. Nachdem die Arbeit am Kopiergerät erledigt war, sollte jeder Einzelne auf einer Skala von sieben Punkten bewerten, wie glücklich er bislang mit seinem *Leben insgesamt* gewesen ist. Was glauben Sie? Um wie viele Punkte hat der »Glückspfennig« die Bewertung der Lebensfreude nach oben hin verschoben?

Zehn Cent, aus heiterem Himmel, freuen uns ungemein. Jene Testpersonen, die ganz unerwartet ein Zehncentstück gefunden hatten, bewerteten ihr Glücksgefühl mit glatten 6,5 Punkten – fast einen ganzen Punkt höher als diejenigen, die kein Geld gefunden hatten. Sie kamen auf einen Durchschnittswert von 5,6.

Glück und Unglück sind Instrumente, die unsere Gene entwickelten, um ihre Ziele zu fördern. Ungeachtet unserer Lebensumstände holen unsere Instinkte das Letzte aus uns heraus. Wir reagieren deshalb sehr schnell auf jegliche Veränderung, und sei sie noch so klein, die Fortschritt verheißt, und bleiben nahezu völlig unberührt von Dingen, die wir ohnehin erwarten. Dieses effiziente System macht uns zu robusten Arbeitern. Zwar kann es uns, da es unsere Stimmungen steuert, auch zurückwerfen, doch aufgehalten werden wir dadurch nicht. Nach einer Niederlage rappeln wir uns wieder auf und suchen nach neuen Wegen, die uns voranbringen. Wann immer wir einen kleinen Fortschritt machen, belohnen uns unsere Gene mit Glücksgefühlen.

Dem Glück auf die Sprünge helfen. Eine Volkssage erzählt von einem besorgten Bauern, der Rat bei einem Philosophen sucht. Er klagt: »Mein Haus ist zu klein, und wir sind zu arm, um uns ein größeres zu leisten, und meine Lieben hocken so dicht aufeinander, dass sie sich schon an die Gurgel gehen.« – »Ja, das verstehe ich«, sagt der Philosoph. »Ich will, dass du jetzt nach Hause gehst, deine Ziegen aus dem Pferch holst und sie in dein Haus bringst. Komm in einer Woche wieder zu mir.« Die Woche vergeht. Der Bauer kommt wieder und sieht noch abgehärmter aus. Er sagt: »Mein Haus ist völlig verdreckt und noch voller als je zuvor. Meine Tochter hat um ein Haar meinen Sohn getötet, ließ aber glücklicherweise von ihm ab, da sie über ein Zicklein stolperte.« – »Ja, das verstehe ich«, sagt der Philosoph. »Ich will, dass du jetzt nach Hause gehst und die Kühe in dein Haus bringst.« Das ging wochenlang so hin und her, der Bauer klagte, bekam einen seltsamen Rat nach dem anderen, bis schließlich der gesamte Viehbestand der Familie im Haus zusammengepfercht war.

Am Ende sagt der Philosoph: »Bring nun alle Tiere wieder ins Freie, und komm in einer Woche wieder zu mir.« Der Farmer kehrt wieder und sagt: »Nun verstehe ich. Unser Haus ist riesengroß. Wir wissen gar nicht, was wir mit dem ganzen Platz anfangen sollen.«

Diese Geschichte unterstreicht zwei Wahrheiten des menschlichen Glücks. Eine Veränderung zum Besseren erzeugt Freude, und zwar unabhängig von einer absoluten Bezugsgröße – das ist der eine wahre Kern. Das Haus des Bauern ist natürlich noch immer genauso groß wie eh und je, es kommt ihm jetzt nur wesentlich größer vor. Der zweite wahre Kern liegt darin, dass wir unser Leben ganz bewusst so gestalten können, dass wir uns glücklicher fühlen, und zwar ohne eine Veränderung im materiellen Bereich.

Unser Gehirn geht offenbar ganz eigene Wege, um in uns das Gefühl froher Zufriedenheit zu erzeugen. Haben wir das erkannt, können wir daraus Kapital schlagen. Unser genetisches System wirkt nach drei grundlegenden Prinzipien. Prinzip eins: Absolute Bezugsgrößen haben nur geringe Auswirkungen auf unser Glücksbefinden. Prinzip zwei: Wir lieben es, Fortschritte zu machen. Prinzip drei: Erwartungshaltungen spielen eine zentrale Rolle. Um froh und glücklich zu sein, sollten wir daher unser Leben so gestalten, dass wir, so gut es geht, auf dem aufsteigenden Ast sind. Umstände und Erwartungen sollten so konzipiert sein, dass wir Überraschungen positiv erleben können.

Etwas an einen lieben Menschen zu verschenken ist eine phantastische Methode, um aus unserem gefühlsgesteuerten Glückssystem Kapital zu schlagen. Einmal mehr essen gehen oder sich irgendwelchen Nippes gönnen macht Spaß, doch tun wir uns oft schwer, uns selbst eine kleine Freude zu bereiten. Viel leichter fällt es uns, Freunde mit einer unerwarteten Aufmerksamkeit zu beglücken.

Um anderen ein Höchstmaß an Glück zu bescheren, sollten wir öfter mal kleinere Geschenke machen, nicht nur an Feiertagen und Geburtstagen, wenn es sowieso erwartet wird. Angenommen, wir wollen für ein Geburtstagsgeschenk 100 Dollar ausgeben. Mit einem Geschenk für 80 Dollar zum Geburtstag und zwei unerwarteten Geschenken zu je zehn Dollar bescheren wir zweifellos mehr Freude. In Sachen Geld liegt der Schlüssel zum Glück darin, für so viele positive Überraschungen wie möglich zu sorgen.

Diese Regeln lassen sich auch auf die körperliche Fitness anwenden. Viele fangen ein Trainingsprogramm an und hören nach ein paar Monaten wieder auf. Die raschen Erfolge der Anfangsphase motivieren uns, doch nach einer Weile, wenn unsere Leistungsfähigkeit an einem toten Punkt angelangt ist, haben wir keine Lust mehr.

Damit uns der Spaß an der körperlichen Aktivität nicht gleich wieder vergeht, sollten wir uns die frühe Erfolgsphase so lange wie möglich erhalten. Zu diesem Zweck schaffen wir uns am besten unsere ganz persönliche Saison; das heißt, wir betreiben für ein paar Monate die eine Sportart und wechseln dann zu einer neuen. Sobald wir in einer Sportart einen toten Punkt erreicht haben, steigen wir auf die nächste um und haben von neuem Spaß daran, zu erleben, wie es mit unserer Leistung wieder aufwärts geht. Gleichermaßen ist es hilfreich, sich dann und wann eine Auszeit vom Trainingstrott zu nehmen, um auch nach einer gewissen Zeit noch regelrecht hungrig zu sein nach mehr Sport. Schaffen wir es, diese beiden wichtigen Aspekte zu verbinden, kriegen wir die Kurve fast immer, erreichen das Bestmögliche und können die Früchte unserer Mühen genießen.

Um aus diesem Drang nach Fortschritt einen Vorteil zu ziehen, sollten wir große Aufgaben in leicht verdauliche Häppchen aufteilen. In seiner Doktorandenzeit verfolgte Terry eine ganze Reihe von Tageszielen, die er auf eine Liste setzte. Während er es in manchen Dingen bewundernswert weit brachte, blieb seine Doktorarbeit auf der Strecke.

Der Erfolg in Sachen Doktorarbeit stellte sich erst ein, als Terry bewusst wurde, dass neben all den anderen Banalitäten auf der Liste, wie etwa »Hose kaufen«, ja auch noch »Doktorarbeit schreiben« stand. Während er sich so richtig gut fühlte, weil er mit allen Aufgaben, die er sich vorgenommen hatte, prima vorangekommen war (außer mit einer, nämlich »Doktorarbeit schreiben«), machte er auf dem Weg zu seinem eigentlich wichtigsten Ziel nur langsame Fortschritte. Die Aufgabe »Doktorarbeit schreiben« gab ihm nicht das Gefühl, irgendwie weiterzukommen, da sie nicht so schnell erledigt und von der Liste gestrichen werden konnte. Terrys Schrank war zwar irgendwann voll mit neuen Hosen, aber dafür hatte er nun begriffen, dass er besser vorankommt, wenn er große Aufgaben in kleinere, zu bewerkstelligende Teilstücke aufteilt und damit den inneren Drang nach Fortschritt zum eigenen Vorteil ausnutzt.

Ernest Hemingway war ein eifriger Studierer der menschlichen Natur. Um an seine Ziele zu gelangen und seine Leistung zu steigern, überlistete er sich oft selbst. Wie viele Schriftsteller fand auch Hemingway das Schwierigste am Schreiben, sich ans Werk zu machen. Er entwickelte daher seine ganz eigene Methode: Jeden Arbeitstag beendete er mit einem fast, aber noch nicht ganz fertigen Kapitel. Am nächsten Morgen wollte er seine Arbeit durch das gute Gefühl des Erfolgs auch belohnt wissen und machte sich eifrig daran, das Kapitel zu Ende zu schreiben.

»Wenig versprechen und viel bekommen« – eine Maxime, die unterstreicht, dass Erwartungshaltungen für den Erfolg eine ganz entscheidende Rolle spielen. Daher sollten wir in Beziehungen oder Projekte von vornherein angemessene Erwartungen setzen. »Wenig versprechen« ist aber auch ein brauchbares, taktisches Rezept, wenn wir beispielsweise in

Zeitverzug geraten. Ein ganz alltägliches Beispiel macht das sehr anschaulich:

Wir sind mit einem Freund verabredet und zehn Minuten zu spät dran. Wir rufen an, dass es später wird, teilen aber mit, nicht in zehn, sondern erst in 20 Minuten da zu sein. Kommen wir dann nur elf Minuten später, sind wir frühzeitig da. Und unser Freund erlebt auf die ursprünglich negative nun eine positive Überraschung. Im ersten Moment war er vielleicht sauer auf uns, aber das ist am Ende schnell vergessen, da positive Überraschungen besonders hoch gewertet werden. Wir sollten es daher immer so deichseln, dass wir Erwartungen auch übertreffen können.

Glücklich zu sein erfordert ununterbrochene Anstrengung. In unseren Träumen von der perfekten Welt zeichnen wir Bilder des süßen Nichtstuns. Wir malen uns aus, wie wir am Strand liegen und endlos Margaritas trinken, im Konsumrausch auf Einkaufstour sind, vor dem Fernseher sitzen und Fußball schauen und uns nur erheben, wenn der Pizzaservice da ist oder um Biernachschub zu holen. Es mag verwundern, aber Forscher haben entdeckt, dass ein solches Leben uns nicht gerade zum allerglücklichsten Menschen macht.

Im Rahmen eines interessanten Projekts fragte man die Teilnehmer nicht, was sie ihrer Vorstellung nach glücklich *machen würde*, sondern man wollte herausfinden, was sie wirklich glücklich *macht*. Mehrmals am Tag wurden die Testpersonen angepiepst und gebeten, genau zu protokollieren, was sie gerade taten, und den Zustand ihres momentanen Glücksbefindens zu bewerten. Außerdem mussten sie eine ganze Reihe weiterer Fragen beantworten.

Wie sich herausstellte, ist es nicht das süße Nichtstun, das einen Menschen glücklich macht, sondern der Erfolg. Mit dem eigens definierten Begriff *flow*, der den positiven Fortgang der Dinge bezeichnen soll, sollten die Testpersonen erfreuliche Situationen deklarieren. Wie die Ergebnisse zeigen, wird ein solcher *flow* erlebt, wenn wir Situationen souverän beherrschen und unsere Kenntnisse anwenden können, um ein weit gestecktes und klares Ziel zu erreichen. Richtet sich unser ganzes Streben auf ein solches Ziel, verlieren wir uns im Augenblick, sind weniger befangen und haben sogar das Gefühl, als würde die Zeit stillstehen.

Wann erleben wir einen *flow*? Positive Momente erleben wir in vielen verschiedenen Bereichen, auch beim Sex oder im Sport (solange wir körperlich auf der Höhe sind). Das Paradoxe dabei ist, dass wir einen positiven *flow* viel eher bei der Arbeit als in der Freizeit erleben. Doch selbst wenn wir eine positive Entwicklung bei der Arbeit erfahren, haben wir sonderbarerweise das Gefühl, dass wir ohne die Arbeit glücklicher wären.

Und so glauben wir weiterhin, dass das Leben schöner wäre, wenn wir nicht zu arbeiten brauchten. Aber wirklich glücklich sind wir nur, wenn wir unser Wissen und Können auf dem Weg zu einem Ziel erfolgreich einbringen können. Die für unsere Gefühlslage verantwortlichen Systeme sind so strukturiert, dass sie uns zur Arbeit anspornen. Um ihre eigenen Ziele zu fördern, haben unsere Gene in uns einen schonungslosen Drang nach Fortschritt und Leistung angelegt.

Eine denkwürdige Episode in *Twilight Zone* beginnt damit, dass der Hauptdarsteller in einem Krankenhausbett liegt, sich aber, als er aufwacht, in einem Hotelbett wiederfindet. Kaum verlangt er nach etwas, erscheint auch schon der Hotelpage und bringt ihm das Gewünschte. Das geht ein paar Tage lang so, bis der Mann seines nutzlosen Daseins überdrüssig wird und zum Hotelpagen sagt: »Ich wünsche mir irgendwie, dass ich an den anderen Ort gegangen wäre.« »An welchen Ort denn?«, fragt der Page. »Nun, ich nehme an, ich bin gestorben und jetzt im Himmel, aber mir ist derart langweilig, dass die Hölle wohl der bessere Ort wäre.« Da erwidert der Hotelpage: »Das hier ist die Hölle.«

KAPITEL 3
ROMANTIK UND REPRODUKTION

Geschlechterspiele
Mädchen gegen Jungen

Alle Tiere spielen das Paarungsspiel. In der amerikanischen Reality-Soap *EDtv* um einen ganz normalen Menschen, der sein Leben freiwillig auf Schritt und Tritt von Fernsehkameras beobachten lässt, wird aufgezeichnet, wie Woody Harrelson seine Freundin betrügt. Auf die Frage, warum er das eindeutige Angebot der Frau nicht ausgeschlagen hat, sagte er: »Ich bin der Mann, ich höre nicht auf. Das ist Sache der Frau ... Wir sind das Gas, sie sind die Bremsen.« Woher kommen diese eingebürgerten Klischeevorstellungen von Männern und Frauen?

Ob Sie es glauben oder nicht, aber ein unauffälliges, kleines Insekt mit Namen Westliche Beißschrecke kann uns über die Stereotypen des menschlichen Sexuallebens einigen Aufschluss geben. Westliche Beißschrecken treffen sich natürlich nicht in Bars oder über Kontaktbörsen. Dennoch kommen sie zusammen, schätzen einander ab und überlegen – genau wie der Mensch –, ob sie sich mit einer neuen Bekanntschaft vielleicht paaren sollen.

Einen kleinen Unterschied allerdings hat die Sache: Wenn es dann so weit ist, das Beißschreckenpaar sich vereinigt und die männliche Beißschrecke Samen lässt, verliert sie ein Viertel ihres Körpergewichts – und steuert damit zu einem gewaltigen Samenausstoß bei, den die weibliche Beißschrecke zur Energiegewinnung verwendet. Für einen durchschnittlichen Mann wären das rund 50 Pfund Samen! Wenn diese Mengen – und nicht der halbe Teelöffel voll – beim Menschen die Regel wären, würden sich Männer dann anders verhalten? Die Antwort lautet: Ja, und zwar mit Begleiterscheinungen weit jenseits aller sexuellen Beziehungen.

Für die weibliche Beißschrecke ist diese sinnliche Mahlzeit sehr wichtig. Je mehr Nahrung sie bekommt, in Form von Fressen und Spermien, desto mehr Jungbeißschrecken erzeugt sie. Während wir Menschen im Laufe unseres Lebens das Hundertfache unseres Körpergewichts in Form von Nahrung zu uns nehmen, begnügen sich Insekten mit weit weniger. Die im Laufe eines Insektenlebens aufgenommene Nahrung liegt mitunter nur beim Zweifachen des Körpergewichts.

Ein einziger Samenausstoß einer männlichen Beißschrecke könnte einer weiblichen daher mehr als das Zehnfache der Nahrungsmenge liefern, die sie im Laufe ihres Lebens aufnimmt. Klar, dass dies für die weibliche Beißschrecke einen kostbaren Vorteil bedeutet, mit dem sie sorgsam umgeht, um ihn nicht zu verschleudern. Energiegeladen und zielsicher investiert sie fast den gesamten Erguss in befruchtete Eier.

Nun könnten wir denken, dass eine männliche Beißschrecke bei der Wahl des Weibchens sehr wählerisch ist (würden Sie auch sein, wenn es um 50 Pfund Samenerguss ginge). Die Männchen weisen speziell kleine Weibchen zurück, die nur wenige Junge hervorbringen würden. Um das Höchstmaß aus den wenigen Liebesvereinigungen in ihrem kurzen Leben herauszuholen, trachtet die männliche Beißschrecke nach einem Weibchen, das seine Fortpflanzungsabsichten bestmöglich erfüllen wird. Die Weibchen ihrerseits sind nur auf den Liebesvollzug aus. Denn schließlich können sie sich auf ein nahrhaftes Spermienmahl freuen. Wie wir vermutet haben, buhlen die Weibchen um die Männchen. Wenn sie sprechen könnten, würden sie bestimmt allerlei Treueversprechungen und Liebeserklärungen abgeben.

Im Gegensatz zur bedachtsamen männlichen Beißschrecke, so belegen Auswertungen, geht der Mensch bei seiner Partnerwahl weit unbekümmerter vor. Männer erweisen sich allgemein als wenig zögerlich, wenn sich ihnen Gelegenheit zu einer zwanglosen sexuellen Affäre bietet. In einer Studie zeigten sich 75 Prozent der teilnehmenden Collegestudenten bereit, auf das Angebot zu einem Schäferstündchen einzugehen, das ihnen eine weibliche, durchschnittlich attraktive Projektmitarbeiterin machte. (Viele der Männer, die sich geneigt zeigten, entschuldigten sich später dafür.) Wie viele Frauen stimmten dem gleichen eindeutigen Angebot zu, das ihnen ein männlicher Projektmitarbeiter machte? Keine einzige.

Die Geschlechterfrage. Sollten Frauen Panzer bei der Marineinfanterie steuern? Wirkt es sich nachteilig aus, wenn der Pfadfinderführer oder Handballtrainer eines Kindes schwul ist? Warum sind die meisten Politiker und Rennfahrer Männer? Warum besteht fast die gesamte Grundschullehrerschaft aus Frauen? Hat das unterschiedliche Rollenverhalten von Mann und Frau seinen Ursprung in der Gesellschaft, oder gibt es andere Gründe?

Unsere Kultur hat zweifelsohne die Beziehungen zwischen den Geschlechtern geprägt. Amerikanische Frauen hatten bis 1920 kein Wahlrecht. Bis Ronald Reagan 1981 Sandra Day O'Connor in das Oberste Bundesgericht berief, hätte man irrigerweise annehmen können, dass natürlicherweise Männer – und nur Männer – einen Anspruch auf das Richteramt haben.

Dabei wissen wir sehr wohl, dass gewisse Strukturen, wie wir sie etwa in Gerichtshöfen und anderen Männerdomänen vorfinden, eher auf kulturelle Einflüsse zurückzuführen sind. Bis 1984 glaubten Männer, dass Frauen zu schwach und zerbrechlich seien, um einen olympischen Marathon zu laufen. Gleichermaßen sind viele normierte Verhaltensformen der Frau im 18. und 19. Jahrhundert – einschließlich der Tatsache, dass Frauen in Berufen der Rechtswissenschaften und Medizin sowie in Führungsrollen religiöser Vereinigungen überhaupt nicht vorkamen – eher auf die patriarchalischen Beschränkungen jener Zeit zurückzuführen als auf die biologischen Unterschiede zwischen Frau und Mann.

Da Frauen lange Zeit aus so vielen Tätigkeitsbereichen ausgeschlossen waren, lässt sich nur sehr schwer ausmachen, inwieweit unser genetisches Erbe uns zu einem festen Rollenverhalten prädestiniert. Gibt es außer den grundlegenden biologischen Unterschieden, wie beispielsweise beim Wasserlassen, noch weitere Erscheinungsformen im körperlichen Ausdruck oder im Rollenverhalten, von denen sich mit Sicherheit sagen lässt, dass sie in erster Linie genetisch bedingt sind? Die Antwort lautet ganz eindeutig: ja.

Das unterschiedliche Erscheinungsbild. Zum einen wiegen Männer im Schnitt 20 Prozent mehr als Frauen, wovon der Großteil die Muskelmasse ausmacht. Folglich sind Männer, was körperliche Kraft und Stärke angeht, den Frauen in den meisten Dingen überlegen. Zum anderen sind sie im Schnitt knapp 13 Zentimeter größer als Frauen. Das beweist aber nicht, dass die Gene den männlichen Körper instruieren, größer zu werden; im Laufe eines Lebens kann viel passieren – unabhängig von den Genen –, was Größe und Gewicht des Mannes beeinflussen könnte.

Dass unsere Veranlagungen in Wechselwirkung mit Umwelt und Erziehung bestimmte Verhaltensweisen formen, wird deutlich, wenn man Kinder unterschiedlicher Entwicklungsstufen beobachtet. Fordert man beispielsweise zwölfjährige Jungen und Mädchen auf, einen Ball, so weit sie können, zu werfen, gibt es so gut wie keine Überschneidungen; die besten Mädchen werfen gerade mal so weit wie die unbegabtesten Jungen.

Nun müssen wir berücksichtigen, dass die meisten Jungen im Alter von zwölf, zum Teil auf Betreiben der Eltern hin, wohl seit Jahren schon in Sportvereinen aktiv sind. Zum Vergleich sehen wir uns deshalb an, wie weit zwei- bis dreijährige Kinder werfen können. Zugegeben, die kleinen Racker können den Ball nicht gerade besonders weit werfen, aber selbst in diesen frühen Jahren, noch bevor sich der Einfluss des sozialen Umfelds stark durchgesetzt hat, werfen 90 Prozent der Jungen weiter als ein durchschnittliches Mädchen.

Mit der modernen Ultraschallmethode könnte man diese Studien heute sogar bis in den Mutterleib hinein ausweiten. Natürlich fragen die Wissenschaftler den Fötus nicht direkt (noch nicht, zum Glück für die werdende Mutter), wie weit er einen Ball werfen kann. Doch sind sie in der Lage, das abzuschätzen. Die Armknochen – Speiche wie Elle – sind im Verhältnis zur Gesamtkörpergröße bei männlichen Föten viel länger als bei weiblichen. Mit anderen Worten, lange bevor ein Junge ermutigt wird, mit irgendwelchen Wurfgeschossen ums Haus zu toben – noch bevor seine Mutter überhaupt weiß, ob sie mit einem Jungen oder einem Mädchen schwanger ist –, ist er gegenüber seiner Schwester im Vorteil.

Abgesehen von den körperlichen Unterschieden in Gewicht, Größe und Muskelmasse, ist völlig offen, ob biologische Gründe für geschlechtsspezifisches Verhalten verantwortlich sind. Nichtsdestotrotz gibt es ein paar auffallende Regelmäßigkeiten in neuzeitlichen und historischen Kulturen, die eine Auseinandersetzung lohnen. In fast allen Gesellschaften leben Frauen länger als Männer; und zwar im Schnitt sieben Jahre. Ist dieser Unterschied lediglich ein kulturelles Artefakt – eine nicht-biologische Konsequenz irgendeines Umstands, der ausschließlich das Leben einer Frau betrifft? Wohl kaum, wenn man bedenkt, wie universal diese Feststellung ist.

Das Leben eines südamerikanischen Yanomamö beispielsweise ist kurz und intensiv: Selbst bei einer durchschnittlichen Gesamtlebenserwartung von nur 20 Jahren überleben die jungen Frauen die Männer im Schnitt um ein Jahr. Im Vergleich gestaltet sich das harte Leben eines russischen Landarbeiters, der mit 65 Lebensjahren rechnen kann, zwar weniger kurz und intensiv, doch zeichnet sich auch hier eine ähnliche Tendenz ab: Ein russischer Mann lebt im Schnitt 13 Jahre weniger als eine russische Frau.

Insgesamt protokollieren 96 Prozent aller Nationen der Welt eine längere Lebensdauer für Frauen. Interessanterweise handelt es sich bei den wenigen Ausnahmen, wo Männer länger leben, meist um solche Kulturen, die Frauen schlecht und nachteilig behandeln. In Indien zum Beispiel werden Jungen mit einer fünfzigfach größeren Wahrscheinlichkeit in ärztliche Behandlung gegeben als Mädchen, und die Unterernährung bei Mädchen liegt viermal höher als bei Jungen.

Was also Indien angeht, leben die Männer nur deshalb länger, da die Frauen zumeist unterernährt sind und ihnen medizinische Versorgung versagt wird.

Doch inwieweit spielt die Biologie in Bezug auf das Alter von Mann und Frau eine Rolle? Aufschlussreiche Studienergebnisse über das männliche Hormon Testosteron kommen der Antwort auf diese Frage ein entscheidendes Stück näher. Im frühen 20. Jahrhundert wurden Männer, die in Sanatorien eingeliefert wurden, häufig kastriert. Werden die Hoden beim Mann entfernt, reduziert sich sein Testosteronspiegel auf nahezu null.

Am vielleicht grausamsten Beispiel eines Tausches von Lebensqualität gegen Lebensquantität zeigte sich, dass die kastrierten Männer – wie kastrierte Haustiere – länger lebten als die vergleichbare männliche Altersgruppe mit intakter Testosteronproduktion. Wie es scheint, büßen sie 15 Jahre ihres Lebens ein, wenn sie ihre Hoden behalten. Das Gleiche gilt für alle Tiere: Eine absolut sichere Methode, zum Beispiel die Lebensdauer eines Katers zu verlängern, ist, ihm die Testosteronproduktionsstätte zu entfernen. Daraus können wir folgern, so wie Männer von Natur aus größer und schwerer gebaut sind, leben Frauen länger.

Auf der Suche nach weiteren menschlichen Universalien stoßen wir auf die unübersehbare und erschreckende Tatsache, dass es weltweit die Männer sind, die die meisten Verbrechen begehen. In den Vereinigten Staaten sitzen derzeit rund zwei Millionen Menschen in Haft; 93 Prozent davon Männer.

Mit der Erfindung und Verbreitung von Waffen ist das biologische Kräfteverhältnis ausbalanciert, und es könnten, trotz der körperlichen Unterlegenheit, ebenso gut auch Frauen kriminell werden. Doch bis heute gibt es keinen drasti-

schen Anstieg der Verbrechen oder des Schusswaffenge-
brauchs durch Frauen. Bei Raubüberfällen machen 50 Prozent aller männlichen Täter von der Schusswaffe Gebrauch,
dagegen nur 30 Prozent aller weiblichen.

Des Weiteren wurde vielfach belegt, dass männliche und
weibliche Gehirne etwas unterschiedlich arbeiten. Frauen erlangen nach einem Schlaganfall das Sprachvermögen schneller wieder als Männer. Heute versucht man, diese Fähigkeit
mit modernen Gehirnabbildungsverfahren, die eine ausge-
wogenere Hirnaktivität bei Frauen deutlich zeigen, nachzu-
weisen.

Wie aus einer Reihe von Verhaltensuntersuchungen hervorgeht, wird Sprache von Frauen und Männern unterschiedlich benutzt und interpretiert. So können Frauen beispielsweise Gegenstände schneller benennen und Wörter schneller
artikulieren als Männer. In einem Test ging es darum zu entscheiden, ob zwei Unsinnswörter sich reimen oder nicht, und
einmal mehr schnitten die Frauen besser ab als die Männer.

In einer anderen Studie sollten Männer und Frauen sich
die traurigsten Ereignisse in ihrem Leben in Erinnerung rufen. Währenddessen wurde mit Hilfe von Gehirn-Scannern,
die eine erhöhte mentale Aktivität optisch sichtbar machen,
verfolgt, welche Gehirnteile reagieren. Bei beiden Geschlechtern zeigte dabei das limbische System (der Teil des
Gehirns, von dem gefühlsmäßige Reaktionen auf Umwelt-
reize ausgehen) eine heftige Reaktion. Bei den Frauen allerdings konnte man in diesem Bereich eine achtmal höhere
Aktivität als bei den Männern feststellen.

Gene haben bei Frau und Mann unterschiedliche körperliche Merkmale ausgebildet, und auch das Gehirnorgan beider Geschlechter zeigt feine Differenzen. Heißt das, dass
Gene auch unterschiedlichen Gehirne ausprägen? Nicht un-

bedingt. Beispiel Sprache. Es könnte sein, dass das unterschiedlich ausgebildete Gehirn von Mann und Frau zu einer jeweils anderen Sprachverarbeitung führt. Umgekehrt könnte es aber auch sein, dass Mädchen zu einer bestimmten Redeweise angehalten werden und dass sich der hirnorganische Unterschied aufgrund des geschlechtsspezifischen Sprachgebrauchs erst entwickelt. Wie auch immer, die Unterschiede sind real und bemerkenswert.

Schlussendlich legen die körperlichen Differenzen und die unübersehbaren interkulturellen Regelmäßigkeiten bestimmter Verhaltensweisen die Vermutung nahe, dass eine gewisse biologische Grundlage uns für das Rollenverhalten prädestiniert. Doch wegen der historisch verfestigten, in allen Kulturen zu findenden Unterdrückung der Frau sind viele Fragen noch ungelöst. Wird sich beispielsweise auf dem Weg zur gesellschaftlichen Gleichstellung von Mann und Frau auch die Kriminalitätsrate der Frauen an die der Männer annähern – in ähnlicher Weise, wie sich hoffentlich die Gehälter angleichen?

Kehren wir noch einmal zurück in die Welt der Tiere. Vielleicht können wir anhand ihrer Verhaltensweisen, in einer Welt ohne Fernsehen und frei von kulturellen Einflüssen, unsere eigene Lebensweise besser verstehen lernen.

Das geschlechtsspezifische Rollenverhalten bei Tieren. Eine weibliche Sahara-Wüstenmaus hat ein ziemlich lockeres Leben. Sie sucht sich in der Nähe reicher Nahrungsquellen ein nettes Plätzchen und stromert nicht viel umher. Hat sie eines gefunden, richtet sie sich einen Bau mit mehreren Ausgängen ein, damit sie räuberischen Lebewesen schnell entkommen kann.

Das Leben einer männlichen Wüstenmaus hingegen gestaltet sich weniger idyllisch. Sie rennt die meiste Zeit über quer durch den gefährlichen Wüstensand und klappert so viele Bauten wie möglich ab, immer auf der Suche nach einem Weibchen. Kommt das Männchen am Bau eines Weibchens an, verzichtet es auf unnötiges Balzgehabe und kommt gleich zur Sache. Denn alles, was es herausfinden will, ist, ob die Hausherrin an Sex interessiert ist. Falls ja, folgt ein kurzer Liebesakt. Falls nein, zieht der Mäuserich unbefriedigt weiter. Wie es auch ausgeht, in jedem Fall ist er Minuten später schon wieder auf der Walz.

Die männliche Wüstenmaus hat es wirklich schwer. Während das Weibchen lediglich einen Hausstand an einem guten und sicheren Ort gründet und sich voll frisst, sind die Männchen andauernd unterwegs; sie nehmen viel weniger Nahrung zu sich und werden obendrein häufiger gefressen. Demzufolge hat eine männliche Wüstenmaus eine viel niedrigere Lebenserwartung als eine weibliche. Von beiden Geschlechtern wird eine gleiche Anzahl geboren, doch finden sich in der Wüste doppelt so viele weibliche Mäuse.

Warum führt die männliche Wüstenmaus ein so riskantes Dasein? Nun, einen Erfolg landet unsereiner auch nur, wenn er etwas dafür tut. Was würde wohl mit der Wüstenmaus passieren, wenn sie beschließen würde, dieses gefahrenvolle Paarungsspiel bleiben zu lassen? Sie würde unter Umständen uralt werden, aber bestimmt keine Nachkommenschaft hinterlassen. Mäusesöhne werden demnach mit dem genetischen Erbe ihrer Väter ausgestattet, welche die gefährliche Reise quer durch den heißen Wüstensand der Mühe wert fanden.

Doch auch die weibliche Wüstenmaus führt kein gänzlich sorgenfreies Leben. Nach der Geburt ihrer Jungen hat sie keine Hilfe von der männlichen Maus zu erwarten. Und das wiederum macht uns das Verhalten der männlichen Maus in anderer Hinsicht begreiflich. Da das Weibchen mit der Aufzucht der Jungen auf sich allein gestellt ist, liegt der genetische Vorteil des Männchens darin, sich mit möglichst vielen Weibchen zu paaren und dafür nicht weiter mit der Versorgerrolle strapaziert zu werden. Es ist dieser gerechte Lohn, der das Männchen zu seinen gefährlichen Wüstenreisen motiviert.

Dass männliche Tiere Risiken auf sich nehmen, um die Aufzucht der Jungen durch die Weibchen sicherzustellen, ist ein Phänomen, das sich überall im Tierreich findet. Bei den Kreuzkröten zum Beispiel produzieren die Männchen dröhnende Lockrufe, um ein Weibchen zu gewinnen. Da das Krötenweibchen große Männchen bevorzugt und die Lautstärke eines Lockrufs auf die Größe eines Kröterichs hindeutet, kämpft es sich durch den dichten Sumpf, bis es schließlich den lautesten Quaker erreicht hat. Lockrufe ziehen Weibchen im Umkreis von bis zu einer Meile an und sind oft lauter, als die gesetzliche Lärmbegrenzung für Automotoren es zulässt.

Was bekommen die Männchen für ihre Lockrufe? Klar, Sex natürlich. Die leise tönenden Krötenmännchen werden von den Weibchen vollkommen ignoriert. Doch die laut dröhnenden Kröten laufen auch Gefahr, von Fledermäusen, die auf die Lockrufe anspringen, gefressen zu werden. Will sich ein Krötenmännchen paaren, muss es dieses Risiko auf sich nehmen.

Wüstenmäuse, Kreuzkröten sowie Tausende andere Tierarten haben also eines gemeinsam: Die Weibchen übernehmen die mühsame Arbeit der Aufzucht, während die Männchen lediglich ein bisschen Samen beisteuern. Da der Schlüssel zur Fortpflanzung nur bei den Weibchen zu finden ist, müssen die Männchen erfolgreich um deren Gunst buhlen. Damit sie diesen großen genetischen Siegerpreis, der für sie auf dem Spiel steht, nicht verspielen, nehmen die Männchen jedes tödliche Risiko auf sich, nur, um zu gewinnen.

Die Hausmänner der Tierwelt. Wie wir gesehen haben, wetteifern die Männchen, um die Gunst der Weibchen. Doch das ist nicht das einzige Spiel der Natur. Unter den Phalaropen (Sumpfläufer, Wassertreter) beispielsweise, einer zierlichen Vogelart, ist alles, was mit Geschlechterrollen zu tun hat, genau umgekehrt. Weibchen sind um ein Viertel größer als Männchen, und sie sind es auch, die die Territorien verteidigen, in denen ein oder mehrere Männchen leben. Die Weibchen buhlen um die Männchen und töten sogar kaltblütig die Küken anderer Vogelweibchen, wenn sie dadurch an ein Männchen kommen.

Woher kommt dieses Verhalten? In dieser Spezies sind es die Männchen, die sich um die Versorgung der Vogeljungen kümmern. Ein Männchen kann maximal vier Vogeleier hüten. Ein Weibchen hingegen kann zu einer wahren Eierfabrik werden und in nur 40 Tagen das Vierfache ihres Körpergewichts an Eiern legen. Es findet einen Partner, paart sich, legt vier Eier und macht sich sogleich wieder auf die Suche nach einem weiteren.

Die Geschlechterrollen sind zwar vertauscht, die Botschaft aber ist die gleiche: Das eine Geschlecht ist mit der Aufzucht der Jungen beschäftigt, das andere kann sich frei und unabhängig weiter vermehren. Folglich investieren solche Sexschnorrer mehr Energie in die Fortpflanzung und den Wettstreit um den genetischen Siegerpreis.

Die so genannten Hausmänner der Tierwelt demonstrieren diese Verhaltensweise übereinstimmend. Eine Fallstudie über vertauschtes Rollenverhalten befasst sich mit dem Moorhuhn. Das eine Geschlecht – das weibliche – ist groß, aggressiv und boshaft, das andere – das männliche – zurückhaltend und scheu. Die wesentlich größeren Moorhennen balgen sich feindselig um die Männchen, die ihre Eier ausbrüten werden.

Darüber hinaus sind die Moorhennen besonders wählerisch, was die körperliche Ästhetik der Männchen betrifft. Der ideale Vater muss große körperliche Energiereserven haben, gleichzeitig aber auch zierliche Körperkonturen aufweisen, um zum Brüten optimal geeignet zu sein; mit anderen Worten: eine pummelige und plumpe Brutmaschine, perfekt geeignet, um auf Eiern zu hocken. Moorhennen liefern sich verbissene Kämpfe um diese Männchen.

Unsere Studien über das Paarungsverhalten der Tiere führten uns noch einmal zurück zu den fremdartig anmutenden und imposanten Seeelefanten. Während der Fortpflanzungszeit erscheinen diese Tiere auf den Inseln vor der nordkalifornischen Küste. Die Weibchen versammeln sich in großen Gruppen auf ein paar wenigen ursprünglichen Stränden. Da sie sich dicht zusammendrängen, haben es die größten Männchen im Wettstreit um die sexuelle Gunst der Weibchen leicht, über andere zu dominieren. In einer Studie mit 115 Männchen zeugten die fünf höchstrangigen 85 Prozent der gesamten Nachkommenschaft einer Paarungszeit.

Männliche Seeelefanten haben ein kurzes, kampferfülltes Leben. Es gilt, den genetischen Siegerpreis zu gewinnen, und sie sind daher für diesen Kampf gebaut: dreimal größer als eine Seeelefantendame und wilder als ein angreifender Stier. Während der dreimonatigen Paarungszeit kontrollieren diese mächtigen Tiere ganze Strandabschnitte und nehmen sich keinen Augenblick Zeit zum Fressen. Auch wenn es ein Seeelefantenbulle am Ende geschafft hat, unter die Favoriten der Saison zu kommen, ist er vom Nahrungsmangel und den ständigen Kämpfen oft so geschwächt, dass er nach dem Liebesakt nie wieder gesehen wird. Doch die große Mehrheit der Bullen stirbt, ohne sich überhaupt je gepaart zu haben.

Auch die Körpergröße verrät einiges über das Verhalten. Im Gegensatz zum enormen Größenunterschied bei Seeelefanten sind Männchen und Weibchen der meisten Vogelarten gleich groß. Selbst Vogelexperten fällt es oft schwer, die beiden Geschlechter auseinander zu halten, wenn das Weibchen nicht gerade schwanger ist. Warum ist das je nach Gattung so unterschiedlich?

Der Größenunterschied hängt mit dem Konkurrenzkampf des einen Geschlechts um das andere zusammen. Wenn aus diesem Kampf nur jeweils einer eines Geschlechts als Sieger hervorgeht, entscheiden Körpergröße und -masse, wer das Rennen macht, und deshalb nehmen sämtliche Geschlechtsgenossen an Größe und Umfang zu. Das Konkurrenzverhalten einer bestimmten Spezies spiegelt sich daher auch in der Zahl der Nachkommen.

Bei den Seeelefanten kann ein Bulle über 100 Nachkommen haben, eine Seeelefantendame dagegen allerhöchstens acht. Im Gegensatz dazu ist die Anzahl der Nachkommen bei den männlichen und weiblichen Dreizehenmöwen nahezu identisch. Die dokumentierte Lebensdauer für eine weibliche Möwe beträgt 28 Jahre, für eine männliche 26.

Der Konkurrenzgrad innerhalb einer Spezies hängt zudem auch davon ab, wie hilflos die Jungen sind. Bei vielen Vogelarten werden beide Elternteile zur Brutpflege gebraucht, und so bleibt ein Vogelpaar für eine Brutzeit oder länger zusammen. Wenn jedes Weibchen sich nur mit einem

Männchen paaren kann, kann es auch nicht viel Konkurrenz unter den Artgenossen geben.

Auch Abbildungen einer Spezies lassen eine Aussage über deren Brutpflegepraktiken zu, wenn wir uns das Verhältnis der Körpergrößen der Geschlechter zueinander ansehen. Zeigt sich ein auffallend großer Unterschied zwischen Männchen und Weibchen, wie bei den Moorhühnern oder Seeelefanten, kann man davon ausgehen, dass das kleiner gestaltete Geschlecht der Versorgerrolle nachkommt.

Bislang konzentrierten sich unsere Ausführungen auf das sexuell aktivere Geschlecht. Doch die ganze Geschichte ist viel differenzierter zu betrachten. Männliche Moorhühner akzeptieren nicht irgendeine Moorhenne. Das müssen sie auch nicht. Sie sind nämlich durchaus daran interessiert, nur die beste Henne zu bekommen. Da sie es sind, die den Nachwuchs ausbrüten und aufziehen, wollen sie für diese Eier nur die besten Gene.

Tierverhalten – Spiegel für uns Menschen? Lassen sich die Erkenntnisse über das Sexualleben der Tiere auch auf menschliche Verhaltensformen anwenden? In vielerlei Hinsicht ist der Mensch ein nur durchschnittliches Säugetier. Die Frau trägt die körperliche Last der Schwangerschaft und nährt – bis vor kurzem noch – ihren Säugling mehrere Jahre lang mit Milch.

Die Gesamtenergiemenge, die eine Frau in eine Schwangerschaft investiert, wird auf 80 000 Kalorien geschätzt. Das entspricht der Kalorienmenge von über dreihundert Hamburgern bei McDonald's oder, noch besser gesagt, der Energiemenge, die für einen 1200-Kilometer-Lauf benötigt wird. (Sind Sie etwa bereit, für einen One-Night-Stand von New

York nach Florida zu rennen?) Im Gegensatz dazu reicht die vom Mann getätigte Investition nicht einmal über die kurze Dauer eines Werbespots hinaus und umfasst kaum mehr als fünf Milliliter Flüssigkeit.

Der Film *A Boy and His Dog* aus dem Jahr 1975 illustriert einen noch drastischeren Unterschied zwischen Mann und Frau. Er spielt im Jahre 2024, nachdem ein Nuklearkrieg die Erde in eine öde Wüstenlandschaft verwandelt hat. Ein Überlebender, gespielt von einem noch jungen Don Johnson, kämpft mit seinem treuen Freund, einem Hund, ums Überleben. In einer Schlüsselszene wird er von einer Gruppe weiterer Überlebender, die unter der Erde hausen, dorthin entführt.

Jahre der Inzucht in einer Gesellschaft von nur rund 100 000 Menschen haben deren Samen ausgedünnt. Die Kidnapper eröffnen dem Star des Films, sie hätten ihn gefangen genommen, damit er die Frauen schwängert und deren verbrauchtes Erbgut verjüngt. Vor seinem geistigen Auge sieht er zunächst eine rosige Zukunft vor sich – rosiger als in *Miami Vice* –, doch er wird schon bald von Entsetzen gepackt, da er festgebunden und zu einer lebenden Melkmaschine gemacht wird. Auf seine Kosten werden wir daran erinnert, dass ein Teelöffel voll menschlichem Samen genügend Spermien enthält, um alle Frauen in ganz Nordamerika zu schwängern.

Ein Film mit dem Titel *A Girl and Her Dog* wäre undenkbar, da Frauen normalerweise auf höchstens eine Schwangerschaft pro Jahr beschränkt sind. Die Rekordhalterin unter den Frauen ist Frau Feodor Vassilev. Aus ihren 27 Schwangerschaften gingen 69 Kinder hervor; Kaiser Moulay Ismail brachte es mit seinem Harem auf 888 Kinder. Dass selbst der Vorname dieser Fortpflanzungssiegerin nirgend-

wo auftaucht, scheint wie ein stummer Wink der allgegen-
wärtigen Unterdrückung der Frau. Sie ist dazu verurteilt,
einfach nur als Feodors Frau in die Geschichte einzugehen.

Die bisher dargelegten Erkenntnisse über Tiere verleiten
zur Vorhersage, dass auch in der Gattung Mensch der Mann
größer ist als die Frau, dass Frauen weniger häufig ihr Leben
riskieren und dass Männer viel eher in riskante Rivalitäts-
kämpfe treten mit dem Zweck, die Frauen anzuziehen.

Wie wird das deutlich? Nun, wie wir bereits festgestellt
haben, sind Männer im Allgemeinen um 20 Prozent größer
als Frauen und sterben auch früher. Mit jeder Meile auf den
amerikanischen Highways steigt die Wahrscheinlichkeit für
einen Mann mehr als für eine Frau, durch einen Autounfall
ums Leben zu kommen. Die größte Divergenz zeigt sich in
der Altersgruppe der jungen Autofahrer, wo zweieinhalb-
mal mehr Männer als Frauen tödlich verunglücken.

Andere Primaten zeigen ein ähnliches Risikoverhaltens-
muster. Unter den Makak-Affen zum Beispiel liegt die
männliche Sterblichkeitsrate während der Jahre, in denen der
Rang festgelegt wird, höher als sonst. Doch das Risiko lohnt:
Ranghohe Männchen haben Vorrang bei den Weibchen. Andere Tiere zeigen saisonal bedingte Veränderungen im Risi-
koverhalten. Bei einer den Rhesusaffen verwandten Art steigen die durch Kämpfe erlittenen Verletzungen unter den
Männchen während der Paarungszeit um mehr als 600 Prozent an.

Der Mensch macht geschlechtsspezifische Unterschiede
auch anderweitig. Zum Beispiel gibt es einen Riesenunterschied im Marktpreis für männliche und weibliche Ge-
schlechtszellen. Ein Samen-Spender erhält derzeit rund 100
Dollar pro Samenerguss. Weibliche Eizellen hingegen liegen
bei einem Wert von 5000 bis 80000 Dollar.

Neben dem unterschiedlichen Verhalten der Geschlechter im Hinblick auf die Bereitschaft zu zwanglosen sexuellen Affären finden sich noch andere Gesetzmäßigkeiten, vor allem im kommerziellen Sexgewerbe. Mit Ausnahme einiger weniger Männer wie die Chippendales tanzen nur Frauen Striptease. Auch Pornozeitschriften werden in erster Linie von Männern gelesen. (Eine vom Magazin *Playgirl* angestrengte Untersuchung ergab, dass es zum überwiegenden Teil Männer sind, die sich die nackten Männer auf den Heftumschlägen ansehen.) Vom Mythos des amerikanischen Gigolo einmal abgesehen, haben männliche und weibliche Prostituierte eines gemeinsam: Ihre Kundschaft ist männlich.

Gibt es ein so genanntes Schwulen-Gen? Wie erklärt die Evolutionsbiologie eine Verhaltensform, die mit dem biologisch verankerten Ziel der Fortpflanzung nicht vereinbar scheint? Für die natürliche Selektion zählt letztlich nur der Fortpflanzungserfolg. Ausschließliche Homosexualität hat keinerlei Aussicht auf diesen Erfolg. Stellt sich die Frage, warum ein Gen, dessen Träger keine oder zumindest nur wenige Nachkommen haben, nicht schon in frühesten Zeiten einen darwinistischen Tod starb. Bislang hat niemand eine befriedigende Antwort darauf gefunden. Aber immerhin, es gibt einige interessante Erklärungsversuche.

Zum einen wissen wir, dass Homosexualität eine starke genetische Komponente hat. Wissenschaftler untersuchen daher an Zwillingspaaren, welche Rolle die Gene bei der Ausbildung homosexueller Neigungen spielen. Eineiige Zwillinge haben exakt die gleiche Genanordnung, bei zweieiigen Zwillingen sind nur etwa die Hälfte der Gene deckungsgleich. Bestimmte Merkmale wie die Augenfarbe sind genetisch festgelegt und bei eineiigen Zwillingen immer identisch. Andere Merkmale wie die Körpergröße werden von den Genen beeinflusst, aber nicht völlig von ihnen bestimmt. Demzufolge sind sich eineiige Zwillinge auch hinsichtlich ihrer Körpergröße ähnlicher als zweieiige.

Zwillingsforscher haben in einer Studie die sexuelle Orientierung von 55 eineiigen männlichen und 55 zweieiigen männlichen Zwillingspaaren untersucht. Einer aus jedem Paar war bekanntermaßen schwul. Dem anderen sandten die Forscher einen Formbogen zu mit Fragen zu seiner sexuellen Orientierung. Es stellte sich heraus, dass unter den eineiigen Zwillingspaaren in 52 Prozent der Fälle alle beide Brüder schwul waren, unter den zweieiigen Zwillingspaaren nur 22 Prozent.

Zum anderen scheint eine homosexuelle Veranlagung beim Menschen nur sehr gering von Einflüssen während der Kindheit berührt zu werden, wie ein Forscher herausgefunden hat. Er untersuchte gezielt solche Familien, in denen ein Sohn eher mädchenhafte Verhaltensweisen an den Tag legte. Ein Viertel der Eltern war darüber so bestürzt, dass sie qualifizierte psychologische Hilfe in Anspruch nahmen. Hat sich das gelohnt? Nicht im Mindesten. Im Erwachsenenalter bekannten sich drei Viertel dieser Männer dazu, schwul oder bisexuell zu sein, ein sogar geringfügig höherer Prozentsatz als bei jenen, die keine psychologische Betreuung in früher Jugend erfahren hatten.

Dass das soziale Umfeld der Kindheit eine relativ unwichtige Rolle spielt, zeigt sich auch in einigen Kulturen auf Neu Guinea. In einem Gebiet, das Samengürtel genannt wird, verlangt die Tradition, dass sich alle jungen Männer auf homosexuelle Liebesakte einlassen, wodurch sie lernen, dass der Verbrauch von Samen unbedingt erforderlich ist, um einen Jungen zum Mann zu machen.

In dieser Hinsicht am besten erforscht ist das Volk der Sambier, das zu den kriegerischsten Völkern überhaupt gehört. Nachdem sie in Jünglingsjahren ausschließliche Homosexualität gelebt haben, heiraten die meisten jungen Sambier später und leben fortan ausschließlich heterosexuell. Trotz dieser kulturbedingten Beeinflussung während der frühen Jugend ist die Homosexualitätsrate unter erwachsenen Sambiern niedriger als die in den Vereinigten Staaten.

Das Phänomen der gleichgeschlechtlichen sexuellen Stimulation findet sich nicht nur beim Menschen. Unsere nächsten genetischen Verwandten, die schimpansenähnlichen Bonobos, zeichnen sich vor allem durch ihr besonders reges und vielfältiges Sexualverhalten aus.

Weibchen geben sich des Öfteren ein Stelldichein zum so genannten g-g rubbing, bei dem sie das Gesicht einander zuwenden und ihre Klitoris mit 2,2 Bewegungen pro Sekunde aneinander reiben, im gleichen Takt wie ein Männchen beim Geschlechtsakt. Zuweilen passiert es, dass ein keuchendes, ekstatisches Weibchen vom Baum herunterkracht und bewusstlos ist, weil es während seiner kleinen Freudensitzung ganz vergisst, sich irgendwo festzuhalten.

Neben homosexuellen Aktivitäten sind Menschen, Affen sowie andere mit einem Großhirn ausgestattete Spezies unabhängig von der Reproduktionsfunktion sexuell aktiv. Zum Beispiel haben junge Bonobos – Männchen wie Weibchen – häufig Oralverkehr mit jungen Männchen und es ist durchaus üblich, dass erwachsene Männchen an jüngeren masturbieren. Auch heterosexuelle Paare der Gattung Mensch sind sexuell aktiv, ohne dass dies eine spezielle Bedeutung im Sinne der Fortpflanzung hätte; so zum Beispiel beim Sex während der unfruchtbaren Zeit im weiblichen Zyklus, beim Sex während der Schwangerschaft, bei Oral- oder Analverkehr und Masturbation – alles sexuelle Verhaltensweisen, die wie auch die Homosexualität nicht-reproduktiver Natur sind. Ein besonderes Merkmal der Homosexualität beim Menschen mag jedoch sein, dass viele die ausschließlich homosexuelle Orientierung ihr Leben lang beibehalten. Im Gegensatz dazu pflegen Tiere nur in bestimmten Situationen homosexuelle Kontakte.

Unter den Dschelada-Pavianen zum Beispiel hält sich das größte erwachsene Männchen einen ganzen Frauenharem. Kleinere Männchen, die leer ausgehen, tun sich unterdessen als Gruppe zusammen und sind untereinander regelmäßig sexuell aktiv. Kann eines dieser Männchen doch irgendwann ein Weibchen für sich gewinnen, so legt es fortan eine ausschließlich heterosexuelle Verhaltensweise an den Tag.

Verglichen mit Vertretern anderer Spezies, die von Natur aus das Geschlecht wechseln können – wie beispielsweise der Blaukopf-Lippfisch –, führen selbst diese sexuell nicht festgelegten Paviane ein langweiliges Dasein. Blaukopf-Lippfische sind auf Korallenriffen zu Hause, wo das Leben eines jeden Fisches als Weibchen beginnt, welches im Laufe seines Daseins immer wieder naturgemäß auch Eier ausstößt. Das Riff ist genau aufgeteilt, und in jedem territorialen Abschnitt gibt es ein extrem großes Männchen, das den Eierausstoß von bis zu 40 Weibchen am Tag befruchtet. Stirbt das Männchen, wechselt das größte Weibchen sofort das Geschlecht und fängt an, Spermien zu produzieren.

Lippfische haben ganz einfach die biologisch verankerte Bestimmung der Geschlechter zu einem logischen Schluss gebracht. Wie wir überall im Tierreich beobachten konnten, investiert das eine Geschlecht mehr Energie in die Nachkommenschaft, während das andere um die Gunst des wählerischen, auf die Versorgerrolle festgelegten Elternteils buhlt. Je größer die Diskrepanz der in den Nachwuchs investierten Energie ist, desto auffallender sind die Unterschiede – im körperlichen Erscheinungsbild wie auch im Verhalten – zwischen den Geschlechtern.

Neben der Frage nach dem *Warum* bleibt zu klären, *wie* sich derlei Geschlechterdifferenzen ausprägen. Ein Gen, das einem bestimmten Verhaltensmerkmal zugrunde liegt – wie etwa der Partnerwahl oder dem Territorialverhalten –, kann sowohl im männlichen wie im weiblichen Körper vorhanden sein. Je nachdem, in welchem Körper sich das Gen befindet, wirkt es sich auf völlig unterschiedliche Art auf das Verhalten aus. Das wollen wir nun genauer betrachten.

Hormone und Verhaltensweisen. Angeblich sollen junge Männer an einer regelrechten Testosteronvergiftung leiden. Diese Bezeichnung ist passend: Das männliche Geschlechtshormon Testosteron ist nachweislich ein Karzinogen, und wie bereits erwähnt, leben Männer ohne Hoden wesentlich länger als ihre Geschlechtsgenossen mit einer intakten Testosteronproduktion. Zwar produziert jeder Mensch Testosteron, der Mann weist jedoch einen zehnfach höheren Spiegel dieses Sexualhormons auf als die Frau; es ist einer der wichtigsten Treibstoffe für männliche Verhaltensweisen.

Da Testosteron die Entwicklung der Muskulatur fördert, wird es von Bodybuildern und Schwerathleten mitunter missbräuchlich als Präparat eingenommen, um den Muskelzuwachs künstlich zu steigern. Inwieweit sich Steroidhormone auf das Verhalten der männlichen Konsumenten auswirken, zeigen zahlreiche Beispiele.

Gary drückte einem Freund eine Videokamera in die Hand, weil er dabei gefilmt werden wollte, wie er seine neue Corvette bei 50 Stundenkilometer gegen einen Baum setzt. Steve jagte dreimal irgendwelchen Autos hinterher, die ihn im Straßenverkehr geschnitten hatten. Als er sie eingeholt hatte, terrorisierte er die Fahrer und zerstörte mit einem Radeisen die Autoscheiben. Chris rammte vor lauter Zorn seinen Schädel durch eine Holztür. Und Donny drosch derart auf seinen Hund ein, dass er ihn um ein Haar getötet hätte.

Die Namen dieser Dummköpfe haben wir zu ihrem Schutz zwar geändert, doch jede dieser durch Steroide ausgelösten Ruhmestaten steht als typisches Beispiel dafür, dass Testosteron hauptursächlich beteiligt ist, wenn Männer derart ausrasten. Keiner dieser Männer galt bis dahin als typischer Gewaltmensch.

Außerdem ist Testosteron bei Frauen auch entscheidend für das äußere Erscheinungsbild. Im Schnitt sind Frauen mit einem von Natur aus höheren Testosteronspiegel behaarter und haben im Laufe ihres Lebens mehr Sexualpartner. Unter weiblichen Haftinsassen sind diejenigen mit einem hohen Testosteronspiegel in der Regel gewaltbereiter. Frauen, die ihren Testosteronspiegel künstlich erhöhen, fühlen sich eigenen Angaben zufolge selbstbewusster, empfinden mehr sexuelles Verlangen, größere sexuelle Befriedigung und fühlen sich insgesamt glücklicher. Abgesehen von der unbedeutenden Tatsache, dass es uns das Leben kosten und uns gewaltbereit machen kann, ist Testosteron ein wahres Wundermittel, das uns stark, selbstbewusst und glücklich macht.

Hyänenweibchen haben einen außergewöhnlich hohen Testosteronspiegel. Daraus folgt: Sie sind größer als Hyänenmännchen und sozial dominant. Sie weisen zudem einen Pseudo-Penis auf, der genau wie sein männliches Pendant aussieht (und nur von Hyänen unterschieden werden kann). Nichtsdestotrotz übertreffen die Weibchen die Männchen, wenn es um die Versorgung der Hyänenjungen geht.

Das männliche Sexualhormon Testosteron mag vielleicht das Hormon sein, das am extremsten und auffälligsten auf das Verhalten einwirkt, aber es ist nicht das einzige. Auch das weibliche Sexualhormon Östrogen ist für bestimmte Verhaltensweisen von ausschlaggebender Bedeutung. Wissenschaftler haben in einem Experiment mit Ratten untersucht, wie es sich auswirkt, eigentlich amüsant, aber auch etwas grausam.

Zunächst hatte man einige Rattenmännchen gleich nach der Geburt kastriert. Dann, während der Pubertät, wurde ihnen eine kleine Dosis Östrogen injiziert. Wie reagierten sie? Die verwirrten männlichen Nager verfielen sofort in die weibliche Paarungsstellung. In dieser spontan eingenommenen Haltung – Lordose genannt – sind die vorderen Klauen der Männchen nach unten gebogen, die Hinterbeine aufgerichtet, die Wirbelsäule nach vorn gekrümmt und der Schwanz nach einer Seite gestreckt.

Die Verwischung der Geschlechterrollen war perfekt, als man auch noch ein paar Rattenweibchen die Eierstöcke entfernte und ihnen eine geringe Menge Testosteron injizierte. Sogleich bestiegen diese Weibchen andere Weibchen und führten die begattungstypischen Stoßbewegungen aus.

Zu guter Letzt wollten die Forscher ihr Experiment natürlich zu einem logischen Schluss führen und brachten ein mit Östrogen behandeltes Männchen und ein mit Testosteron behandeltes Weibchen zusammen. Dabei verfiel das hitzige Männchen dieses eigentlich unbeholfenen, aber heftig erregten (und offenbar befriedigten) Paares in die Lordose-Stellung und wurde von dem Weibchen bestiegen und sozusagen begattet.

Ausblick. In einer Parfümwerbung aus den 1970er Jahren singt eine Frau: »I can bring home the bacon, fry it up in a pan, and never let you forget you're a man, cuz I'm a woman.« Diese Werbung spiegelt die Geschlechterpolitik von damals. Frauen, von den historischen Fesseln befreit, konnten nun auch Männerrollen übernehmen. Wären Geschlechtsunterschiede gänzlich kulturell bedingt, dürfte es im Prinzip keine Schranken geben für die völlige Homogenisierung von Mann und Frau. Einige Universitäten gehen sogar so weit, gemischtgeschlechtliche Waschräume zur Verfügung zu stellen.

Heute ist die Rollenverteilung nicht mehr klar festgelegt. Viele der traditionellen Schranken, die den Frauen einst gesetzt waren, wurden niedergerissen. Aber es den Männern gleichtun zu wollen scheint nicht unbedingt der richtige Weg zum weiblichen Glück. Das liegt zum Teil daran, dass so viele Dinge, die Frauen oder Männer glücklich machen, einfach zu verschieden sind.

Dank moderner Technologien brauchen Frauen heute nicht mehr unbedingt zu stillen. Es bedarf auch keiner großen Anstrengung, sich eine Welt vorzustellen, in der das Wunschkind aus dem Genbaukasten möglich wird. Doch selbst in einer solchen Welt würden Mann und Frau verschieden sein. Noch heute sind wir mit dem genetischen Erbe einer längst vergangenen Ära ausgestattet. Unser Gehirn und unsere Gefühlsstruktur reflektieren jene Zeit, und daran wird sich in absehbarer Zeit auch nichts ändern.

Diese biologischen Unterschiede verkomplizieren die Durchsetzung der Gleichberechtigung. Wären Frau und Mann identisch, könnten wir in sämtlichen Berufsgruppen und in sämtlichen Studienfächern eine gleichmäßige Repräsentanz der Geschlechter erwarten oder gar fordern. Im Licht der unterschiedlichen Neigungen und Vorlieben scheint es jedoch unvernünftig, die Aufgaben gleich verteilen zu wollen. Die Mehrheit der jungen Kinderärzte und Gynäkologen sind Frauen. Heißt das, dass männliche Medizinstudenten zugunsten der weiblichen benachteiligt werden? Nicht unbedingt.

Gleichwohl dominieren in Amerika die Frauen bei den Neueinschreibungen am College trotz keiner erkennbaren Bevorzugung bei der Zulassung. Frauen haben einen vergleichsweise besseren High-School-Abschluss und scheinen mehr daran interessiert, einen akademischen Grad zu erlangen.

Frauen kommen also noch immer von der Venus und Männer vom Mars. Es gibt keinen einfachen Weg, die Gleichstellung der Geschlechter zu garantieren. Dass wir Menschen es aber schaffen können, durch die Verbindung von Gleichberechtigung und einem tiefen Verständnis für die menschliche Natur auch glücklicher zu werden, lässt jedoch hoffen.

Ein Meinungsforschungsinstitut fragte einmal: »Wenn Sie noch einmal geboren werden würden, würden Sie lieber als Mann oder als Frau auf die Welt kommen?« Vor 50 Jahren wollten die meisten Frauen als Mann wieder geboren werden und nicht ein einziger Mann als Frau. 1996 wollten Männer zwar noch immer als Mann wieder geboren werden, aber Frauen gaben auch an, dass sie lieber wieder als Frau geboren werden würden.

Schönheit
Mehr als nur der Schein?

Schönheit entsteht im Auge der Gene. Was ist Schönheit? Auf den ersten Blick scheint die Antwort davon abzuhängen, wo und wen man fragt. Die Yanomamö Südamerikas beispielsweise verwenden grellrotes Make-up, um sich Narben auf die Stirn zu malen. Andere Kulturen beschäftigen sich jahrelang damit, die Lippen größer zu machen oder den Hals zu verlängern; und es gibt Kulturen, wo Frauen niemals ihre Brüste bedecken, während in wieder anderen Männer unmäßig viel Zeit und Geld investieren, um Frauen dazu zu bringen, dieselben zu entblößen.

Die Definition des Begriffs Schönheit ändert sich selbst innerhalb einer Kultur im Laufe der Zeit ganz gewaltig. Im Amerika des 19. Jahrhunderts gehörten zum weiblichen Schönheitsideal blasse Haut und rundliche Formen; der Geschmack der heutigen Zeit geht genau in die umgekehrte Richtung. In Ermangelung irgendwelcher offensichtlicher gemeinsamer Spezifika bleibt uns nichts weiter übrig als zu folgern, dass Schönheitsideale, wie auch der Mode- und Musikgeschmack, von der Zeitschriften-, Werbungs- und Kosmetikbranche diktiert werden. Richtig?

Falsch. Kulturelle Strömungen und Kuriositäten spielen gewiss eine wichtige Rolle, doch Schönheitsideale und Modetrends ruhen nach wie vor auf einem soliden biologischen

Fundament. Denken wir nur einmal an die ganz offensichtliche – und gleichzeitig unsichtbare – Verbindung zwischen Schönheit und Gesundheit. Wen würden Sie lieber küssen? Jemanden mit reiner und gesunder Haut oder jemanden, der allerlei Krankheitssymptome aufweist? Einen anmutigen Athleten wie Michael Jordan oder einen unförmigen Faulpelz? Oder macht Sie etwa eine Triefnase an?

Die Antworten darauf scheint uns der gesunde Menschenverstand zu geben, aber woher kommt dieser gesunde Menschenverstand? War es nötig, dass Ihnen von Mutter und Vater beigebracht wurde, Ekel über offene Wunden zu empfinden? Gesunde, körperlich robuste Menschen gelten allgemein als attraktiv, und das ist kein Zufall. In einem makellosen Körper sind makellose Gene zu Hause. Wir stammen von Menschen ab, die sich gesunde, agile Partner suchten und von denen wir letztlich die genetischen Schönheitsmaßstäbe ererbt haben.

In dieser Hinsicht unterscheiden wir uns nicht von anderen Tieren. Es gibt zum Beispiel eine Hasengattung, wo die Häsinnen die Hasen in rasantem Tempo über weite Strecken vor sich herjagen. Erst nachdem der Hase diesen Minimarathon erfolgreich überstanden hat, wird er als möglicher Vater akzeptiert. In ähnlicher Weise liefern sich zahlreiche Schlangenarten vor dem eigentlichen Paarungsakt einen kraftvollen Ringkampf der Geschlechter. Selig die Sanftmütigen, denn sie werden die Erde erben – mag sein, aber sie werden bestimmt nicht die Nachfahren lahmer Hasen oder schwacher Schlangen sein.

Bei anderen Geschlechterritualen ist die Gesundheitsprüfung gleich mit eingebaut. Ugandische Wasserböcke (eine den Antilopen verwandte Art) paaren sich buchstäblich im hüpfenden Laufschritt über die afrikanische Savanne. Diejenigen Männchen und Weibchen, die zu plump oder zu schwächlich sind, um gleichzeitig zu hüpfen und sich zu krümmen, bleiben bei diesem Paarungsspiel auf der Strecke. Bei vielen Affenarten müssen die Männchen während der Begattung einiges an akrobatischem Geschick aufbieten, um sich auf den Hinterbeinen der Weibchen in Balance zu halten – nichts für Kranke, Schwache oder Erschöpfte.

Alle Menschen, egal, wo auf der Welt, bevorzugen eine schöne, reine Haut, und zwar aus denselben Gründen, die die Hasen zum Wettrennen motivieren, die Schlangen zum Kämpfen und die Antilopen zum Hüpfen – aus Gründen der Gesundheit. Parasitäre Ansteckungskeime, Krankheiten oder sonstige Leiden zeigen sich oft an der Haut. Gesundheit manifestiert sich beim Menschen in einem klaren Hautbild, beim Tier in Kraft und Vitalität. Wie aus einer Studie hervorgeht, wird in Kulturen, wo parasitäre Infektionserkrankungen an der Tagesordnung sind, makelloser Haut ein vergleichsweise noch größerer Wert beigemessen.

Genetische Qualitätsmerkmale beschränken sich allerdings nicht nur auf die Haut. Vorteilhafte Gene zeigen sich auch auf andere, fast unmerkliche Weise, wie etwa in der körperlichen Symmetrie – ein Merkmal, das wir Menschen ganz unbewusst attraktiv finden.

Wären wir perfekt gebaut, würden wir exakt symmetrisch sein. Warum? Ein einmaliger genetischer Bauplan legt bei jedem Menschen genau fest, wie die linke und rechte Körperhälfte ausgeformt sein sollen, wie die Gene für die Hände, Brüste oder die Augenstellung angeordnet sein sollen. Für die Struktur der beiden Körperhälften sind einzelne Gene verantwortlich. Abweichungen von der vollkommenen Körpersymmetrie können wir uns als eine Art Schönheitsfehler vorstellen, in welchem sich nachteilige Umwelteinflüsse spiegeln, die während der Entwicklungsphase einwirkten, sowie ein Gensortiment, das diese Umstände zu meistern nicht in der Lage war.

Kein Mensch, nicht einmal ein Supermodel, ist perfekt gebaut. Linke und rechte Körperhälfte weichen bei jedermann voneinander ab, ein Arm ist länger als der andere, ein Fuß breiter, eine Brust größer und so weiter. Die Abweichungen sind im Allgemeinen recht geringfügig, kaum wahrnehmbar. Eine Studie ergab, dass die Größe von linkem und rechtem Zeigefinger um zwei bis vier Prozent differiert. Marilyn Monroe war sich ihrer körperlichen Asymmetrien bewusst. Sie hielt ihre rechte Seite für die schönere. Es gibt kaum ein Bild von ihr, das sie von vorne zeigt.

Überall in der Natur gibt es einen engen Zusammenhang zwischen körperlicher Symmetrie, dem Gesundheitszustand und der allgemeinen körperlichen Verfassung eines Lebewesens. Ebenmäßig gebaute Vollblutrennpferde beispielsweise laufen wesentlich schneller als ihre ungleichseitiger gestalteten Konkurrenten. Blumen, die spiegelgleich sind, produzieren mehr Nektar und werden von Bienen bevorzugt angeflogen.

Das Merkmal der Symmetrie wirkt auf fast alle Spezies aphrodisisch. Aus einer Studie, die 41 Arten unter die Lupe nahm, geht hervor, dass ebenmäßig gestaltete Tiere in über 75 Prozent der Fälle von ihren Artgenossen als attraktiver und sexuell begehrenswerter empfunden wurden. Ein verhältnismäßig unsymmetrisch gebautes Tier hat es da sehr viel schwerer. Es wächst vergleichsweise langsamer, stirbt früher und hat wesentlich weniger Geschlechtskontakte. Tiere orientieren sich ganz konsequent an diesem augenfälligen Gradmesser der Gesundheit. Warum also sollte der Mensch dies nicht gleichfalls tun?

Auch der Mensch achtet, wie alle höheren Tiere, sehr auf Symmetrie, wenn auch nur unbewusst. Probanden einer Studie bekamen zwei Fotos vorgelegt. Das eine war ein ganz normales Foto, das eine Person zeigte, das andere zeigte die gleiche Person, war aber so manipuliert, dass linke und rechte Gesichtshälfte als exakte Spiegelbilder erschienen. Die Probanden gaben an, keinen Unterschied zwischen den beiden Fotos ausmachen zu können. Doch als sie aufgefordert wurden, dennoch eines der beiden Bilder als attraktiver zu bewerten, entschied sich die überwältigende Mehrheit für das vollkommen symmetrische Gesicht.

In Extremfällen können wir die körperliche Symmetrie eines Menschen mit bloßem Auge erfassen. Doch in der Mehrheit der Fälle sind unsere Schätzungen darüber, wer symmetrisch gebaut ist und wer nicht, absolut ungenau. Um diesbezüglich zuverlässige Angaben zu erhalten, bedarf es präziser wissenschaftlicher Messgeräte.

Vielleicht sollten wir ja besser unsere Nase einsetzen, um die körperliche Symmetrie eines Menschen zu erschnüffeln – so das erstaunliche Ergebnis eines wahrhaft außergewöhnlichen Experiments, das die Symmetriemaße verschiedener Männer ermittelte. Zu diesem Zweck mussten die Männer ein paar Tage lang das gleiche einfache weiße T-Shirt tragen und durften während dieser Zeit keine Duftseifen oder Duftwässer benutzen. Als die T-Shirts dann richtig stanken, gaben die Männer sie in anonym kodierte Beutel.

Danach wurden die Beutel an eine Gruppe von Frauen gegeben, die sie öffneten, ihre Nase reinsteckten und den Geruch tief einatmeten. Als sie sich davon erholt hatten, sollten sie bewerten, welche Shirts nach ihrem Empfinden gut und welche weniger gut gerochen hatten. Was kam heraus? Durchweg galt: Je angenehmer der Geruch eines muffigen

Shirts empfunden wurde, desto symmetrischer war der Mann gebaut, der es getragen hatte.

Es ist uns zwar nicht bewusst, aber symmetrische Menschen haben etwas unwiderstehlich Begehrenswertes an sich. Und das zeigt sich nicht nur, wenn wir einen Berg dreckige Wäsche produzieren und Preisrichter spielen. Männer mit einem symmetrischen Körperbau haben drei bis vier Jahre früher Sex als andere und mehr als doppelt so viele Liebhaberinnen.

Wie aus einer Studie über Präsidentenwahlen hervorgeht, lassen sich die Wahlchancen für einen Präsidentenanwärter allein anhand der jeweiligen Einzelfotografien und Videoclips mit ungeheuer großer Treffsicherheit vorhersagen – und das gilt quer durch alle Kulturen. Bill Clinton erzielte auf der Symmetrieskala eine so hohe Punktzahl, dass der Computer ihn in die Kategorie der männlichen Models einstufte.

Unter der Überschrift »Mehr als wir wissen wollten« wurde eine Studie durchgeführt, bei der man sich fragen muss, ob die Männer und Frauen in ihren Laborkitteln nicht vielleicht zu weit gegangen sind. Über mehrere Monate hinweg wurde das Sexualleben von heterosexuellen Paaren unter die Lupe genommen. Beide Partner wurden nach Symmetrien vermessen und anschließend aufgefordert, jedes intime Detail beim Beischlaf zu protokollieren.

Das verblüffende Ergebnis: Je symmetrischer der Mann, desto höher die Wahrscheinlichkeit, dass seine Partnerin zum Orgasmus kommt. Keine andere Messgröße stand damit in Zusammenhang – nicht das Aussehen des Mannes, nicht die Körpergröße, nicht das mögliche Einkommen oder gar seine sexuelle Erfahrung und nicht einmal die Einschätzung des jeweiligen Paares hinsichtlich ihrer Liebesgefühle. (Es interessiert Sie nun bestimmt, wo es die Ausrüstung zu kaufen gibt, mit der man die Symmetriemaße eines potenziellen Partners feststellen kann.)

Warum um alles in der Welt sollte der weibliche Orgasmus von der männlichen Körpersymmetrie beeinflusst werden? Die Antwort scheint darin zu liegen, dass die Frau damit eine zusätzliche Möglichkeit hat, nach eigenem Gutdünken zu entscheiden, wer ihre wertvollen Eier befruchtet. Kommt eine Frau beim Geschlechtsverkehr zum Orgasmus, wird mehr Sperma im weiblichen Fortpflanzungssystem zurückbehalten, und die Wahrscheinlichkeit, schwanger zu werden, ist folglich größer. Auf diese Weise erhöhen unterschiedliche Orgasmusstärken die Chancen auf ein symmetrisch gebautes Kind.

Dass Attraktivität biologisch begründet ist, untermauern eingehende Studien über ganz verschiedene Kulturkreise. In zahlreichen Experimenten bekamen Männer Fotografien von Frauen vorgelegt. Sie sollten Frauen aus anderen Kulturkreisen mit denen aus ihrem eigenen Kulturkreis vergleichen und nach Attraktivität bewerten. Die Schönheit chinesischer Frauen etwa wurde von Amerikanern und Chinesen gleich hoch bewertet.

Zu ähnlichen Ergebnissen kamen auch zahlreiche Vergleichsstudien, bei denen immer zwei unterschiedliche Kulturen gegeneinander ausgewertet wurden – Indien und England, Südafrika und Amerika, Russland und Brasilien sowie schwarze und weiße Amerikaner. Offenbar sind wir uns einig darüber, wer schön ist.

Haben wir alle den gleichen Begriff von Schönheit? Vielleicht weil er uns durch Film und Fernsehen so vermittelt wird? Um das herauszufinden, haben Anthropologen die alten eingefahrenen Gleise hinter sich gelassen und die fernab aller Zivilisation völlig isoliert lebenden Ache- und Hiwi-Indianer aufgesucht, zwei heute noch existierende primitive Kulturen, die mit Massenmedien jeglicher Art noch nie in Berührung gekommen waren.

Als man ihnen Fotos vorlegte und sie aufforderte, die abgebildeten Personen nach Attraktivität zu bewerten, zeigten sie denselben Geschmack wie alle anderen Kulturen auch.

Selbst drei Monate alte Babys verweilen mit ihren Blicken länger auf Bildern mit attraktiven Menschen als auf solchen mit unattraktiven. Hinter all diesen Variationen von Mode und Schönheit finden wir die Biologie, nichts als Biologie. Schönheit entsteht ebenso sehr im Gen wie im Auge des Betrachters.

Wen finden wir attraktiv? Unlängst sorgte ein spanisches Paar für Schlagzeilen, als sich herausstellte, dass sie Geschwister waren. Die allgemein heftigen Reaktionen auf diese Liebesbeziehung zeigen das vielleicht typischste Merkmal, das unseren Beziehungen zugrunde liegt: Unsere Partner sind keine nahen Verwandten. Wie eine Schwester geliebt zu werden – kaum eine Abfuhr, die uns einen größeren Stich gibt, da sie jegliche romantischen Gefühle ausschließt. Dass unter nahen Verwandten keine sexuelle Anziehung entsteht, ist darum ein interessanter Aspekt, da dessen biologischen Wurzeln so klar sind.

Da es schädliche Folgen für die Nachkommen hätte, vermeiden es fast alle Tiere, sich mit nahen Verwandten zu paaren. Von der Maus bis zum Affen widerstrebt es so gut wie allen Tieren, mit Verwandten Nachwuchs zu zeugen. Wenn sich gerade mal keine andere Möglichkeit bietet, paaren sich Fruchtfliegen auch mit Geschwistern, zeigen dann aber im

Vergleich zur Paarung mit anderen Fliegen eine deutliche Begattungsverzögerung.

Das bekannte Beispiel der russischen Zarenfamilie zeigt unübersehbar, welche Folgen die Fortpflanzung unter nächsten Blutsverwandten hat. Reihenweise traten genetisch bedingte Erkrankungen auf, einschließlich der Bluterkrankheit. Die Sterberate von Säuglingen, die einer inzestuösen Beziehung entstammen, liegt doppelt so hoch wie normal; diejenigen, die überleben, weisen ein drastisch höheres Maß an verschiedenen Krankheitsbildern auf, darunter Geistesstörungen und Herzanomalien.

Warum verlieben wir uns nicht in nahe Verwandte? Die Antwort scheint den meisten von uns vollkommen klar: Wir haben einfach kein sexuelles Interesse an unseren Geschwistern. Eine Studie über Ehestreitigkeiten enthüllt, wie sich diese Abneigung entwickelt. In einigen asiatischen Kulturen werden spätere Heiraten schon früh arrangiert, und die künftigen Ehepartner wachsen von früher Kindheit an zusammen unter einem Dach auf. Und damit fängt die Sache an, schief zu gehen.

Während einer prägenden frühen Entwicklungsphase – von der Geburt bis etwa zweieinhalb Jahre – identifizieren sich Paare, die zusammen wohnen und leben, unwiderruflich als Geschwisterpaar, nicht als Brautpaar. Heiraten sie später, geht das in den seltensten Fällen gut. Die Scheidungsrate ist bei asiatischen Paaren, die von Kindesbeinen an zusammenlebten, dreimal höher als die bei anderen Paaren. Hinzu kommt eine Menge weiterer Probleme wie etwa der häufige Ehebruch durch die Frau.

Die Vermeidung inzestuöser Beziehungen beim Menschen dient demnach einem klaren Zweck und folgt einem automatischen Mechanismus. Wir meiden unsere Blutsverwandten zur Sicherung der genetischen Gesundheit unserer Nachkommen. Wir hegen eine instinktive, unbewusst romantische Abneigung gegen jeden, mit dem wir in jungen Jahren herangewachsen sind. Kommen wir noch einmal zurück auf unser spanisches Liebespaar. Die beiden haben sich erst im Erwachsenenalter kennen gelernt. Kein Wunder, denn sonst hätten sie sich nicht ineinander verliebt.

Das angeborene Verlangen nach genetischer Ungleichheit unseres Partners geht über das Vermeiden sexueller Beziehungen mit Blutsverwandten hinaus. Auf einer Party vor ein paar Jahren fühlte sich Jean, eine gemeinsame Freundin, mächtig zu Ali hingezogen. Jean trägt westeuropäisches Erbgut in sich, Ali hingegen stammt aus dem Nahen Osten.

Wie gesagt, sie fühlte sich mächtig zu ihm hingezogen – und das ist noch milde ausgedrückt. Jean beschreibt diese Anziehung als ein animalisches Bedürfnis aus dem Bauch heraus, das ihrem rationalen Urteil, dass sie doch eigentlich ihren derzeitigen Freund liebt und Ali weit weg in einer anderen Stadt lebt, völlig entgegenlief. Obgleich ihr die rationale Seite sagte, dass er doch gar nicht zu ihr passen würde, siegte Jeans animalische Seite: Sie begann kurzerhand eine Affäre mit Ali und beendete ihre langjährige Beziehung, obwohl die Heirat schon geplant war.

Jeans Erfahrung deckt sich mit Studien, die belegen, dass sich Menschen mit unterschiedlichen Immunsystemmarkern am meisten anziehen. Dieser biologische Parameter mit der Bezeichnung MHC oder HLA variiert von Mensch zu Mensch, und es ist anzunehmen, dass er bei Menschen aus unterschiedlichen Erdteilen jeweils anders ist. Vereinigen wir uns mit jemandem, der sich von uns völlig unterscheidet, bringen wir Genkombinationen zusammen, die zu kräftigen und gesunden Nachkommen beitragen.

Bislang unterstreicht unsere Diskussion um das Paarungsspiel die Gemeinsamkeiten von Mann und Frau bei der Partnerwahl. Beide Geschlechter suchen nach vorteilhaften Genen in kräftigen, symmetrischen Partnern mit klarem Hautbild, die keine Blutsverwandten sind. Darüber hinaus sind wir als Menschen verglichen mit den Menschenaffen in einem Punkt einmalig: Mann und Frau sind an der Aufzucht der Kinder beteiligt. Wir brauchen einander, und dementsprechend sucht Mann wie Frau nach einem Partner, der sich dem Anschein nach als Elternteil gut eignet.

Diese gemeinsame Basis ist beruhigend. Aber wie zweifelsohne jeder weiß, kommen die biologischen Unterschiede zwischen Mann und Frau in einem recht unterschiedlichen Rollenverhalten zum Ausdruck. Eine Frau wird im Laufe ihres Lebens rund vierhundert potenziell fruchtbare Eier produzieren. Im Gegensatz dazu spritzt ein Mann pro Samenerguss 300 Millionen Spermien aus. Da der Mensch sich in einer Welt mit wenigen fruchtbaren Eiern und einer ganzen Spermiengalaxie entwickelte, weichen Paarungsverhalten und ästhetische Vorlieben bei Mann und Frau in einigen Punkten voneinander ab.

Was wollen Männer? Sehen Sie sich die aktuelle Miss Amerika an, und Sie haben ein mustergültiges Beispiel von weiblicher Schönheit vor Augen. Sehen Sie sich die Siegerin von vor 20 Jahren an, haben Sie ein weiteres, ganz anderes – vielleicht dünneres – Leitbild vor sich. Und schließlich, um noch ein Beispiel anzuführen, die Miss Amerika aus den wilden 1920er Jahren, die eine Spur dicker war.

Betrachtet man die Miss Amerikas einmal genauer, zeigt sich ein erstaunlich bunter Haufen von Frauentypen, die sich in allen äußeren Merkmalen unterscheiden – in allen, bis auf eines. Es gab in all den Jahrzehnten mal größere Siegerinnen, mal kleinere, doch was immer gleich war, ist die sanduhrförmige Körpergestalt, das heißt das Taille-Hüfte-Verhältnis. Das Ergebnis Taillenmaß dividiert durch Hüftmaß liegt bei über 60 Miss Amerikas von 1920 bis in die 1980er Jahre im engen Rahmen von 0,69 bis 0,72.

Was bedeutet dieser Quotient von 0,7? Welchen Typ Frau verbinden wir damit? Nun, in einem Jahr siegt vielleicht eine Frau mit den Maßen 66,7 cm (Taille) zu 94,9 cm (Hüfte), ein paar Jahre später eine mit 56,4 cm (Taille) zu 79,5 cm (Hüfte). Wie wir sehen, hängt unsere Vorstellung von der weiblichen Schönheit mehr von den Figurproportionen ab als von der Körpergröße.

Von dieser Idealvorstellung wird aber nicht nur die Miss-Amerika-Jury geleitet. Auch Audrey Hepburn kam mit ihren Proportionen von 80,8/56, 4/79,5 auf einen Quotienten von 0,7; ebenso Marilyn Monroe mit 92,3/61,5/87,1 sowie zahlreiche Fotomodelle, von der dünnen Twiggy bis zu Elle Macpherson, deren Taille-Hüfte-Verhältnis ebenfalls 0,7 maß. Und in der Tat finden Männer aus fast allen Kulturen Frauen mit diesem Idealmaß von 0,7 am attraktivsten. Man hatte Männer aus unterschiedlichen Kulturkreisen Bilder von Frauen vorgelegt, Fotos oder auch Zeichnungen, die sie bewerten sollten. Und siehe da, alle Männer wurden in ihrem Auswahlverhalten von dieser Präferenz geleitet.

Es ist also etwas ganz Besonderes an diesem Index von 0,7, das uns zwar nicht bewusst ist, das unsere Gene aber favorisieren. Wissenschaftler, die sich mit dem Schönheitsbegriff auseinander setzten, fanden heraus, dass Frauen mit einem Index von 0,7 am fruchtbarsten sind. Eine andere Studie über die künstliche Befruchtung ergab, dass die Wahrscheinlichkeit, schwanger zu werden, bei Frauen mit Proportionen unter 0,8 doppelt so hoch lag wie bei Frauen mit Proportionen über 0,8. Männer werden also von einer ganz bestimmten sanduhrförmigen Körpergestalt angezogen, da diese Fruchtbarkeit signalisiert.

Darüber hinaus zeigen Männer weltweit eine Vorliebe für jüngere Frauen und für Merkmale, die mit Jugendlichkeit assoziiert werden – volle Lippen, große Augen und glänzendes Haar. Ansonsten hat Jugend per se nichts eigentlich Begehrenswertes an sich. Die männliche Präferenz ist allein dadurch begründet, dass die Fruchtbarkeit mit zunehmendem Alter abnimmt. Andere moderne Kulturprodukte gehen auf diese Begehren zielgenau ein. Mit mehr als zehn Millionen verkaufter Exemplare ist die Langhaar-Barbie mit ihrer dichten, weich fließenden, jugendfrischen Langhaarpracht der Verkaufsführer in dieser breiten Puppenproduktpalette.

In einem verwandten Forschungszweig werden mittels Computermanipulation Fotos von weiblichen Gesichtern verändert. Die so veränderten Gesichter werden anschließend nach ihrer Attraktivität bewertet. Seltsamerweise wird ein Durchschnittsgesicht, eine Komposition aus einer ganzen Reihe von Fotografien, als attraktiver bewertet als beinahe jedes beliebige individuelle Gesicht. Das kombinierte Gesicht ist einerseits symmetrischer als das individuelle Gesicht, aber wie es scheint, hat auch der Durchschnitt etwas von Schönheit.

Die schönsten Frauen auf den Fotos weisen ein gemeinsames Merkmal auf. Sie sind femininer in dem Sinne, dass sie schmalere Backenknochen, größere Augen und einen kürzeren Abstand von Mund zu Kinn haben. Merkmale, die allen Titelblattschönheiten gemeinsam sind, wie auch vollere Lippen und schmalere Nasen, alles Attribute, die die Jugendlichkeit eines Gesichts verstärken. Das Gesicht eines Fotomodells akzentuiert einfach nur die Merkmale eines weiblichen Durchschnittsgesichts.

Viele Tiere zeigen die gleiche Verhaltenstendenz. Silbermöwen zum Beispiel. Normalerweise wird das Möwenküken gefüttert, sobald es auf den roten Fleck am Schnabel seiner Eltern hackt. Forscher bastelten künstliche Elterntierchen und schnitzten ihnen einen hölzernen Schnabel, auf den sie einen viel größeren roten Fleck malten, als die meisten Vögel haben. Was passierte? Die Küken zogen den Holzschnabel dem elterlichen Schnabel vor.

Ein anderer Forscher fabrizierte Fischimitate, die er Sexbomben nannte. Im Vergleich zu normal großen weiblichen Fischen waren die künstlichen mit übertrieben großen Geschlechtsmerkmalen ausgestattet, größer als alles, was in einem natürlichen Rahmen denkbar wäre. Die männlichen Fische verfolgten ganz energisch die künstlichen Sexbomben und ignorierten alle gesunden, robusten weiblichen Artgenossen. Unsere Gene wissen zwar, worauf es ankommt, aber da sie sich nach einfachen Geschlechtsmerkmalen orientieren, können sie leicht getäuscht werden.

Mit kosmetischen Mitteln und Schönheitsoperationen wird versucht, erwünschte Schönheitsmerkmale hervorzuheben. Lippenstifte oder auch Unterspritzungen der Haut mit Collagen lassen die Lippen voller und jugendlicher wirken. Mit Hautpflegeprodukten will man einem reinen Hautbild (einem parasitenfreien – wie unsere Gene interpretieren), das Gesundheit ausstrahlt, nachhelfen. Guten Eigenschaften geben wir den Vorzug. Das ist uns angeboren, und deshalb werden Kosmetika mindestens seit der Zeit der ägyptischen Pharaonen verwendet, vielleicht gar schon seit 40 000 Jahren.

Jay Leno bemerkte einmal: »In den letzten paar Wochen entdeckte ich Reklame für den WonderBra. Wo gibt's denn so was? Schenken die Männer dem Busen der Frauen nicht genügend Aufmerksamkeit?« Treffend formuliert. Denn Amerikaner, und nicht nur die, sind geradezu besessen von der weiblichen Brust. Theorien darüber gibt es zuhauf. Und auch in Streifen wie *Baywatch* kommt dieser weibliche Körperteil nicht zu kurz. Die Medien tragen bestimmt ihren Teil dazu bei. Aber das erklärt nicht, warum die weiblichen Brüste, verglichen mit denen anderer Primaten, so enorm groß sind.

Einen Grund für dieses einzigartige menschliche Merkmal gibt es vermutlich, doch worin er liegt, bleibt ein Geheimnis. Soweit man weiß, garantieren große Brüste auch keinen nennenswerten Fortpflanzungsvorteil. Frauen mit größeren Brüsten produzieren weder mehr Milch, noch haben sie gesündere Kinder. Nichtsdestotrotz bleiben wir davon besessen, und Jahr für Jahr unterziehen sich mehr als 100 000 Amerikanerinnen einer Brustvergrößerung.

Die Bedeutung, die das männliche Geschlecht der körperlichen Schönheit beimisst, ist nicht nur auf Frauen beschränkt. In der Schwulenszene haben Aussehen und Jugendlichkeit ebenfalls einen hohen Stellenwert, wie zahlreiche Studien belegen. Verglichen mit heterosexuellen Männern äußern homosexuelle Männer in Kontaktanzeigen unverhältnismäßig oft den Wunsch nach körperlicher Schönheit und betonen ihre eigene. Im Gegensatz dazu ist in Kontaktanzeigen von und für Lesben hauptsächlich von Freundschaft und Geld zu lesen.

Wie einfach es sein kann, die körperliche Anziehungskraft festzustellen, zeigt ein letztes Merkmal: Ein Mann ist angetan von einer Frau, die sich interessiert zeigt. Doch wie erkennt er dieses Interesse? Ein Zeichen gibt es, das unbedeutend scheinen mag, das ihm aber einen verlässlichen Wink gibt: Fühlt sich eine Frau sehr stark zu einem Mann hingezogen, erweitern sich ihre Pupillen, werden mitunter riesengroß.

Wie dieses Phänomen auf die Gefühle der Männer wirkt, prüften Forscher in mehreren Studien, indem sie dieses normalerweise untrügliche Signal manipulierten. Dann schickten sie weibliche Lockvögel aus, die Männer ansprachen und fragten, ob sie Lust hätten, an einer psychologischen Studie teilzunehmen (wobei diese nicht ahnten, dass sie just in diesem Augenblick bereits teilnahmen). Denn bevor man die Lockvögel ausschickte, hatte man der Hälfte von ihnen Augentropfen eingeträufelt, die die Pupillen erweiterten. Die andere Hälfte arbeitete mit normal großen Pupillen.

Was kam heraus? Die Männer waren scharenweise zu einer Teilnahme bereit, wenn die Pupillen der Anwerberin erweitert waren. Zu einem ähnlichen Ergebnis gelangte eine Studie, in der Fotos so verändert wurden, dass die Pupillen der abgebildeten weiblichen Person erweitert waren. Auch hier vergaben die Männer deutlich höhere Noten für die Schönheit dieser Person.

Eine schöne Frau erfährt auch im nicht-sexuellen Bereich bedeutende Vorteile. In einer Studie über Karrierefrauen bedeutete jeder Punkt auf einer von Forschern entwickelten Schönheitsbewertungsskala eine Erhöhung des Einkommens um 2000 Dollar im Jahr. Doch Schönheit hat auch ihren Preis. Zahlreichen Studien zufolge ziehen attraktivere Frauen vermehrt den Neid anderer Frauen (auch anderer schöner Frauen) auf sich und haben es schwerer, Freundschaften aufrechtzuerhalten.

Was wollen Frauen? Wie man weiß, hatte Marilyn Monroe eine Zeit lang eine Affäre mit John F. Kennedy, doch war sie erst mit ihm intim, als er zum Präsidenten gewählt worden war. In vielen Spezies paaren sich die Weibchen nur mit den höchstrangigen Männchen. Birkhühner zum Beispiel sind rundliche, am Boden lebende Vögel, die ein komisch-absurdes Balzritual vollführen. Die Männchen (Hähne) scharen sich zusammen und liefern sich einen verbissenen Kampf um ein Fleckchen Grund und Boden, während die Weibchen (Hennen) die Zuschauerplätze am Außenfeld besetzen und das Spiel mit den Posen mit prüfendem Blick verfolgen.

Das Territorium, um das die Männchen kämpfen, verfügt über keinerlei Ressourcen, und weder Männchen noch Weibchen ziehen dort Junge auf. Es ist einfach nur ein Balzplatz, auf dem sich die Männchen zur Schau stellen. Da eine Henne außer dem Sperma nichts von einem Hahn bekommt, könnte sie sich doch eigentlich ganz unbeschwert den aussuchen, der sie am meisten bezirzt. Aber nein, einhellig paaren sich alle Hennen mit dem kraftvollsten Hahn auf seinem wertlosen Territorium.

Der Status ist ein Merkmal, das sich auch in der Spezies Mensch bezahlt macht. Aus einer neueren Studie geht hervor, dass Frauen, die Männer mit einem höheren Bildungsniveau geheiratet hatten, mehr Erfolg hatten als andere. Wer mit einem gesellschaftlich höher gestellten Mann verheiratet war, hatte vergleichsweise mehr Kinder, ließ sich weniger oft scheiden und fühlte sich in der Ehe insgesamt glücklicher.

Alle Tiere trachten nach Partnern, die ihnen zu erfolgreicher Reproduktion verhelfen. Dabei werden sämtliche Merkmale, die diese Interessen unterstützen, als attraktiv empfunden. Eine Frau fördert ihr Eigeninteresse, indem sie mit einem gesellschaftlich hoch gestellten Mann eine Bindung eingeht. Oder kennen Sie etwa einen Fall, wo eine mächtige Senatorin mit einem jungen männlichen Praktikanten Sex hatte? Wohl kaum. Macht in den Händen einer Frau ist eben kein Aphrodisiakum.

Neben dem Status gibt es ein weiteres, ganz entscheidendes Attribut, das Frauen an Männern attraktiv finden – Geld. In Kontaktanzeigen von Frauen taucht der Begriff Geld zehnmal häufiger auf als in denen von Männern. Frauen suchen aber auch nach Liebe und Bindung – Begriffe, die man im Großteil der Inserate von Männern vergeblich sucht. Psychologische Experimente ergaben, dass Frauen weniger attraktiven Männern mit einer Rolex am Handgelenk den Vorzug vor gut aussehenden Männern in unspektakulären Alltagsklamotten geben.

An manchen Tagen trägt Jay, wenn er zur Arbeit geht, sein Prolo-Outfit, den doppelten Burger King, wie wir es nennen. Tatsächlich haben wir beide unsere Garderobe in drei Kategorien eingeteilt: normal, Burger King und den eben genannten doppelten Burger King. Schlabberhosen und abgetragenes T-Shirt finden wir zwar nach wie vor am bequemsten, aber wir erinnern einander ständig daran, dass Typen in Prolo-Klamotten hässlich sind.

Jay trägt trotzdem ab und zu ein abgewetztes T-Shirt, Shorts und Sandalen, besonders dann, wenn er richtig hart arbeiten möchte. Warum? Weil er weiß, dass ihm sein Doppelter-Burger-King-Look derart peinlich ist, dass er damit bestimmt nicht sein Büro verlassen wird. Folglich kommt er erst gar nicht in Versuchung, sich zu anderen zu gesellen oder sich gar in irgendeine Cafeteria auf dem Campusgelände zu setzen.

Das Geld eines Mannes schätzen Frauen aus dem gleichen Grund wie seinen Status – mit Geld lassen sich Nahrung,

Kleidung, Schutz und andere Güter kaufen, und damit fördern sie auch die eigenen Ziele. Interessanterweise messen die Spitzenverdiener unter den Frauen der Verdienstklasse eines potenziellen Gemahls eine noch größere Bedeutung bei als ihre Geschlechtsgenossinnen.

Die Präferenzen einer Frau zeigen sich in den Heiratsstatistiken. Da es Zeit braucht, sein Geld zu verdienen, steigt die Attraktivität eines Mannes mit zunehmendem Alter. In den amerikanischen Ehen des 20. Jahrhunderts ist der Mann im Schnitt drei Jahre älter als die Frau; genau wie es im 17. Jahrhundert in Holland war. In unzähligen Kulturen ist der Altersunterschied bei Ehepaaren ähnlich.

Eine Frau sucht also nach einem finanziell abgesicherten Mann mit einem gewissen Status, nicht aber nach einem alten Mann. In den USA verdient ein vierzigjähriger Mann im Schnitt 21000 Dollar mehr pro Jahr als ein zwanzigjähriger. Also gerät eine Frau, die nach einem gut verdienenden und gesellschaftlich anerkannten Partner sucht, am Ende an einen älteren, wobei das Alter an sich kein Anreiz ist. Das erklärt, warum amerikanische Männer mehr als eine Milliarde Dollar im Jahr ausgeben, um keine Glatze zu bekommen, eines der offensichtlichsten Zeichen von Alterung.

Allerdings gibt es für eine Frau einen triftigen genetischen Grund, sich keinen älteren Mann als Partner zu suchen. Im Gegensatz zu einer Frau, die die volle Anzahl ihrer Keimzellen bereits vor der Geburt entwickelt hat, produziert der Mann sein ganzes Leben lang Spermien. Doch mit zunehmendem Alter werden diese Spermien mehr und mehr zu Kopien von Kopien von Kopien, und damit multiplizieren sich auch die genetischen Defekte der DNS.

Terry unterhielt sich auf einem unserer Semesterballabende mit Kristi, einer guten Freundin. Es ging um ihr letztes Rendezvous, von dem sie nicht gerade begeistert schien. Neugierig, die Ursache für Kristis Verdrossenheit zu erfahren, löcherte Terry sie mit vorwitzigen Fragen. War er schlau? Wie Einstein. Athletisch gebaut? Ein wahres Muskelpaket. Geist und Witz? Rasiermesserscharf. »Der Typ scheint doch eine Riesenverabredung. Wo liegt das Problem?«, fragte Terry. »Er war ziemlich klein, so etwa einen Meter fünfzig«, antwortete Kristi. Das also war des Rätsels Lösung.

Ein Mann, der eine Frau sucht, sollte also nicht nur Status und Geld haben, sondern unter Umständen auch Schuhe in Betracht ziehen mit Einlagen, die ihn größer machen. Große Männer genießen in der Gesellschaft allerlei Vorteile. Von daher ist es nicht erstaunlich, dass Frauen der Körpergröße eines Mannes einen hohen Wert beimessen. In der Geschäftswelt macht jeder Zentimeter über 1000 Dollar pro Jahr aus.

Von 41 amerikanischen Präsidenten waren 39 überdurchschnittlich groß, und der größere Kandidat hat immer fast alle Wählerkampagnen gewonnen. Eine bemerkenswerte Ausnahme war die, als der kleinere Nixon seinen Rivalen McGovern besiegte. Groß zu sein bringt eine Menge Vorteile, und deshalb setzen wir alle uns gerne ein wenig in Positur. Fast drei Viertel aller Leute übertreiben, wenn sie nach ihrer Körpergröße gefragt werden.

Wie können wir die Erkenntnisse über die Schönheit nutzen? Ästhetische Wertvorstellungen stammen zum Teil von unserem tierischen Erbe her. Sie färben unsere Vorstellungen von Partnern, Freunden, Kollegen und Politikern. Da wir uns in aller Regel nicht größer machen oder uns die genetischen Komponenten für den individuellen Schweißgeruch aussuchen können, stellt sich die Frage, ob uns dieses Wissen weiterhilft oder eher behindert? Wir meinen, dass es uns auf zweierlei Arten nutzt.

Zuerst einmal sind wir nicht auf Vermutungen angewiesen, sondern wissen, was einen Menschen attraktiv macht. Als Jugendliche haben wir nach magischen Schlüsseln gesucht, um begehrt zu werden. Aber mussten wir unbedingt bis auf die Knochen abmagern, zu drogensüchtigen Rockstars werden oder Fernsehidolen nacheifern, um die Spielregeln für ein Rendezvous zu lernen? Die Antwort darauf kennen wir nun, und die gute Nachricht ist, dass jeder einen Großteil dieser unzähligen universalen Aphrodisiaka – die wir im Weiteren noch erörtern werden – für sich erlangen kann. Zum anderen können wir unser Verhalten besser steuern, wenn wir uns der eigenen Schönheitsideale bewusst sind.

Zunächst zu den Schönheitsideale. Jeder Mensch hat von Geburt an eine unbewusste Vorliebe für gewisse Eigenarten mitbekommen. In einer Studie sollten 400 Lehrer unabhängig voneinander einen Fünftklässler nach einer ganzen Reihe von Kriterien beurteilen. Alle Lehrer bekamen exakt dieselbe schriftliche Information sowie ein Foto an die Hand, das entweder ein ansprechendes oder weniger ansprechend aussehendes Kind zeigte. Ein hübsches Kind wurde durchweg als umgänglicher und geselliger, beliebter und auch intelligenter eingestuft.

Manche Menschen lernen, ihre Reize bewusst einzusetzen, um damit andere gezielt zu beeinflussen. Beim Mittagstisch der Fünftklässler war Terry einmal ganz überrascht, als Nancy, eines der reizendsten Mädchen seiner Grundschulklasse, sich zu ihm setzte und ihn ansprach: »Das Brownie da ist ja ganz altbacken. Das willst du doch nicht essen?« Vor lauter Verblüffung, dass sich die reizende Nancy zu ihm gesellt hatte, antwortete Terry: »Natürlich nicht.« – »Gut, dann macht es dir bestimmt nichts aus, wenn ich es esse.« Nancy nahm sich den Keks und richtete kein Wort mehr an Terry.

Der so genannte Hübsche-Mädchen-Bonus ist ein Phänomen, das überall anzutreffen ist, und ein Vorteil, von dem attraktive Frauen allgemein profitieren. Terrys Brownie-Erlebnis wird durch eine etwas wissenschaftlichere Studie bestätigt: In einer Telefonzelle hatte man ein Zehncentstück in den Einwurf gelegt. Wer zum Telefonieren in die Zelle kam, wurde von einer Frau angesprochen: »Habe ich mein Zehncentstück hier liegen lassen?« Neun von zehn auffallend attraktiven Frauen bekamen das Geldstück zurück, jedoch nur sechs von zehn ganz gewöhnlich aussehenden Frauen.

Damit wir nun aber nicht auf den Gedanken kommen, dass nur schlechte Menschen in ihrem Verhalten beeinflusst werden, rufen wir uns noch einmal zurück, dass selbst Babys mit ihren Blicken länger bei schönen Gesichtern verweilen. Wir alle haben einen angeborenen, unbewussten Schönheitsfilter, der unser Verhalten im Umgang mit anderen beeinflusst. Wem diese Günstlingswirtschaft ebenso falsch erscheint wie uns, der sollte versuchen, sie zu regulieren und auszugleichen.

Wer nicht von der Schönheit einer Person beeinflusst werden will, muss Vorkehrungen treffen. Zur Veranschaulichung ein kleines Beispiel: Wir beide, Terry und ich, verlangen von jedem Studenten, der einen Klassenwechsel anstrebt, eine schriftliche Begründung. Wir wissen nämlich, dass wir – wie jene Lehrer, die einen Fünftklässler zu beurteilen hatten – von unterbewussten Abläufen beeinflusst würden, wenn wir mündliche Erklärungen zuließen.

Kehren wir zurück zur Ausgangsfrage. Ist es nicht ungerecht, dass wir nach Kriterien wie Symmetrie beurteilt werden, die sich unserem Einfluss entziehen? Jawohl, das ist es. Aber zum Glück ist die Symmetrie nur ein Faktor von vielen, nach denen uns ein zukünftiger Partner beurteilt. Es gibt Gott sei Dank noch zahlreiche andere, die in unsere Paarungsüberlegungen mit einfließen, auf die wir durchaus einwirken können.

Im Rahmen einer Studie sollten Männer und Frauen 13 Eigenschaften, die sie an einem Partner attraktiv finden würden, in eine wertende Reihenfolge bringen. An erster Stelle standen bei Männern wie Frauen die Qualitäten Nettigkeit und Verständnis – Eigenschaften, die jeder von uns tagtäglich verbessern kann.

Die meisten, die zu diesem Thema schreiben, konzentrieren sich auf die Unterschiede zwischen Mann und Frau. Wir hingegen meinen, dass die Ähnlichkeiten weit bemerkenswerter sind. In der eben erwähnten Studie deckten sich sieben Eigenschaften, die sowohl Männer wie auch Frauen begehrenswert finden, darunter Persönlichkeit und Ausstrahlung sowie Anpassungsfähigkeit und Kreativität. Abgesehen davon, dass Männer dem Aussehen einen höheren Stellenwert beimaßen, ordneten Männer wie Frauen die sieben Merkmale in exakt der gleichen Reihenfolge.

Zum Schluss eine gute Nachricht aus ganz unerwarteter Quelle. Falls Sie Ihr Weg einmal in eine Samenbank führt, werden Sie merken, dass die Frauen sich die Spermien nur aufgrund schriftlicher Informationen über den Spender aussuchen. In aller Regel gibt es keine Fotos der Männer, aber eine Menge Informationen über sie. In diesem Bereich dürfte besonders skrupellos vorgegangen werden, um ein makelloses Superbaby mit genetischer Qualitätsgarantie zu bekommen.

Doch wonach gehen Frauen in der Auswahl des Samenspenders tatsächlich? Wissenschaftler forschten nach und befragten unlängst eine Gruppe Norwegerinnen und Kanadierinnen. Sie richteten sich in ihrer Wahl tatsächlich nach guter körperlicher und gesundheitlicher Verfassung. Wie dem auch sei – die Merkmale, die diese Frauen am meisten beeinflusst haben, waren unter anderem Ehrlichkeit, Zuverlässigkeit und Rücksichtnahme – alles Eigenschaften, die, wie Nettigkeit auch, jeder von uns tagtäglich verbessern kann.

Bleiben wir also im Hinblick auf die Schönheit optimistisch und betrachten das Glas eher als halb voll und nicht als halb leer: Zum Ersten muss jeder für sich dem Geheimnis der Schönheit auf die Spur kommen. In unseren Partnern suchen wir fast genau dieselben Verhaltensformen, die unsere Mutter einst versucht hat, uns beizubringen. (Da hätten wir wohl aufmerksamer zugehört, wenn wir gewusst hätten, dass es uns mehr einbringt als nur ein Pfadfinderabzeichen.) Zum Zweiten kann jeder an Attraktivität gewinnen, wenn er rücksichtsvoll ist, sich körperlich fit hält und ehrlich seine Steuern zahlt. Was könnte schöner sein?

Untreue
Betrügen und betrogen werden

Untreue – ein Gespenst, das drohend über uns allen schwebt. Stellen Sie sich einmal vor, Ihr fester Partner entwickelt eine tiefe emotionale Zuneigung zu einem anderen – die beiden lachen zusammen, führen vertrauliche Gespräche, verbringen lange Nachmittage zusammen. Und nun stellen Sie sich vor, Ihr Partner hat eine kurze sexuelle Affäre mit jemand anderem – unpersönlich zwar, aber heftig, laut und leidenschaftlich. Keine der beiden Vorstellungen ist angenehm, aber welches Szenario quält Sie mehr?

Psychologen beschrieben diese beiden Szenarien sowohl Frauen als auch Männern und ermittelten das physiologische Stressmoment. Ausnahmslos alle Testpersonen empfanden beide Vorstellungen erwartungsgemäß als unangenehm, doch bei dem Gedanken, dass der Partner mit einem anderen intim ist, spielen Männer verrückt, ihr Herz fängt wie wild zu pochen an, und Schweiß steht ihnen auf der Stirn. Frauen reagieren in beiden Fällen vergleichsweise ruhiger, empfinden aber eine Romanze verhältnismäßig bedrohlicher. Untersuchen wir zunächst die tiefen biologischen Ursachen dieser unterschiedlichen Reaktionen beider Geschlechter und analysieren als Erstes die Ehe.

Einen Partner gefunden zu haben bedeutet nicht gleichzeitig das Ende harter Kämpfe. Für unsere Gene sind Ehe und Monogamie nicht der Heilige Gral. Über ein Viertel der verheirateten amerikanischen Frauen und gut die Hälfte der amerikanischen Männer bekennen sich zum Seitensprung. (Auffälligerweise geben über die Hälfte der *Cosmopolitan*-Leserinnen zu fremdzugehen.) Abgesehen davon, dass außereheliche Affären heute früher beginnen als noch vor einem Jahrhundert, hat sich proportional nicht viel geändert. Wer sind diese Ehebrecher, und warum ist ihr Eheversprechen gescheitert?

Ehemänner, seht euch vor: Das Baby in ihren Armen ist vielleicht gar nicht eures. Wenn die Folgen eines Seitensprungs dem gehörnten Ehemann in die Schuhe geschoben werden, hat er ein so genanntes Kuckucksei im Nest. Eine britische Studie ermittelte eine Kuckucksei-Quote von fast zehn Prozent. Entsprechende Schätzungen für andere Nationen reichen von einem bis zu 30 Prozent. Mit Hilfe des genetischen Fingerabdrucks wurden für 1607 Schweizer Kinder elf Kuckucksei-Fälle ermittelt. Zum Leidwesen vieler Männer erfahren sie die traurige Wahrheit spätestens dann, wenn sie ihrem kranken Kind eine Niere oder ein anderes Organ spenden wollen und die Feststellung der Blutgruppe ergibt, dass sie unmöglich der Vater des Kindes sein können.

DAN QUAYLE ZU MURPHY BROWN: SIE FLITTCHEN! – so lautete die Überschrift in einer Ausgabe der New Yorker Zeitung *New York Daily News*, nachdem der Vizepräsident das Fernsehen, personifiziert durch die prominente Fernsehgestalt und allein erziehende Mutter Murphy Brown, für den Verfall familiärer Werte verantwortlich gemacht hatte. Ganz egal, welche Sendung man einschaltet, die Talkshows sind voll mit Geschichten über den moralisch-sittlichen Verfall. Bevor wir jedoch die Zahlenstatistik der ehelichen Untreue auf einen von der Popkultur angeheizten moralischen Werteverfall zurückführen, betrachten wir doch noch einmal unsere Freunde, die völlig unbeeinflusst von Film und Rock' n' Roll leben – die Tiere.

Ob Tiere in unserem Sinn verheiratet sind, wissen wir nicht zu sagen, da sie keine Diamantringe tragen oder Handtücher mit eingestickten Monogrammen haben. Klar jedenfalls ist, dass die meisten Tiere keinen eheähnlichen Bund fürs Leben schließen. Schnelle One-Night-Stands sind die Regel. Monogamie, speziell unter Säugetieren, ist selten.

Dennoch, vom Krokodil im Nil bis zum australischen Mistkäfer hat sich eine Vielzahl von treuen Arten rund um die ganze Welt entwickelt. Wäre Murphy Brown ein Vogel, würde sie nicht allein erziehende Mutter sein. Vogelmännchen übernehmen zuverlässig die treu sorgende Vaterrolle und schaffen Würmer und andere Leckerbissen für die Brut herbei.

Mitunter jedoch trügt der Schein. In geschickt eingefädelten Experimenten wurden Sumpfhordenvögel auf frischer Tat ertappt. Mit winzigen Skalpellen und der dazu vielleicht nötigen leichten Verrücktheit können Wissenschaftler heute Vasektomien (operative Entfernungen eines Stückes des Samenleiters) an Vogelmännchen vornehmen. Die Folge ist für einen Vogel die gleiche wie für einen Mann: Die Männchen können sich noch immer vereinigen und ejakulieren, aber sie produzieren keine Spermien mehr. Demzufolge hat ein vasektomiertes männliches Lebewesen (ob Vogel oder Mensch) allen Grund zur Aufregung, wenn seine Partnerin schwanger wird; und da eine unbefleckte Empfängnis ausscheidet, kommt die schwangere Frau in ziemliche Erklärungsnot.

Besagte Sumpfhordenvögel verbringen den Winter im Süden und den Sommer in Neuengland. Biologen fingen Vögel auf ihrem Zug nach Norden ein, vasektomierten ein paar Pechvögel, ließen sie wieder frei und beobachteten sie während der Paarungszeit. Die vasektomierten Vögel kämpften und verteidigten ihr Territorium genauso energisch wie alle anderen. Sie bekamen auch eine Partnerin und paarten sich eifrig.

Alles schien in Ordnung: An der Seite jedes Weibchens wurde nur ein Männchen beobachtet, mit dem es fraß, schlief und sich paarte. Kurze Zeit später legte es Eier, und die Vogeljungen schlüpften. Zur großen Überraschung der Vogelbeobachter hatten auch die meisten der Weibchen, die mit einem vasektomierten Männchen zusammenlebten, Junge. Die tatsächliche Existenz von Monogamie ist, wie es scheint, weit weniger natürlich, als wir gedacht hatten – und nicht nur unter uns Menschen.

Ob treu oder nicht, der menschliche Körper ist angelegt auf Untreue. Beginnen wir unsere Beobachtungen damit, dass die Hoden von Gorillas Golfballgröße haben, während die von Schimpansen eher einem Baseball gleichkommen. Prozentual zum Körpergewicht macht das 0,02 Prozent bei Gorillas aus, während die Schimpansen 15-mal so viel Energie aufbieten, um auf 0,30 Prozent zu kommen. Warum der Riesenunterschied? Primatologen haben die für eine Befruchtung notwendige Spermienmenge untersucht. Die winzigen Hoden eines Gorillas produzieren die perfekte Menge, doch ein Schimpansenmännchen produziert weit mehr Spermien als notwendig.

Warum verschwenden Schimpansen zusätzliche Energie, bilden große Hoden aus und produzieren überschüssiges Sperma? Müsste die Evolution nicht eigentlich die am wirtschaftlichsten arbeitenden Hoden selektiert haben, solche, die die Aufgabe effizient erfüllen? In der Tat leben Gorillas nach der Regel der Effizienz, denn alle Weibchen paaren sich mit nur einem Männchen, dem ranghöchsten Silberrücken. Ein Schimpansenweibchen hingegen paart sich während der fruchtbaren Tage Dutzende Male mit zahlreichen Männchen.

Das promiskuitive Verhalten der Schimpansen führt dazu, dass die Spermien mehrerer Männchen im Unterleib eines Weibchens um den Fortpflanzungserfolg zu kämpfen haben. Wer diese Spermaschlacht gewinnen will, muss mit einer großen Truppe an die Front ziehen – und daher der Baseballs zwischen den Beinen.

Ein Blick auf die Hoden einer Spezies gibt also Aufschluss über das Paarungsverhalten. Wie sieht es damit beim Menschen aus? Der Mensch ist definitiv nicht zur Monogamie gebaut, aber er ist auch kein schimpansenähnlicher Vagabund. Die menschlichen Hoden machen im Schnitt 0,08 Prozent des Körpergewichts aus, viermal so viel wie bei Gorillas, aber nur rund ein Viertel des für Schimpansen ermittelten Werts. Wie die Schimpansen produziert auch der Mensch mehr Spermien, als für eine Befruchtung nötig ist – und allemal genug, um sich auch mit nur einem funktionsfähigen Hoden noch problemlos fortpflanzen zu können.

Des Weiteren sind 99 Prozent der Spermien einer Ejakulation nicht im Mindesten fruchtbar. Beim Großteil dieser nicht-fruchtbaren Spermien handelt es sich um Spermien der Kategorie Suchen und Vernichten, die die Aufgabe haben, aktiv nach Spermien anderer Männer zu forsten und diese zunichte zu machen, während ein geringerer Teil als Blockiermeister fungiert, die den Spermien anderer Männer den Zugang zum Uterus verwehren.

Würde sich der männliche Körper die ganze Mühe machen und Dutzende von Millionen Anti-Spermien erzeugen, wenn es gar kein anderes Sperma zu bekämpfen gäbe? Darüber hinaus konnte im Sperma eines Mannes ein höherer Anteil von Anti-Sperma-Blockern nachgewiesen werden, nachdem man Paare getrennt hatte (und nachdem sich vermutlich für beide Partner mehr Gelegenheit zu Affären als sonst ergaben).

Ganz abgesehen davon, dass die Untreue ein Kulturgeschöpf ist, bleibt sie trotz strenger gesellschaftlicher Sanktionen hartnäckig bestehen. Afghanistan zum Beispiel hat das islamische Recht wieder eingeführt: Einer neueren Pressemeldung zufolge hat ein junger Mann bei einer Hinrichtung den ersten Stein auf seine ehebrecherische Schwester geworfen. Neben der Steinigung hat man in verschiedenen Kulturen mit allerlei Abschreckungsmitteln versucht – mit Auspeitschung, körperlicher Verstümmelung oder öffentlicher Erniedrigung –, dem Ehebruch entgegenzuwirken. Nichtsdestotrotz kommt Ehebruch in allen Gesellschaften vor – ob reich oder arm, christlich oder muslimisch, demokratisch oder diktatorisch.

Große Hoden und Anti-Sperma deuten darauf hin, dass die weite Verbreitung und Universalität der menschlichen Untreue tiefe biologische Wurzeln hat. Bleibt die Frage: Warum? Frisch Vermählte planen im Allgemeinen nicht, einander zu betrügen, und empfinden nach einem Seitensprung oftmals Reue, doch in vielen Ehen (und überall im Tierreich) werden Versprechen gemacht und gebrochen.

Die Ehe ist ein Tauschgeschäft. Um die Untreue zu verstehen, müssen wir zunächst die Ehe verstehen. Rufen wir uns noch einmal zurück, dass Frauen und Männer ihre ähnlichen genetischen Ziele mit verschiedenartigen Mitteln und mit verschiedenartigen Partnertypen verfolgen. In der Zeit der romantischen Verhandlungen versprechen Männer alles Mögliche: Zeit, Bindung, Fürsorge und Geld. Frauen stellen Zeit, Bindung, Fürsorge und Fruchtbarkeit in Aussicht. Beide Seiten wollen die Angebote der jeweils anderen Seite. Rein sachlich ausgedrückt: Die Ehe ist ein Tauschgeschäft.

Selbst in noch so zähen Verhandlungen finden beide Parteien für gewöhnlich eine gemeinsame Basis. Im Paarungsspiel führen die Abmachungen schließlich an den Traualtar und in die Standesämter. Viele Gesellschaften leiten aus den ausgehandelten Ehebedingungen ganz klare Verhaltensregeln ab: Dafür, dass der Mann in Frau und Kinder investiert, erhält er das Exklusivrecht auf den Geschlechtsverkehr.

Doch Gene schlafen nie. »Und so heirateten sie und lebten glücklich bis an ihr Lebensende« – das gibt es nur in den Märchen der Gebrüder Grimm. Die Märchen der Gene gehen anders aus. Mit Nachkommen, Nachkommen und noch mehr Nachkommen. So sicher sie ein Paar in die Kirche bringen, so sicher verleiten sie uns auch zum Treuebruch, wann immer die Untreue in ihrem Interesse liegt.

Untreue ist der oft unbewusst unternommene Versuch, den im ehelichen Tauschgeschäft eingegangenen Handel für sich zu verbessern. Untreue Frauen suchen nach besseren Genen für ihre Babys und/oder besseren Partnern. Untreue Männer suchen nach weiteren Befruchtungsmöglichkeiten und/oder besseren Partnern.

Warum lassen sich Paare scheiden? Die Antwort darauf liefern die vier neuralgischen Punkte: Fruchtbarkeit, Treue, Geld und Sex. Betrachten wir die Unfruchtbarkeit. In allen Gesellschaften lassen sich Paare mit Kindern weit seltener scheiden, und je mehr Kinder sie haben, desto unwahrscheinlicher wird eine Trennung. Viele Gesellschaften erkennen eine Ehe erst an, wenn daraus Kinder hervorgegangen sind.

Das Paarungsverhalten der Ringeltauben beispielsweise ist abhängig von der Fruchtbarkeit. Nachdem sich die Paare gefunden haben, bleiben sie für eine Fortpflanzungsperiode zusammen: Doch eine Verbindung, aus der keine Taubenjungen hervorgehen, geht in die Brüche. Das Paar ist danach gewissermaßen schuldlos geschieden, und 100 Prozent der Ringeltauben aus unfruchtbaren Verbindungen suchen sich in der nächsten Fortpflanzungsperiode einen neuen Partner. Paare, die erfolgreich Junge gezeugt haben, bleiben über Jahre zusammen.

Bei uns Menschen ist die Treue weit wichtiger als die Fruchtbarkeit. Bleibt das Nest auf Dauer leer, bringt das ein Paar vielleicht im Laufe der Jahre irgendwann auseinander, Untreue jedoch kann die Trennung über Nacht herbeiführen. Im Ergebnis einer Studie, die 160 Kulturkreise unter die Lupe nahm, stand Untreue als Scheidungsgrund mit überwältigender Mehrheit an erster Stelle. Andere Scheidungsmuster spiegeln sexuelle Probleme wider. Doch entgegen der allgemeinen Vorstellung liegt die Scheidungswahrscheinlichkeit nicht im verflixten siebten Jahr, sondern im vierten Ehejahr am höchsten. Dieses verflixte vierte Jahr zeigte sich in über 60 grundverschiedenen Kulturkreisen.

Mit einer Scheidung nach vier Ehejahren können Frau und Mann den genetisch gesteuerten Wunsch, ihre Gene weiterzuvererben, wieder ungeniert ausleben. Es ist anzunehmen, dass beide im Hinblick auf die Fortpflanzungsfähigkeit noch immer in den besten Jahren sind und heiß begehrt werden. Kein Wunder also, dass drei Viertel der Geschiedenen – Frauen und Männer fast zu gleichen Teilen – wieder heiraten. Auch wenn die Scheidungsraten in den letzten Jahren gestiegen sind, hat der Wunsch, geheiratet zu werden, nicht nachgelassen.

Neben Fruchtbarkeit und Treue spielen weitere Faktoren in eine Scheidung mit hinein, insbesondere Geld. Nach fünf Ehejahren moniert die Frau dreimal häufiger als der Mann, dass der Ehepartner zu knauserig sei. Besonders die Frauen beklagen, dass sie von ihren Ehemännern viel zu selten mit Geschenken verwöhnt werden.

Jay erwähnte diese Tatsache einmal gegenüber seinem Bekannten Russell. Der gähnte nur und meinte: »Ich lasse mir doch nicht von ein paar Harvard-Typen erzählen, dass ich meiner Frau mehr Geschenke machen soll.« – »Also machst du deiner Frau ab und zu Geschenke«, wollte Jay wissen. »Nein. Aber das muss ich mir nicht von euch Jungs erzählen lassen.«

Russell, du solltest besser damit anfangen, deiner Frau Geschenke zu machen. Am besten heute noch.

Scheidungsraten spiegeln mitunter auch einfach die Möglichkeiten wider, die Frauen in der jeweiligen Gesellschaft gegeben sind, nicht unbedingt den Verfall familiärer Werte. Verdient eine Frau mehr als ihr Mann, liegen die Scheidungsraten um 50 Prozent höher. Bei den !Kung-San sind Frauen für das Sammeln der Nahrung zuständig und damit die Hauptlieferanten der Kalorien. Für diese Frauen bedeutet Nahrungsbeschaffung gleichzeitig auch Macht und Einfluss. Und das schlägt sich dann in einer höheren Scheidungsrate nieder.

Das Gleiche lässt sich bei den nordamerikanischen Navajo-Indianern beobachten sowie in fast allen anderen Gesellschaften mit einer relativen Gleichstellung der beiden Geschlechter. Mag sein, dass der Wunsch der Frauen, sich scheiden zu lassen, weltweit in etwa vergleichbarer Weise vorhanden ist, doch nur die unabhängigeren unter ihnen können sich leisten, diesen Wunsch auch zu verwirklichen.

Männer gehen fremd, Frauen schlagen zurück. Der genetische Einfluss auf die Untreue der Männer liegt auf der Hand – Männer sind streunende Hunde. Der männliche Fortpflanzungserfolg steigt mit der Zahl der außerehelichen Affären, und somit ist die Kosten-Nutzen-Analyse simpel: Männer sind versucht fremdzugehen, wenn sie ungestraft davonkommen können. Die meisten ehebrecherischen Männer suchen im Grunde nicht nach einem Ausweg aus ihrer Ehe: Mehr als die Hälfte der Betrüger beschreibt ihre Ehe sogar als glücklich.

Wann ist die Wahrscheinlichkeit am größten, dass Männer untreu werden? Dann, wenn sie willige Partnerinnen finden. Da die Attraktivität eines Mannes mit seinem Vermögen steigt, gehen die meisten Männer im Alter zwischen 40 und 60 fremd, wenn sich die Gelegenheit ergibt. In dieser Zeit stehen sie am Höhepunkt ihrer beruflichen und finanziellen Karriere. Während dieser zwei Jahrzehnte findet über ein Drittel der Geschlechtsakte nicht mit der eigenen Frau statt. Männer bleiben bis ins hohe Alter fruchtbar und können während dieser Jahre an Status und Macht durchaus noch hinzugewinnen.

Einer Frau hingegen wird allgemein geraten, bei ihrem Mann zu bleiben. Dies wird gewöhnlich als Bekräftigung ihrer Loyalität interpretiert, doch es ist auch eine gute Methode, den Mann am Seitensprung zu hindern. Lassen Sie uns weitere Verhaltensformen untersuchen, mit denen dieser genetischen Katastrophe vorgebeugt werden kann, und uns noch einmal zu unserem Ausgangsgedanken zurückkehren.

Was ist schlimmer für eine Frau: zu wissen, dass ihr Mann mit einer anderen Frau leidenschaftlichen Sex hat oder dass er zu ihr eine tiefe emotionale Bindung hat? Wird der Fortpflanzungserfolg der Frau geschmälert, wenn ihr Gatte während einer Geschäftsreise mit einer anderen Frau, die er nie mehr wieder sieht, ein paar Schäferstündchen verbringt? Nicht zwangsläufig. Die tiefe emotionale Bindung zu einer anderen Frau wird hingegen als wesentlich bedrohlicher empfunden, da sie oft auch das unmittelbar bevorstehende Ende der eigenen ehelichen Beziehung signalisiert.

Wie kann eine Frau in einer Welt voller streunender Männer ihre Interessen behaupten? Es gibt nur eine Möglichkeit, wie eine Frau sich absolut sicher sein kann, dass sie im Tausch für ihre wertvollen Eier von ihrem Partner mit Geld versorgt wird: per Vorauskasse – ein System, das sich für eine weibliche Schwebefliege längst bewährt hat.

Männchen ebenso wie Weibchen dieser Spezies lieben Leckerbissen wie Blattläuse und Stubenfliegen. Überhaupt lieben sie es zu fressen, aber eine goldene Nahrungsquelle aufzutun ist manchmal ganz schön ermüdend und riskant. Die Weibchen lösen das Problem, indem sie Nahrung und Sex verbinden. Einfach ausgedrückt, ein Weibchen paart sich nicht mit einem Freier, bevor dieser ihm nicht einen großen leckeren Festschmaus herbeigeschafft hat.

Erbeutet eine männliche Schwebefliege – nennen wir sie Hal – etwas Schmackhaftes, kostet sie vielleicht einmal kurz, sendet dann aber ein Signal an alle Weibchen in unmittelbarer Nähe durch die Luft. (Ganz ähnlich wie der unwiderstehliche Geruch eines Truthahnessens an Thanksgiving.) Seine Botschaft lautet: »Hallo, ich heiße Hal, bin ein großer Jäger. Habe hier was Leckeres zum Fressen … kostet aber was.« Wenig später kommt ein Weibchen bei ihm an; nennen wir es Miriam.

Hal präsentiert Miriam den Käfer (behält ihn aber fest im Griff) und zieht sie dicht an sich. (Das Leben auf sechs Beinen hat wirklich so seine Vorteile; mit den anderen zwei Beinen könnte er sogar noch ein Buch halten und darin lesen.) Hal beginnt, sich mit seiner neuen Freundin zu paaren, sie hat nichts dagegen. Das Ganze dauert 20 Minuten, so lange, wie für die Befruchtung nötig ist. Während Hal seine winzigen Keimzellen loswird, schlingt Miriam den saftigen Käfer, so schnell sie kann, in sich hinein.

Sind die 20 Minuten um, wird Hal ein wenig ärgerlich und zieht den kleinen Rest, der vom Käfer noch übrig ist, wieder an sich – er benutzt es, um ein weiteres Weibchen anzulocken, oder er frisst es selber. Miriam fliegt unterdessen pappsatt auf und davon und legt irgendwann Eier. Die genaue Anzahl hängt davon ab, wie nahrhaft die Mahlzeit war, mit der Hal sie versorgt hat. Mit Romantik allerdings hat das Ganze nichts zu tun. Die müssen wir woanders suchen. Hier geht es einzig und allein um ein einfaches Tauschgeschäft: Nahrung für Befruchtung. Je mehr Nahrung, desto mehr Nachkommen.

Ähnliche Beispiele für derartige Hochzeitsgeschenke finden sich im ganzen Tierreich in Hülle und Fülle. Bei den Kolibrischwärmern zum Beispiel bewacht das Männchen Blumenblüten, damit kein anderes in die Nähe gelangen kann. Kommt ein Weibchen und will sich mit Blütennektar stärken, lässt es sich bereitwillig auf einen ähnlichen Handel wie die Schwebefliegen ein: Gewährt ihm das Männchen, sich am Nektar zu laben, wird das Weibchen sich mit ihm paaren, nachdem es neue Kräfte getankt hat.

Der Siegespreis für das Inkassoverfahren geht jedoch zweifelsohne an die weiblichen Gottesanbeterinnen. Sie fressen ihre Partner vollständig auf (den Kopf häufig noch während der Paarung) – und sind vielleicht einmalig hinsichtlich der Konsequenz, mit der sie das Versprechen der Männchen, die Familie mit Nahrung zu versorgen, in die Tat umsetzen.

Geschlechtsverkehr war für unsere Urahnen zu Zeiten ohne Geburtenkontrolle gleichbedeutend mit Babys, und eine Frau mit einem Baby, aber ohne treu sorgenden Partner war in ernsten Schwierigkeiten. Aus diesem Grund fordern Frauen langfristigere Investitionen. Werfen wir einen Blick auf den Beginn der Romanze zwischen Kevin, einem Börsenhändler an der Wall Street, und Kate, einem internationalen Model, beide Freunde von uns.

Obwohl Kate den anfänglichen romantischen Annäherungsversuchen Kevins auswich, blieb er hartnäckig. Eine Verabredung nach der anderen endete damit, dass er Kate in der Limousine nach Hause begleitete und sie verabschiedete mit den Worten: »Ich fahre jetzt heim. Aber ich schicke dir den Wagen wieder zurück, falls du doch noch vorbeikommen willst.« Kate war anfangs vorsichtig, was seine Absichten anging, blieb nachts allein und winkte am nächsten Morgen dem Fahrer in der Limousine zu, wenn sie aus dem Haus kam, um zur Arbeit zu gehen.

Bei manchen Vogelarten verlangen die Weibchen von den Männchen einen kunstvollen und ausgiebigen Balztanz. Dann erst paaren sie sich mit ihnen. Das Weibchen will, dass ihr Auserwählter sie lange und heftig umwirbt, bevor sie ihm die Gunst erweist. Zu diesem Balztanz gehören spektakuläre Sturzflüge ins Wasser, elegante Gleitflüge, ausgefallene Spiralen und Wendungen und dass er sich für sie tagelang zum Narren macht. Doch wenn er die anstrengende Vorstellung durchgestanden hat, kann das Weibchen normalerweise darauf zählen, dass er seiner Versorgerrolle bei der Aufzucht der Vogeljungen nachkommt.

Kein Tauschgeschäft also, sondern hier geht es um Treue. Aber kann ein glaubhaftes Treuegelöbnis wirklich vor Untreue schützen? Auch wenn die Frau ein Treueversprechen verlangt, fordert die Evolution, dass sie skeptisch bleibt. Worte sind im Grunde nichts als billiges Gerede, und darauf zu bauen ist riskant. Also wollen Frauen Beweise, nicht nur Liebeserklärungen. Rosen sind schön, aber Diamanten besser.

Wie ging es mit Kate und Kevin weiter? Nach Monaten erst und unzähligen Abendessen war Kate erobert. Mittlerweile hatte Kevin so viel Zeit und Geld investiert, um Kate sein Interesse zu vermitteln, dass er nicht mehr anders konnte, als ihr einen Antrag zu machen. Und das tat er. Heute sind sie verheiratet, haben drei Kinder, sind in vier Ländern zu Hause und besitzen eine Privatinsel in der Karibik.

Auch Frauen gehen fremd. Warum gehen Frauen fremd? Weil sie auf diese Weise an mehr Sperma kommen – könnte man meinen. Doch das kann nicht die Antwort sein. Die Zahl der Geschlechtsakte, die eine Frau während eines Monatszyklus vollzieht, beeinflusst nicht die Anzahl ihrer Nachkommen. Mehr als eine Schwangerschaft in neun Monaten ist einfach nicht drin.

Sperma ist immer reichlich vorhanden; keine Frau braucht sich Sorgen zu machen, dass es knapp werden könnte. Was aber bezweckt sie dann mit einem Seitensprung? Mit dem Ehevertrag will eine Frau gute Gene und einen Mann fürs Leben. Indem sie fremdgeht, kann sie eine oder auch beide dieser Vertragsbedingungen für sich verbessern. Das bedeutet allerdings auch, dass Frauen bei ihren Seitensprüngen bedeutend besonnener vorgehen als Männer.

Es ist also davon auszugehen, dass Frauen aus zwei Motiven heraus fremdgehen: Zum einen, um bessere Gene für den Nachwuchs zu bekommen, und zum anderen, um sich mehr Ressourcen zu sichern. In einem Mann sind beide Merkmale nicht unbedingt immer vereint. Die Seitensprünge der Zebrafinken sind ähnlich motiviert; ein Zebrafinkenweibchen, das nach guten Genen Ausschau hält, wird sich nur mit einem Männchen vereinigen, das gesünder ist oder ein besseres Territorium bewohnt als ihr Partner, während ein Männchen, das nur daran interessiert ist, seine Gene weiterzuvererben, sich mit jedem x-beliebigen Weibchen vergnügt.

Erinnern Sie sich an das Einführungskapitel, als wir gesagt haben, dass es vier Tage im Monat gibt, an denen ein Mann ganz besonders aufmerksam gegenüber seiner Frau sein sollte? Der Grund dafür ist folgender: Eine Frau, die ihren Gatten betrügt, tut dies mit sehr hoher Wahrscheinlichkeit während der vier Tage um den Eisprung – während ihrer fruchtbarsten Tage! Denn mit der weiblichen Lust am Gene-Shopping gehen Frauen lediglich ihrem biologisch verankerten Sammeltrieb nach.

Prozentual gesehen, sind Frauen außerhalb der Ehe nur in sehr geringem Maß sexuell aktiv. Doch wenn, finden die meisten Seitensprünge während der fruchtbaren Zeit statt. Darüber hinaus legen Frauen bei ihren Liebhabern bedeutend weniger Wert auf Verhütungsmittel als bei ihrem Partner. Das erklärt die Kuckucks-Kinder.

Doch wie weiß eine Frau, wann genau sie fruchtbar ist? Bewusst wissen kann Sie es vielleicht nicht, aber unterbewusst wird ihr Verhalten von Hormonen gesteuert. Bei fast allen weiblichen Primaten zeigt sich die fruchtbare Zeit durch ein starkes Anschwellen der gut durchbluteten Schamlippen. Ein Schimpansenmännchen kann eine ovulierende Schimpansin noch aus eineinhalb Kilometer Entfernung ausmachen.

233

Beim Menschen ist das nicht so einfach. Ein Mann, der neben seiner Frau im Bett liegt, hat keine derlei eindeutigen Hinweise. Zur großen Verzweiflung vieler Paare, die versuchen, ein Kind zu bekommen (und vieler Teenager, die versuchen, kein Kind zu bekommen), ist der weibliche Organismus so angelegt, dass der genaue Zeitpunkt des (im Verborgenen ablaufenden) Eisprungs unklar bleibt – ein für Säugetiere eher seltenes System. Dieses System ermöglicht es der Frau, gegen ihren Mann zu taktieren, da sie während ihrer fruchtbaren Tage ausbüchsen und sich einen besseren Genlieferanten suchen kann.

Manche Frauen gehen also nur fremd, um bessere Gene für den Nachwuchs zu bekommen. Andere benutzen Seitensprünge, um sich einen besseren Partner zu angeln. Die meisten ehebrecherischen Frauen beschreiben ihre Ehen tatsächlich als unglücklich, drei Viertel sagen sogar, in einer Affäre eine längerfristige Bindung zu suchen.

Ähneln Kinder mehr der Mutter oder dem Vater? Mit dieser Frage haben sich Psychologen beschäftigt und zufällig ausgesuchten Personen eine Reihe von Fotos vorgelegt, auf denen jeweils ein Kind, eine Mutter oder ein Vater abgebildet war. Aufgabe war, einem Kind die dazugehörigen Eltern zuzuordnen. War ein zehnjähriges Kind abgebildet, gelang es den Personen, sowohl Vater als auch Mutter zu identifizieren, und zwar mit gleicher Trefferquote für Vater und Mutter. War hingegen ein einjähriges Kind abgebildet, wurde in der Mehrheit der Fälle lediglich der Vater richtig zugeordnet. Ein Kleinkind sieht dem Vater aus einem ganz einfachen Grund ähnlich: Dies bewirkt, dass er für seinen Nachwuchs sorgt. Überzeugte Väter wechseln Windeln.

Untreue Weibchen in der Tierwelt. Wie gesagt, Frauen suchen bei Männern nach guten Genen und einem Mann fürs Leben. Doch das ist nicht alles. In der Tierwelt paart sich ein Weibchen mitunter nur, um die Aggressionen des Männchens gegenüber einem Kuckucksei zu dämpfen. Warum? Die Männchen zahlreicher Spezies töten diejenigen Jungen, die mit einem anderen Männchen gezeugt wurden. Das Töten von Jungen birgt einen eindeutigen genetischen Vorteil, der sich aufgrund der sexuellen Konkurrenz zwischen den Männchen erklärt. Ein Männchen eliminiert die Jungen eines rivalisierenden Männchens, damit das Muttertier schneller wieder empfängnisbereit ist und *seine* Nachkommen gebären kann.

In zahlreichen Experimenten wurde das Tötungsverhalten bei Lemmingen beobachtet. Dabei stellte man fest, dass die Männchen, die sich mit einem Weibchen gepaart hatten, die Jungen dieses Weibchens so gut wie nie töten. Vielmehr beteiligen sie sich häufig bei der Brutpflege. Wird aber ein Männchen mit einem Muttertier zusammengebracht, mit dem es sich nie gepaart hat, tötet es im Schnitt 42 Prozent der Jungen.

Der genaue Verhaltensmechanismus konnte mittels einer gezielten manipulierenden Maßnahme aufgezeigt werden. Zu diesem Zweck isolierten Wissenschaftler die chemischen Duftstoffe einer jungen Mutter – nennen wir sie Michelle – und verteilten sie auf einem Weibchen, das keine Jungen hatte – nennen wir es Nicole. Danach vereinigten sich einige Lemmingmännchen mit Nicole. Als diese Männchen dann später mit Mutter Michelle und ihrem Nachwuchs zusammengebracht wurden, verspürten sie keinen Impuls, die Jungen zu töten. Mittels der chemischen Stoffe hatte man sie überlistet. Sie dachten nun, sie hätten Michelle begattet, und kümmerten sich als treu sorgende Väter um ihre Jungen.

Ein klarer Fall: Das Lemmingmännchen orientiert sich am Duft des Weibchens, das er begattet hat, und unterlässt es daher, die Jungen dieses Weibchens zu töten. Auf der anderen Seite verhält es sich aggressiv gegen diejenigen Jungtiere, von denen es weiß, dass sie von einem Rivalen gezeugt worden sind.

Weniger klar ist der Fall des Tötens von Jungen unter Primaten, aber gewisse Ähnlichkeiten gibt es dennoch. Bei den indischen Languraffen paaren sich alle Weibchen mit dem ranghöchsten Männchen einer Gruppe. Etwa alle zwei Jahre wird dieses Männchen von einem Außenseiter bekämpft und besiegt. Das neue Männchen beginnt seine Herrschaft, indem es die Jungen, die sein Vorgänger gezeugt hat, aufspürt und tötet. Zudem verspürt es einen starken Drang, alle Jungen, die kurz nach seinem Herrschaftsantritt geboren werden, umzubringen.

Wie reagieren die Weibchen auf das Verhalten des neuen Männchens? Sie paaren sich mit ihm und zeugen neuen Nachwuchs. Warum? Natürlich, um ihre eigenen genetischen Interessen zu fördern. Hat das Männchen ihr Junges getötet, wird es Zeit, eine neue Familie zu gründen, und er ist nun mal der einzige Herr im Haus. Ist das Weibchen aber noch vom Vorgänger schwanger, ist weniger klar, warum es sich dennoch mit dem neuen Männchen paart. Eine mögliche Erklärung ist, dass es mit dieser Taktik dem neuen Männchen glauben machen will, dass die in Kürze zur Welt kommenden Jungen von ihm sein würden.

Auch bei vielen anderen Primaten scheinen die Weibchen das Verhalten der Männchen in ähnlicher Weise manipulieren zu wollen, indem sie sich mit ihnen paaren. Bei den Berbermakaken zum Beispiel paaren sich die Weibchen in ihrer fruchtbarsten Zeit alle 17 Minuten, und das über Tage. Sie stellen den Männchen aggressiv nach und vereinigen sich mindestens einmal mit jedem erwachsenen Männchen der Gruppe. Was ein Weibchen mit diesem Paarungsmarathon bezwecken will, ist bislang nicht schlüssig erklärt. Jedoch geht eine Theorie dahin, dass das Weibchen dadurch das Verhalten des Männchens gegenüber den späteren Jungen beeinflussen will. Denn kein Männchen tötet die Jungen seiner Geschlechtspartnerin.

Eine verwandte Strategie wenden die Frauen der südamerikanischen Ache-Indianer an. Sie pflegen ganz offen Geschlechtsverkehr mit wechselnden Partnern, und so kommen für ein Kind immer mehrere mögliche Väter in Betracht. Ein Mann übernimmt die Rolle des Hauptvaters und des traditionellen Papas, der mit der Mutter zusammenlebt und der Versorgerrolle nachkommt.

Welche Vorteile haben Frau und Mann von diesem System? Betrachten wir zunächst den Vorteil für die Frau. Ein Ache-Indianer stirbt oft jung. Kommt der Hauptehemann einer Frau zu Tode, tritt ein anderer an seine Stelle und unterstützt sowohl sie als auch die Kinder. In der harten Welt der Ache-Indianer, die viel Energie kostet, sterben vaterlose Neugeborene öfter als solche, die einen treu sorgenden Vater haben.

Welchen Vorteil hat der Mann? Teilt sich ein Mann die Frau mit anderen Männern, hat er sowohl Kosten als auch Nutzen. Einerseits sinken zwar seine Erzeugerchancen. Andererseits liegt der genetische Vorteil für ihn darin, dass die Kinder, die er zeugt, eine größere Überlebenschance erhalten – da immer ein Ersatz-Papa bereitsteht.

Wie eine umfassende Studie über die Ache-Indianer ergab, hatten 63 Prozent der Kinder mindestens zwei Väter. Diese Art der Versicherungspolitik findet bei Männern natürlich weit weniger Anklang, vor allem in solchen Gesellschaften, wo ihre Todesraten niedriger liegen (wozu auch die meisten Industriegesellschaften zählen). Allerdings versuchen die Männer auch, sich abzusichern, damit sie nicht eines Tages die Kinder eines anderen großziehen müssen.

Männer fürchten Kuckuckseier. Als Nicole Brown Simpson ermordet aufgefunden wurde, wäre O. J. Simpson so oder so der erste Tatverdächtige gewesen, auch ohne einen blutverschmierten Handschuh und Bruno Maglis Fußabdrücke. Jeder intelligente Detektiv – egal, in welcher Kultur – fahndet bei einem Mord an einer jungen Frau zuallererst nach einem heimlichen Liebhaber.

Damit eine Frau ihnen treu bleibt, wenden Männer oft Taktiken an, die von leidenschaftlichen Versprechungen bis hin zu Überwachungen, Drohungen und Gewalt reichen. In der ganzen Welt sind Mord und Totschlag die traurige Folge derlei männlicher Strategien. Ein Drittel der 3 419 Frauen, die 1998 in den Vereinigten Staaten ermordet wurden, wurde von ehemaligen Liebhabern getötet.

Kehren wir noch einmal zu unserem gedanklichen Experiment am Anfang dieses Kapitels zurück. Was beunruhigt einen Mann am meisten? Die größte Furcht des Mannes ist, dass das sexuelle Exklusivrecht, das er auf seine Ehefrau ausgehandelt hat, einem anderen gewährt werden könnte. Im Gegensatz zur Frau kann sich der Mann nie ganz sicher sein, ob das Kind, mit dem seine Frau schwanger ist, auch tatsächlich seine Gene in sich trägt. So zieht er womöglich mit seinem Geld das Kind eines anderen auf oder spendet ihm gar eine Niere. Die tiefe emotionale Zuneigung seiner Partnerin zu einem anderen Mann empfindet er zwar als bedrohlich, da es jederzeit zum Seitensprung kommen könnte, doch nichts ist schlimmer als die tatsächliche eheliche Untreue.

Ebenso sicher wie unsere Gene in die Offensive gehen, sind sie bereit, auch defensive Strategien zu entwickeln. Promiskuität ist eine zweischneidige Angelegenheit, und von daher muss ein Mann immer davon ausgehen, dass es außer ihm auch noch andere Männer gibt, die Annäherungsversuche unternehmen. Und das muss er verhindern. Aber wie?

Mit List und Tücke wachen die Männer über die Treue ihrer Partnerinnen – oder versuchen es zumindest. Dabei reicht die Bandbreite von harmlos bis extrem. Am unteren, harmlosen Ende der Skala befinden sich die strengen Bewacher der alten Schule. Dazu gehört beispielsweise der harmlose Teenager, der darauf bedacht ist, dass seine Freundin für alle Schulkameraden sichtbar seine Jacke oder seinen Ring trägt, oder der mit seiner Liebschaft bei all seinen Freunden prahlt. Alles harmlose Zeichen seiner Liebe, ganz klar, aber lesen Sie einmal zwischen den Zeilen die Botschaft seiner Gene an die anderen männlichen Wesen seiner Umgebung: »Finger weg!«

Judith, 26 und Promotionsstudentin, verlässt jede Party um Punkt Viertel vor elf – man kann die Uhr danach stellen. Auf die Frage, warum sie denn schon gehe, erklärt sie ganz offen, dass ihr Freund vom anderen Ende des Landes sie jeden Abend um elf anrufen und mit ihr plaudern möchte. Pünktlich auf die Minute verschwindet die geschlechtsreife Judith von jeder Party, auf der sich natürlich haufenweise potenzielle Freier tummeln. Geht es ihrem Mr. Boyfriend tatsächlich nur um Liebesgeflüster am Telefon? Vielleicht. Doch seine ränkevolle Leibwache würde mehr fruchten (im wahrsten Sinne), wenn er sie jeden Abend besuchen und sich auf sie setzen würde.

Vielleicht gar keine so schlechte Idee. Bei einigen Spezies jedenfalls bleiben die Männchen nach der Begattung noch für eine ganze Weile auf den Weibchen sitzen. Klar, ihre Welt kennt keine Eifersucht, keine allabendlichen Anrufe oder das Schautragen von Jacken oder Ringen – aber auch sie haben keine Lust, die Nachkommen eines anderen aufzuziehen, und tun, was sie können, um sich ein Vatertagsgeschenk zu sichern, das auch wirklich ihnen gehört.

Doch im Grunde geht es bei diesem Wachgehabe und all der Eifersucht, von der derartige Verhaltensweisen getrieben werden, nur um eines, um Unsicherheit und Ungewissheit. Solange ein Kind noch aus dem Mutterleib einer Frau geboren wird, hat die Frau die Garantie, dass es mit Sicherheit auch ihre Gene enthält. Im Gegensatz dazu befindet sich der Mann während der fruchtbaren Zeit seiner Frau in einer Gefahrenzone. Vereinigt sie sich in dieser Zeit mit einem anderen, läuft er Gefahr, dass der Nachwuchs, den sie produziert, vielleicht gar nicht von ihm stammt. Falls seine Beziehung so gestaltet ist, dass ihm die Versorgerrolle zukommt, sollte er also zusehen, dass er das Risiko in dieser Zeitspanne möglichst gering hält.

Vielleicht sollte der Mann sich während der fruchtbaren Periode mit seiner Frau einfach dauerpaaren, um sich das Monopol auf sie zu sichern? Bei vielen anderen Spezies gehen Männchen diesen Weg, um das Risiko während der fruchtbaren Tage zu mindern. Bei den Stubenfliegen etwa lässt das Männchen eine geschlagene Stunde nicht vom Weibchen ab, auch wenn es bei der Kopulation schon nach zehn Minuten seinen gesamten Samen ausgestoßen hat.

Motten übertreffen die Fliegen noch um einiges. Sie setzen das Paarungsspiel über ganze 24 Stunden fort. Doch die wahren Spitzenreiter sind ganz bestimmte Froscharten, die über mehrere Monate hinweg unaufhörlich einen Paarungsakt nach dem anderen vollziehen. Würde der Mensch ein ähnlich zeitintensives Paarungsverhalten an den Tag legen, würde ein einziger Liebesakt, bezogen auf unsere Gesamtlebenszeit, fast zehn Jahre lang dauern.

Selbst wenn wir dieses Jahrzehnt erübrigen könnten, erfordert diese Strategie weitaus mehr als Ausdauer und Entschlossenheit. Damit die anhaltende Kopulation überhaupt möglich wird, hat die natürliche Selektion an den Begattungsgliedern dieser Männchen eine schauerliche Sammlung von Haken, Stacheln und Haftorganen ausgebildet, die eine Entkoppelung verhindern, bevor das Männchen fertig ist.

Die Bewachung des Weibchens ist allerdings – und darin scheinen alle Arten, vom Seeelefanten bis zur Rauchschwalbe, konform zu gehen – nur während der fruchtbaren Zeit vonnöten. Das Weibchen wird während all ihrer fruchtbaren Tage von seinem Gefährten mit Beschlag belegt, der es ununterbrochen für sich allein beansprucht. Sobald diese Zeit vorbei ist, schwindet die Besitzgier, und es steht dem Weibchen frei, sich nach Belieben auch mit anderen Artgenossen zu paaren.

Anthropologische Studien, die auf der Insel Trinidad durchgeführt wurden, zeigen auf, dass das menschliche Wacheschieben dem der Tiere teils nicht unähnlich ist. Im Vergleich mit anderen Männern verbringen die, deren Ehefrauen fortpflanzungsfähig sind – will heißen junge Frauen, die weder schwanger sind noch stillen –, den Großteil ihrer Zeit damit, ihre Partnerinnen im Auge zu behalten.

Wie gelingt es diesen Ehemännern, andere Männer von ihren Gattinnen fern zu halten? Ausgeklügelte Strategien haben sie keine: Sie verbringen einfach mehr Zeit zu Hause. Und sie geraten wegen ihrer Frau öfter mit anderen aneinander. Die Schürzenjäger mit den gerade weniger fruchtbaren Ehefrauen verstehen sich untereinander hingegen ganz prima und verbringen nicht so viel Zeit zu Hause mit ihren Frauen. Wollen Sie herausfinden, wie fruchtbar eine Frau gerade ist? Dann nehmen Sie ein Maßband und messen Sie ab, wie weit ihr Ehemann von ihr entfernt steht. (Aber machen Sie sich zum Rückzug bereit, falls er Sie fragt, was Sie da tun.)

Da es an genauen Angaben zur Empfängnisbereitschaft hapert, bleibt eigentlich nur das Alter als Orientierungshilfe, um sich ausrechnen zu können, wie stark ein Mann seine Frau im Auge behalten wird (nicht umgekehrt). Eine Frau nämlich, ob frisch vermählt oder nicht, behält ihren Partner mit immer gleich bleibend scharfer Vorsicht im Auge, egal, ob er 20, 30, 40 oder noch älter ist. Zudem sind Frauen ganz allgemein weise genug, auf ihre alternden Ehemänner Achtzu geben, denn Männer in den Vierzigern sind bekanntermaßen zeugungsfähig, reich und untreu. Und Frauen in den Dreißigern fühlen sich freier, zu tun, was sie wollen, als in den Zwanzigern – und zwar in jeglicher Hinsicht.

Lesen Sie jetzt nur weiter, wenn Sie keinen empfindlichen Magen haben. Auf dem Reißbrett der natürlichen Selektion sind Anti-Hahnrei-Programme entstanden mit Strategien, die abwegiger und grausamer sind als in den gruseligsten Horrorfilmen.

Betrachten wir zunächst die unheimlichen Methoden der Schwarzen Witwe. Das Männchen verpasst dem Weibchen eine ganz eigene Art von Keuschheitsgürtel, indem es sein eigenes Sexualorgan im Genitaltrakt des Weibchens abbricht und es ihm somit völlig unmöglich macht, sich je wieder mit einem anderen Spinnenmännchen paaren zu können. Das spart den altgedienten Keuschheitsgürtel. Nach vollbrachter Tat tötet das Weibchen das Männchen und frisst es auf. *Femme fatale.*, im wahrsten Sinne. Jedoch obsiegt die raue Gerechtigkeit der Natur. Indem das Männchen den Fortpflanzungstrakt des Weibchens für immer versiegelt, stellt es sicher, dass es auch tatsächlich der Erzeuger der Spinnenjungen ist. Und indem das Weibchen den nährstoffreichen Leib ihres Liebhabers verspeist, bekommt es die nötigen Reserven, um den Nachwuchs austragen zu können.

Eine solche Fairness gibt es unter den Gespensterkrabben allerdings nicht. Mit der Entwicklung von so genannten Zementdrüsen haben die Männchen dieser gemeinen Parasiten ihre Schutztaktiken beinahe zu einer Kunst verfeinert. Nach der Kopulation bleiben sie nicht auf ihrer Partnerin sitzen. Sie verbringen auch keine Zeit damit, sie zu bewachen. Das haben sie nicht nötig. Sie versiegeln die Vagina des Weibchens ganz einfach mit einem Zementstöpsel.

Außerdem macht eine Gespensterkrabbe Rivalen ausfindig und setzt sie außer Gefecht, indem sie dessen Spermakanäle zementiert. Männchen anderer Krabbenarten verfahren noch abstruser. Sie injizieren ihr Sperma direkt in den Leib des Rivalen, wo es geradewegs in die Hoden des Opfers gelangt. Nachdem sich das Opfer erholt hat und daraufhin ein Weibchen begattet, schwängert es dieses mit dem Sperma des Aggressors.

Doch die Spermienkriege gehen noch weiter. Die männliche Schlankjungfer beispielsweise benutzt ihren schaufelförmigen Penis, um damit vor der Besamung den Fortpflanzungstrakt des Weibchens auszuschaben – wodurch jegliches Sperma vorheriger Liebhaber entfernt wird. Die Männchen anderer Spezies injizieren vor der Begattung wirksame Spermizide – oder wie einige Haifischarten einen einfachen Meerwasserstrahl –, die das Sperma ihrer Konkurrenten abtöten und wegschwemmen.

Giftstoffe im Sperma der männlichen Fruchtfliege, die den Samen rivalisierender Männchen abtöten sollen, verringern die Lebensdauer eines Weibchens um zehn Prozent. Gemein und brutal – Männchen, die sich diese Spermienkriege liefern, machen sich nichts aus den Weibchen. Aber sie geben uns wenigstens Grund zur Hoffnung und zum Feiern, läuft doch der Geschlechterkampf unserer eigenen Spezies vergleichsweise um einiges gelinder ab.

Wie können wir romantische Beziehungen festigen? Wir Menschen bekunden im Allgemeinen den Wunsch nach einem monogamen Sexualleben, und die gute Nachricht ist, dass dies auch vielen Paaren gelingt. Trotz aller Vorteile einer Ehe, das Treueversprechen verlangt auch Selbstbeherrschung. Jeder der Partner gibt ein Stück Freiheit auf und gewinnt dabei eine wohltuende Beziehung, die auf gegenseitigem Vertrauen basiert. Eheliche Untreue wird daher als mutwillige Missachtung der Bedingungen dieses ehelichen Vertrags betrachtet. Um Streit und Kampf zu vermeiden, müssen wir alles geben, um unsere Ehe zu einem glücklichen Tauschgeschäft zu machen.

Damit es ein glückliches Tauschgeschäft für beide Seiten wird, müssen Sie ein paar Maßnahmen treffen.

Schritt eins: Halten Sie sich an die abgemachten Versprechungen. Seine Zeit mit einem anderen teilen zu wollen ist ein starkes Zeichen von Begehren und Bindungswillen. Auch ein Ehegatte, der immer wieder Geschenke macht, festigt das Ehegelöbnis. Ebenso sollte auch die Frau ihren Ehegatten öfters beschenken.

Welche Verhaltensweisen sind typisch für Jungverliebte? Sie sind ganz närrisch nach einander, wollen möglichst viel Zeit miteinander verbringen: Keine Anstrengung ist ihnen zu groß, ein Rendezvous einzurichten, keine Unternehmung zu blöd. Und sie machen einander Geschenke: Blumen ohne besonderen Anlass oder ein Buch, von dem sie glauben, dass es dem anderen etwas gibt.

Jungverliebte hören einander zu und verbringen ganze Wochenenden im Bett. Wen wundert es da, dass sie einander so begehrenswert finden. Sie sollten ein solches Verhalten nicht als närrisch oder unnütz abtun. Diese Paare verwirklichen die Bedingungen eines beidseitig befriedigenden Tauschgeschäfts, und wir wären gut beraten, es ihnen gleichzutun. Achten Sie darauf, dass die Romantik in Ihrer Beziehung nicht verloren geht.

Schritt zwei: Tun Sie *nicht*, was wir versprochen haben, nicht zu tun. Die sicherste Methode, eine Beziehung zu gefährden, ist, gegen die vereinbarten Spielregeln zu verstoßen. Eine Frau verspricht dem Mann die Vaterschaft, folglich wird Sex mit einem anderen Mann die eheliche Beziehung in ihren Grundfesten erschüttern. Ein Mann verspricht, sich mit ganzer Energie der Beziehung zu widmen, folglich ist der größte Verrat der, eine beträchtliche Menge Zeit und Geld in andere Frauen zu investieren.

Die Versuchungen, mit denen wir alle konfrontiert sind, sind tief verwurzelt in den Genen unserer Herzen und Seelen. Und beide Parteien sollten diese gemeinen Gene mit entsprechenden Maßnahmen bekämpfen. Haben wir einen engen Freund, der dem anderen Geschlecht angehört, empfindet unser Partner das von Natur aus als bedrohlich. Das sollte uns bewusst sein. Von daher wäre es unserer Beziehung förderlich, den Freund zusammen mit dem Partner in gemeinsame Aktivitäten einzubeziehen und den sozialen Austausch frei und offen zu pflegen (zum Beispiel auch Nachrichten auf dem Anrufbeantworter gemeinsam abzuhören). Basteln wir hingegen an heimlichen Beziehungen, wächst sowohl das Misstrauen als auch der Reiz der Versuchung.

Und schließlich können wir unsere Beziehung verbessern, indem wir uns selbständig verbessern. Stellen Sie sich vor, Sie sind mit Ihrem Partner auf einer Cocktailparty und er ist ganz hingerissen von der geistreichen, schlauen und sprühenden Person, die neben ihm am Buffet steht. Vielleicht sind ja Sie diese Person. Auf jeden Fall waren Sie es einmal. Und solange es uns gelingt, die Dynamik in unserer Beziehung aufrechtzuerhalten und für unseren Partner interessant zu bleiben, kommt die Monogamie nicht in Konflikt mit unseren der Untreue Vorschub leistenden, gemeinen Genen.

KAPITEL 4
ICH UND DIE ANDEREN

Familie
Die unsichtbaren Bande

Wir lieben unsere verrückten Familien. Terrys große Schwester Sue ist die älteste seiner Geschwister. Sie genoss die ungeteilte Aufmerksamkeit der Eltern, bis Baby Nummer zwei, Jane, geboren wurde. Kaum war das Baby da, ärgerte sich Sue grün und gelb über die Aufmerksamkeit, mit der nun Baby Jane überhäuft wurde, bis sie eines Tages vor Wut platzte, Jane im Kinderwagen entführte und Baby samt Wagen mehr als einen halben Kilometer von zu Hause entfernt aussetzte.

Obwohl grausam (und ganz schön kreativ für eine Zweijährige), aber so ganz ungewöhnlich ist Sues Reaktion eigentlich nicht. Familienbande sind emotional und eng. Die Beziehungen, die wir insbesondere zu unseren Eltern und Geschwistern haben, gehören zu den wichtigsten in unserem Leben. Kein Wunder also, dass Liebe und Erbitterung so dicht beieinander liegen, wenn so viel auf dem Spiel steht.

Viele sehen ihre Familien nur wenige Male im Jahr, an Feiertagen oder Festtagen, und normalerweise freuen wir uns auf ein Wiedersehen. Wir verwenden Zeit und Energie, um die richtigen Geschenke zu finden; wir freuen uns auf ausgiebige Gespräche mit dem Bruder oder der Lieblingstante, den oder die wir Ewigkeiten nicht gesehen haben. Doch es dauert nicht lange, da werden unsere hoffnungsfrohen Erwartungen auch schon getrübt. Nach ungefähr fünf Stunden daheim mit verrückten Onkeln, betrunkenen Großmüttern wahnsinnigen Cousinen und miesepetrigen Geschwistern fällt es uns plötzlich wieder ein, warum wir eigentlich so wild darauf waren, von zu Hause weg auf die Uni zu kommen.

Aus dieser Hassliebe weiß das Fernsehen Kapital zu schlagen. Bei vielen Daily Soaps amüsieren wir uns köstlich, wenn wir unsere eigene Familiensaga im kleinen Rahmen nachgespielt erleben.

Familie und Verwandtschaft sind Mittelpunkt jeder menschlichen Kulturgemeinschaft. Anfang der 1960er Jahre verließ uns unser gemeinsamer Freund und Mentor Irven DeVore, um mit den !Kung San in der Kalahari-Wüste zu leben. Kaum war er angekommen, bekam er in einer feierlichen Zeremonie einen eigenen Namen, !Nashe!Na, und wurde einer Mutter übergeben (die sich ununterbrochen darüber ausließ, wie schwierig es doch gewesen war, einen solch großen Mann zu gebären).

Irvens Adoption war mehr als nur eine herzliche Willkommensgeste. Die !Kung San haben strenge, wenn auch ungeschriebene Verhaltensregeln – betreffend, mit wem man isst, mit wem man reist –, die allesamt vom Verwandtschaftsverhältnis abhängig gemacht werden. Treffen zwei Menschen zusammen, wird sogar die Sprache, in der man sich unterhält, vom Verwandtschaftsverhältnis abhängig gemacht. So etwa verwendet man in Gegenwart der Schwiegermutter niemals anzügliche Worte, kann aber mit einem Verwandten des gleichen Geschlechts nach Herzenslust dreckige Witze reißen. Ohne seine Eingliederung in das Verwandtschaftssystem der !Kung San hätte Irven ganz schön auf verlorenem Posten gestanden.

Auch bei den Yanomamö ist die Verwandtschaft ein integraler Bestandteil in nahezu allen Lebensbereichen, selbst bei der Wahl des Ehepartners. Ein junger Yanomamö darf nur eine Frau aus der Kategorie der so genannten *suaböya* zur Heirat auswählen. Wörtlich übersetzt heißt *suaböya* heiratbare Partner; sie fallen in die Gruppe der so genannten crosscousins. Unsere Kultur hat keinen speziellen Begriff für diese Art von Verwandtschaftsverhältnis. Doch handelt es sich dabei entweder um die Kinder der Schwester des leiblichen Vaters oder die Kinder des Bruders der leiblichen Mutter.

Das Wort *suaböya* ist zwar ein spezielles Wort der Yanomamö, doch favorisieren auch viele andere Kulturen derlei Verbindungen. Charles Darwin zum Beispiel heiratete seine Cousine Emma. Seine ältere Schwester, Caroline, heiratete ebenfalls einen Cousin, nämlich Emmas Bruder Josiah.

Cross-cousins entpuppen sich aus vielerlei Gründen als ausgezeichnete Ehepartner. Mit einem nahen Verwandten – nahe genug, um gemeinsame Vorfahren zu haben, aber weit genug, um die meisten mit der Inzucht verbundenen Gefahren zu umgehen – Kinder zu zeugen hat genetische Vorteile und festigt außerdem die Bande zwischen den Familien, die sich aufgrund der gemeinsamen Ahnenlinie ohnehin schon nahe stehen.

So wichtig uns die Ehe ist, die Spitze bedingungsloser Liebe dürfte die zwischen Mutter und Kind sein. Doch selbst eine noch so hingebungsvolle Mutter muss tief beeindruckt sein vom Verhalten der Australischen Spinne. Gleich nachdem sie rund 100 Jungspinnen geboren hat, verflüssigt sich im wörtlichen Sinne der Leib der Mutterspinne in eine breiige Fleischmasse. Die Jungen zehren am Fleisch der Mutter und werden so mit vollen Bäuchen ins Leben entlassen.

Aber warum hat die Evolution eine Mutter hervorgebracht, die sich gleich auflösen muss? Genügt es denn nicht, die Kinder zum Fußballtraining zu fahren und hinterher zu sein, dass sie sich die Zähne putzen? Nun, Gene sind schlau und eiskalt und entwickeln Organismen, die mit den verschiedenen Methoden erfolgreich überleben. Erfolg im evolutionsbiologischen Sinne beschränkt sich auf ein einziges Ziel: den genetischen Marktanteil in der nächsten Generation zu erhöhen.

Unter der Voraussetzung gleicher Interessen von Mutter und Kind würden die Gene, die in der Mutter leben, natürlich noch gerne einen Tag weiterleben. Jedoch sind die Interessen nicht immer gleich verteilt. Der Tod der Mutter, obwohl ein teurer Verlust, wird mehr als kompensiert durch den glücklichen Start ins Leben, den die Jungspinnen, von denen jede einzelne die Kopien der mütterlichen Gene in sich trägt, dadurch haben.

Und diese Gene werden erneut Eltern hervorbringen, die selbstlos alles geben für ihre Nachkommen, wobei die Art dieser Spinnen mit Sicherheit nicht der einzige Weg ist, die Liebe zur Familie zu bekunden. Lebewesen aller Arten teilen ihre Gene mit Geschwistern, Cousins, Tanten, Onkeln und dergleichen. Und Mensch wie Tier bringen auch für Verwandte Opfer – ununterbrochen.

Verwandtschaft hält zusammen. Bei den Tasmanischen Hühnern, eine dem Truthahn verwandte Art, haben viele Weibchen nur ein Männchen an ihrer Seite, doch gibt es auch zahlreiche polygame Weibchen, die sich zwei Männchen halten. Ein solches Weibchen führt buchstäblich das Regiment auf der Hühnerstange: Es gewährt beiden Männchen, sich mit ihm zu paaren, und verlangt von allen beiden, Nahrung für die Küken zu beschaffen – ein ganz hübsches Arrangement für das Weibchen. Wie eine Studie ergab, haben Hennen mit zwei Hähnen durchschnittlich 9,6 Küken, während die mit nur einem Hahn nur auf 6,6 Küken kommen.

Erheben die Männchen Protest? Im Gegenteil. Sie tolerieren nicht bloß ihre Dreierbeziehung, vielmehr scheinen sie sich nicht im Mindesten darüber aufzuregen. Selbst einige der größten Männchen heißen kleinere Rivalen ohne scharfe Proteste in ihrem Nest willkommen. Warum verscheucht das Männchen, das in einer Dreierbeziehung im Schnitt 4,8 Küken hat (die Hälfte der insgesamt 9,6), nicht das zweite Männchen und heimst ganze 6,6 Nachkommen für sich ein?

Aus Bruderliebe – so lautet die Antwort. Denn Männchen, die sich ein Ehenest teilen, sind für gewöhnlich Brüder. Und da die Gene beider Männchen von denselben Eltern stammen, teilt jeder auch die Hälfte der Gene des anderen. Demnach bekommt ein tatenlustiger Hahn bis zu 4,8 leibliche Küken plus einen genetischen Kredit auf der Habenseite für die anderen 4,8 Nachkommen seines Bruders. Damit beläuft sich seine Gesamtsumme für eine Fortpflanzungssaison auf 7,2. Und so gesehen ist die Ausbeutung seitens des Weibchens auf einmal gar nicht mehr so schlimm. Denn das brüderliche Teilen ist nichts als eine praktische Methode, um die Weitergabe der eigenen genetischen Informationen sicherzustellen.

Auch in ein paar wenigen menschlichen Kulturgesellschaften haben Frauen mehr als einen Ehemann gleichzeitig. Und genau wie bei den Tasmanischen Hühnern funktionieren diese Ehen auch nur dann, wenn die Ko-Ehemänner Brüder sind. In einer tibetanischen Kultur etwa, wo diese Form der Ehe üblich ist, muss einer der Brüder sehr oft lange unterwegs sein, um die Ernte zu verkaufen. Dann funktioniert das Arrangement natürlich ganz besonders gut. Sind beide Männer zu Hause, konkurrieren sie miteinander um die sexuelle Gunst der Frau, wenn auch die engen genetischen Bande die innere Anspannung etwas dämpfen.

Spannungen ganz anderer Art erleben Eichhörnchenfamilien, wenn ein Adler zum Angriff fliegt. Dann heißt es für sie Alarmstufe rot. Glücklicherweise verfügen diese schlauen Geschöpfe über ein effektives nachbarschaftliches Überwachungssystem. Sie schreien sich die Kehle aus dem Leib, sobald sie einen dieser Raubvögel am Horizont sichten. Mit dem ganzen Krakeel zieht der Schreihals natürlich alle Aufmerksamkeit auf sich und läuft somit Gefahr, selbst gefressen zu werden. Taucht ein Adler auf, fällt ihm in neun von zehn Fällen ein Eichhörnchen zum Opfer. Und die Hälfte der getöteten Eichhörnchen sind die Schreihälse, die Alarm geschlagen haben.

Welches Eichhörnchen riskiert es, die Aufmerksamkeit auf sich zu lenken, um bei drohender Gefahr zu warnen? Warum duckt es sich nicht einfach und lebt weiter? Es sind die Weibchen, die über 90 Prozent aller Warnrufe ausstoßen. Doch nicht aus purer Gutmütigkeit, sondern einmal mehr aus familiären Gründen.

Weibchen entfernen sich nicht sehr weit von ihrer heimatlichen Umgebung, in der sie aufwachsen. Männchen hingegen ziehen in die Ferne, Jahr für Jahr weiter weg. Folglich leben Männchen nie in der Nähe ihrer Eltern oder nächsten Verwandten. Immer auf Achse, bleiben diese Landstreicher auch selten in nächster Umgebung der eigenen Nachkommen. Ohne Verwandte, die es zu beschützen gilt, haben sie recht wenig genetischen Beweggrund, mit lautem Warngeschrei ihren Kopf zu riskieren.

Auf der anderen Seite spüren Weibchen, die von Mitgliedern ihrer weit verzweigten Familie umgeben sind, einen enormen Trieb, ein solches Risiko auf sich zu nehmen. Und die Klugheit ihrer Gene geht sogar noch einen Schritt weiter. Fast als ob sie eine mentale Verwandtschaftsliste führen würden, lässt ein Weibchen umso wahrscheinlicher den »Familien«-Alarmruf ertönen, umso mehr Verwandte es in der Nachbarschaft gibt.

Unsere Gene lassen sich selbst im Angesicht des Todes nicht daran hindern, die Verwandten zu versorgen. Im Testament vermacht der Mensch sein Hab und Gut meist an Verwandte. Stirbt er ohne ein Testament, werden seine Hinterlassenschaften vom Gesetzgeber aufgeteilt, und zwar in einer Weise, die das genetische Interesse widerspiegelt.

Doch geht es in der Verwandtschaft nicht nur um die materielle Versorgung. Mehr als 4 000 lebende Amerikaner spendeten 1997 eine Niere, darunter nur ein einziger , die ihre Niere an einen nicht blutsverwandten Menschen spendete. Das war derart außergewöhnlich, dass die Tat dieser Frau auf großes Medieninteresse stieß und sie sogar auf offener Straße von wildfremden Leuten angesprochen und beglückwünscht wurde. Jahr für Jahr sterben in Amerika 2 000 Menschen während der Wartezeit auf eine Spenderniere, und jeder mit zwei gesunden Nieren könnte im Prinzip ein Menschenleben retten. Doch kaum ein Mensch opfert seine Niere für einen nicht blutsverwandten Mitmenschen.

Auch Tiere mühen sich, im Interesse ihrer weit verzweigten Verwandtschaft bestmöglich zu handeln. Die Bienenstöcke der Furchenbienen beispielsweise erinnern an die einst berühmteste Disco der Welt in New York, das Studio 54. Die ausgeschwärmten Bienen bitten die so genannten Türsteher-Bienen vor dem Stock um Einlass. Doch wer von ihnen das samtene Absperrseil passieren darf, hängt nicht etwa von Attraktivität oder exotischer Garderobe ab. Das ganze Szenario ist nämlich nichts weiter als eine Familienzusammenkunft. Die Türsteher-Bienen gewähren nur den allernächsten Verwandten Zutritt und machen mit unheimlicher Treffsicherheit sämtliche Nichtverwandte aus, die sie außen vor lassen.

Kaulquappen unterhalten eine ähnliche Vetternwirtschaft, sie klüngeln vornehmlich mit ihren Geschwistern. Selbst wenn man die Eier vor der Geburt trennt und in einen großen Weiher leert, spüren die Kaulquappen zielsicher ihre Geschwister auf und treiben sich hauptsächlich nur mit ihnen herum.

Wie aber erkennen die Tiere sich gegenseitig? Über Geruchsschlüssel, die es Kaulquappen wie Furchenbienen ermöglichen, die genetische Ähnlichkeit abzuschätzen. Riecht jemand nach Familie, wird der rote Teppich ausgerollt. Der Mensch ist darin etwas weniger geübt. Jay hört noch heute die Stimme seiner Mutter, die ihn alle Jahre wieder zu Thanksgiving erinnerte: »Sei nett zu Jeffrey, Tammy, Julie und Karen. Sie sind deine Vettern und Cousinen.«

Blutsbande. Dass es so viel häusliche Gewalt gibt, wo wir unsere Familie doch so sehr lieben, scheint paradox. Wir wollen versuchen, diesen offensichtlichen Widerspruch etwas zu erhellen. Annähernd ein Viertel alle Morde in den USA wird innerhalb der Familien verübt. Ehemänner töten ihre Frauen und Ehefrauen ihre Männer. (Vielleicht erstaunlich, aber 30 Prozent aller ermordeten Ehepartner sind Männer.) Männer töten auch ihre Stiefkinder.

Erkennen Sie das Muster? In der überwiegenden Mehrheit der Familienmorde teilen Opfer und Täter keinerlei

Gene. Eine Studie nahm alle 98 Familienmorde in Detroit aus dem Jahre 1972 unter die Lupe. Bei 76 Mordopfern bestand keine genetische Verwandtschaft mit dem Mörder, 22 Opfer waren im Untersuchungsprotokoll als Kinder, Eltern oder sonstige Verwandte einschließlich einiger Stiefväter erfasst.

Auch Studien über viele andere Gesellschaften, wie etwa über England im 13. Jahrhundert und über das heutigen Kanada, verzeichnen eine sehr niedrige Mordrate unter Blutsverwandten.

Blut ist also dicker als Wasser. Auch bei den Yanomamö. Mit zunehmender Größe eines Dorfes wachsen auch die sozialen Spannungen, und Streit flackert auf. Lässt sich der soziale Frieden nicht mehr gewährleisten, spaltet sich eine Gruppe vom Mutterdorf ab und gründet anderswo ein neues Dorf. Und wer geht mit wem?

Hier verkompliziert sich die Sache. Es ist nicht immer so leicht herauszufinden, wer mit wem zusammenbleibt, denn die Yanomamö haben ein großes fiktives Verwandtschaftsnetz, das heißt, sie sprechen sich auch untereinander mit Verwandtschaftsbegriffen an, etwa so, wie wenn bei uns ein enger Freund der Familie von den Kindern als Onkel benannt wird. Dennoch erfolgt die Aufspaltung der Dörfer entsprechend der eigentlichen Blutsverwandtschaft, und alle sind plötzlich in der Lage, zwischen wirklicher und fiktiver Verwandtschaft zu unterscheiden.

Die Kindesmisshandlung folgt einem ähnlichen Muster und wirft Licht auf die Ursprünge von Geschichten wie Aschenputtel. Forscher untersuchten alle 87 789 Fälle von Kindesmisshandlung in den Vereinigten Staaten aus dem Jahre 1976 und stellten fest, dass die Wahrscheinlichkeit der Kindstötung durch Stiefeltern um das Hundertfache höher liegt als durch leibliche Eltern.

Können wir lernen, jeden wie ein Familienmitglied zu behandeln? Wie die Tiere sind auch wir Menschen so veranlagt, dass wir zu Blutsverwandten besonders nett sind. Freilich gab es schon immer idealistische Weltverbesserer, die von einer Welt träumten, in der alle Menschen wie eine einzige große Familie leben und entsprechend miteinander umgehen. Plato, normalerweise ein sehr scharfer Beobachter der Menschen, befand, dass in einem Idealstaat dem Herrscher jegliches private Besitztum untersagt sein sollte. Auch heute noch, etwa nach dem Zusammenbruch der Sowjetunion, sind utopische Träumereien lebendig. Können wir lernen, Fremden gleichermaßen nett zu begegnen?

Vor ein paar Jahren erst kaufte die Stadt Portland in Oregon 800 Fahrräder zum gemeinschaftlichen öffentlichen Gebrauch mit dem Argument, dass diese sozialistische Lösung wesentlich effizienter sei als Tausende von privaten Fahrrädern, die die meiste Zeit ungenutzt in den Garagen stehen. Doch die stattliche Flotte von Fahrrädern war binnen kurzer Zeit zu einer Hand voll klappriger Drahtesel zusammengeschrumpft. Hie und da hatte man beobachtet, wie einige der grellgelben öffentlichen Räder auf Kleintransporter mit Nummernschildern aus anderen Bundesländern aufgeladen wurden.

Die eigentlichen Probleme aber reichen weit über Fahrraddiebstahl hinaus. Laut Statistik kam für das Jahr 1998 auf 177 US-Bürger ein Gewaltverbrechen – also Mord, Vergewaltigung, Raub oder gewalttätige Übergriffe. Einer von 25 US-Bürgern fiel einem Diebstahl zum Opfer. Das heißt, es gibt auch Betroffene unter Ihren Bekannten, und alle paar Jahre kann es auch *Sie* treffen. Zum Glück für die nationale Moral ist dem FBI nicht daran gelegen, zu überprüfen, wie oft ein Diebstahl aus purem Eigennutz bloß erlogen war.

Trotz dieser unerfreulichen Fakten haben wir die Hoffnung nicht aufgegeben, dass der Mensch auch uneigennützig und selbstlos sein kann. Doch kann er das wirklich? Um eine endgültige Antwort zu erhalten, betrachten wir uns einmal den organischen Aufbau des Menschen aus einer etwas ungewöhnlichen Perspektive:

Eine Sage beschreibt den Kampf um die Herrschaft über den menschlichen Körper, den die Körperorgane unter sich ausfechten. Die Augen beanspruchen das Oberkommando für sich mit der Begründung, dass die Sehkraft für jegliche Unternehmungen des Menschen unabdingbar sei. »Wo wäre denn der Mensch ohne meine Stoffwechselarbeit?«, hält die Leber dagegen, die alle anderen daran erinnert, dass sie schließlich auch Alkohol abbaut. Etwas überheblich meldet sich das Gehirn, das das Amt aufgrund seines überlegenen Intelligenzquotienten beansprucht.

Unterdessen tritt der Darm in Streik, weigert sich, die ganzen Abfallprodukte zu verarbeiten. Die Ansammlung von Giftstoffen verseucht die Leber, lässt die Augen triefen, im Gehirn gehen die Lichter aus, und am Ende ist der Darm der gekrönte König.

Der interne Programmablauf unseres Körpers ist ein Bereich, mit dem wir nicht ins Gehege kommen. Die Sage vom ungekrönten Darmkönig ist so humoristisch, weil falsch: Augen, Leber, Gehirn und Gedärm arbeiten allesamt völlig uneigennützig zum Wohle des ganzen Körpers. Die Zellen unseres Immunsystems werfen sich ganz nach dem kommunistischen Ideal in einen tödlichen Kampf gegen einfallende Krankheiten, und zwar ohne nach irgendwelchen Kampfmedaillen zu schielen oder patriotische Reden zu schwingen.

Warum tritt die Leber nicht in Streik, um das Beste für sich herauszuholen? Wie verhält sich die Sache wohl aus

Sicht eines Gens in der Leber? Hat es etwas davon, wenn die Leber zusätzliche Energiezufuhren aus anderen Körperteilen gewinnt und kürzere Arbeitszeiten bewilligt bekommt? Nein. Für das Lebergen gibt es nur einen einzigen Weg zum genetischen Erfolg: den Körper bei der Fortpflanzung und Arterhaltung zu unterstützen. Die Gene in Sperma und Eiern stammen aus exakt dem gleichen Bestand wie die in der Leber. In allen Körperteilen fördern Gene die eigenen Interessen am besten, indem sie kooperieren.

Doch nicht nur im körperlichen Organismus, auch in vielen anderen Ordnungen arbeitet der Einzelne zum Wohl der Gemeinschaft, wie zum Beispiel bei den Sechsbeinern. Ameisen und Bienen geben perfekte Kommunisten ab; die Bedürfnisse der Gruppe sind denen des Einzelnen übergeordnet. Dabei brauchen sie keine Polizei, die den Ameisenhaufen oder den Bienenstock bewacht, und auch keine Minister, die das Volk an der Kandare halten. Die Gesellschaftsformen dieser Lebewesen spiegeln eine fein eingestellte Maschinerie.

Stochern Sie einmal in einem Honigbienennest, und Sie gewinnen einen Eindruck vom Altruismus der Bienen. Ganz uneigennützig opfern sie alles für das übergeordnete Wohl ihres Stockes. Sie kommen zu Tode, sobald sie ihren Stachel so tief in die menschliche Haut bohren, dass es ihnen den Hinterleib zerreißt. Warum machen sich die Gene dieser selbstzerstörerischen Honigbienen so wenig aus ihrer eigenen Zukunft?

Die einzelnen Arbeiterbienen sind unfruchtbar; die Gene, die sie in sich tragen, gewinnen den darwinistischen Wettkampf nur, wenn ihre Bienenkönigin mehr Nachwuchs gebiert. Bienen tun bereitwillig alles, um der Königin dabei zu helfen, sterben sogar den selbstmörderischen Stacheltod, mit dem sie den Bienenstock vor Honig suchenden Eindringlingen verteidigen. Übertragen auf den Menschen, ist der Stock dem menschlichen Körper vergleichbar und die Honigbiene einer Zelle unseres Immunsystems. Alle für einen, und einer für alle.

Grabwespen sehen aus wie Honigbienen, greifen aber wesentlich zögerlicher einen Menschen an. Sie haben ihre eigenen Familienregeln, bilden Paare, vereinigen sich und ziehen ihre Jungen groß. Im Gegensatz zur Honigbiene ist jede Grabwespe fruchtbar. Insofern bedeutet der Tod eines Einzelnen einen genetischen Verlust. Während die Honigbiene durch tapfere Selbstaufopferung gewinnt, gewinnen die Gene der Grabwespe durch weise Feigheit.

Kehren wir zurück zu der Frage, mit der sich schon Plato auseinander setzte: Können uneigennützige menschliche Idealstaaten überdauern? Die Antwort darauf ist ein enttäuschendes, aber definitives Nein. Es hat etwas von leiser Ironie, aber nach Hunderten von Jahren utopischer Träumereien und fehlgeschlagener sozialer Experimente ist die Wissenschaft über die Bienenstöcke zu dieser Erkenntnis gelangt.

Die genetischen Interessen innerhalb der Ameisenkolonien, Honigbienenstöcke und des menschlichen Körpers sind so ausgerichtet, dass es zu keinerlei Konflikt kommt. Konflikte entstehen naturgegebenermaßen nur zwischen Artgenossen mit unterschiedlichen Genen. Ameisen sind innerhalb der eigenen Kolonie kommunistisch organisiert, rücken aber fortwährend ihren Nachbarkolonien kriegslustig zu Leibe. Ähnlich ist es in der menschlichen Gesellschaft, die in vielerlei Hinsicht auf Kooperation basiert. Aber wenn es hart auf hart geht, verfolgen unsere Gene immer zuallererst die eigenen Interessen, auch wenn wir unsere Familien über alles lieben.

Konflikte kommen in den besten Familien vor. Enttäuschend, aber wahr: Eine Mutter kann weniger auf die treue Liebe ihres Kindes zählen als auf die ihrer Leber. Die Mutter-Kind-Liebe wird gedämpft durch das Prinzip der darwinistischen Vernunft. Die Hälfte seiner Gene hat das Kind vom Vater. Und diese Tatsache treibt unweigerlich einen Keil zwischen die schwangere Mutter und den Fötus, den sie austrägt und liebt.

Der Interessenkonflikt zwischen Mutter und Fötus fängt im Mutterleib an, wenn es darum geht, wie viel Nahrung – die in sparsamen Mengen über den Blutfluss durch die Plazenta abgegeben wird – der Fötus bekommen soll. Trotz der innigen Liebe gibt es einen Punkt, an dem die Mutter die Glukosezufuhr und die Zugabe anderer nahrhafter Tropfen an das Baby im Mutterleib zu stoppen bereit ist. Aus welchem Grund aber sollte sie dem Kind die Kost verwehren? Weil ihre Gene davon profitieren, wenn sie ein wenig Nahrung für spätere Föten einbehält. Beim Bemessen der Nahrungsration wägt die Mutter ihre eigenen Bedürfnisse – und insbesondere die ihrer späteren Abkömmlinge – gegen die des Fötus ab.

Aus Sicht des Fötus sieht das genetische Kalkül ganz anders aus; künftige Geschwister werden einige, aber nicht alle der Gene des Fötus in sich tragen. Folglich ist der Fötus nicht scharf darauf, sich für deren Wohl zu opfern, und schreit nach größeren Nahrungsmengen, als die Gene der Mutter für ideal befinden. Geschwisterrivalität beginnt also, noch ehe Bruder oder Schwester überhaupt gezeugt sind!

Dieser Konflikt zieht sich als stiller Kampf durch die ganze Schwangerschaft. Der Fötus stößt Hormone aus, welche die Blutgefäße der Mutter erweitern. Das erhöht den Blutzuckerspiegel – und demzufolge auch die Nahrungsportion für den Fötus. Mama rächt sich mit der Produktion von Insulin, was exakt den gegenteiligen Effekt hat – ein Konflikt, der bei manchen Müttern kurzfristig bis zur Geburt Diabetes verursacht und der bei allen Schwangerschaften so lange eskaliert, bis Mama das Tausendfache der normalen Insulinmenge produziert.

Der Mutter-Kind-Zwist ist mit der Geburt aber längst nicht vorbei. Eine Studie, die alle Geburten in den Vereinigten Staaten zwischen 1983 und 1991 untersuchte, ergab, dass 2776 Babys von ihren Müttern getötet wurden. Sie zeigt außerdem, dass die Kindsmordrate im Zeitraum der Studie weiter anstieg. Es gibt also offenbar nicht nur Mütter, die für ihre Sprösslinge sterben, sondern auch Mütter, die ihre Babys töten. Wie erklärt sich das?

Der Kindsmord erklärt sich – wie die mütterliche Diabetes – dadurch, dass Mutter und Kind zwar gemeinsame, aber nicht völlig identische Interessen haben. Eine Mutter liebt ihr Kind, aber sie kann jederzeit weitere Kinder zur Welt bringen. Eine Mutter tötet ihr Kind nicht von ungefähr: Hier setzt das genetische Kalkül ein. Die bislang umfassendste Dokumentation über den menschlichen Kindsmord beleuchtet Dutzende von Gesellschaften und kommt zu dem Schluss, dass Mütter ihre leiblichen Kinder vorwiegend dann töten, wenn sie zu einem Zeitpunkt kommen, in der die Nahrungsversorgung nicht gewährleistet ist.

In vielen Kulturen liegt die Entscheidung darüber, ob das Baby behalten wird oder nicht, allein bei der Mutter, und ein jeder respektiert diese Entscheidung. Bei den !Kung San etwa stehen einer gebärenden Frau traditionsgemäß nahe weibliche Verwandte bei. Trägt die Mutter nach der Entbindung ihr Kind in die Gruppe, wird es als Familienmitglied anerkannt. Kehrt die Mutter ohne Kind in die Gruppe zurück, geht man davon aus, dass es tot geboren wurde, egal, unter welchen Umständen.

Was also haben wir über Familien gelernt? Gene spielen eine wesentliche Rolle in der Förderung der Kooperation. Im einen Extrem sind das sozialistische Kollektivgesellschaften, in denen der Einzelne sich für das Wohl der Gemeinschaft einsetzt. An Ameisenkolonien, Bienenstöcken oder am menschlichen Organismus hätte Marx seine Maxime verwirklicht gesehen und seine helle Freude daran gehabt: »Jeder nach seiner Fähigkeit, jedem nach seinem Bedürfnis.«

Doch wann immer genetische Interessen nicht perfekt aufeinander passen, kommt es unweigerlich zum Konflikt. Der scheidende Präsident George Washington konzentrierte sich in seiner Abschlussrede auf die Außenpolitik und schloss, dass das Land permanente Interessen hat, aber nicht permanente Freunde. Im sozialen Bereich ergeht es uns ähnlich, und wie wir noch sehen werden, geht es in allen menschlichen Beziehungen um ein ständiges taktisches Manöver zwischen Konflikt und Kooperation.

Freunde und Feinde
Sei gut zu Freunden, sei besser zu Feinden

Sind Konflikte innerhalb von Gemeinschaften naturgegeben?
Antagonismus zwischen Familienmitgliedern ist ein universales Phänomen. Doch sobald Bedrohungen von außerhalb
der Familie nahen, werden die eigenen Querelen ganz schnell
beiseite geschoben, und man hält zusammen. Eine alte Maxime besagt: »Ich gegen meine Brüder, ich und meine Brüder
gegen meine Cousins, ich und meine Brüder und meine Cousins gegen meine Sippe, ich und meine Sippe gegen die Welt.«
Ein Volksmärchen erzählt die folgende Geschichte: Eine
Göttin besucht einen Bauern und verspricht, ihm einen
Wunsch zu erfüllen. Die Sache hat allerdings einen interessanten Haken. Der Bauer bekommt seinen Wunsch erfüllt,
gleichzeitig wird auch jedem Einzelnen seiner Nachbarn der
Wunsch in doppelter Ausführung gewährt. Nach kurzem
Überlegen wünscht sich der Bauer, dass die Hälfte seiner
Ernte zerstört würde. Das Märchen erinnert an die uner-
freuliche Realität. Wo Land, Nahrung und Freunde begrenzt
sind, gewinnt eine Seite manchmal nur, indem sie von der anderen nimmt. Und Missgunst kann auch gut für den Rivalen
sein, selbst wenn die eigene Ernte zur Hälfte eingebüßt wird.
Unsere nächsten genetischen Verwandten, die Schimpansen, haben Instinkte, mit denen sie diesen Mangel an Ressourcen zu erfassen scheinen. Am 7. Januar 1974 wurden For-

scher am Jane-Goodall-Institut, einem Zentrum für Verhaltensforschung an frei lebenden Schimpansen, in Tansania Zeugen einer bis dahin unbekannten Form von Angriffslust. Acht Mitglieder einer Schimpansengruppe überrumpelten und töteten ein junges ausgewachsenes Männchen aus einer Nachbargruppe.

Im Laufe der folgenden drei Jahre löschten die Angreifer die gesamte Nachbargruppe vollständig aus und übernahmen deren Revier. Ein halbes Dutzend dieser Übergriffe auf Männchen, Weibchen und selbst Junge beobachteten die Forscher mit eigenen Augen. Das Verhalten dieser Schimpansen war umso schockierender, da noch wenige Jahre zuvor beide Gruppen eine einzige Gruppe gebildet hatten. Was sich anfangs als friedliche Abspaltung darstellte, entwickelte sich zu einer Gegnerschaft, bei der der kleinere Verband am Ende den Kürzeren zog und ausgelöscht wurde.

Bis dahin war lediglich bekannt, dass Schimpansen ihr Territorium verteidigen, doch hier handelte es sich um den ersten dokumentierten Fall einer organisierten territorialen Invasion, die mit dem Tod der Opfer endete. Seither wurden auch bei anderen wild lebenden Schimpansenpopulationen ähnliche Verhaltensmuster, die im Fachjargon als *lethal raiding* bezeichnet werden, beobachtet.

Alle Fälle weisen ein gemeinsames Muster auf: Ein Spähtrupp durchstreift das Revier und verschafft sich so zahlreiche Vorteile, um im geeigneten Moment in das angrenzende Gebiet einzudringen und die benachbarte Schimpansengruppe anzugreifen. Normalerweise veranstalten Schimpansen, die im Urwald unterwegs sind, einen Höllenlärm, schon allein durch ihre Bewegungen und Laute. Hingegen verhalten sich diejenigen, welche auf Streifzug an der territorialen Grenze sind, geradezu unheimlich ruhig.

Menschliche Gemeinschaften zeigen oft ein ähnliches Territorialverhalten. Warum sind einige Kulturen ganz erpicht darauf, Nachbarterritorien einzunehmen, während andere lieber in ihren Grenzen bleiben? Einige interessante Hinweise auf die Antwort zu dieser Frage finden sich bei den Inselbewohnern Polynesiens. Zwischen 1200 vor Christus und 1000 nach Christus wurden diese Inseln von Menschen mit dem gleichen genetischen und kulturellen Erbe besiedelt. Einige von ihnen wurden kriegerisch, andere nicht. Warum?

Kurzum: wegen des Ackerbaus. Für den Anbau von Getreide war es auf vielen Inseln zu kalt. Und so überlebten die Bewohner mit Jagen und Sammeln, was relativ anstrengend war und wenige Kalorien einbrachte. Folglich blieben die Populationen klein. Diese Kulturen hatten nur lose politische Strukturen, keine Streitkräfte und friedliche Absichten.

Auf den südlichen Inseln wurde das Leben nach und nach leichter. In diesen wärmeren Gefilden gelang es den Einwohnern, Getreide anzubauen. Mit der gesicherten und reichlicher ausfallenden Nahrungsversorgung wuchsen auch die Familien. Mit der anwachsenden Bevölkerung wurde jedoch der Platz zunehmend knapper, und es kam zu feindlichen Auseinandersetzungen. Diese Kulturen speicherten Nahrung in großen Mengen, entwickelten kriegerische Fähigkeiten und bekämpften sich gegenseitig.

Das Problem ist klar: Die hohe Bevölkerungsdichte führt zu einem Wettstreit um die Ressourcen, und dieser Wettstreit mündet in einem Konflikt. Durch fast alle Kulturen zieht sich ein ähnliches Verhaltensmuster. So etwa behaupten sich die in der Kalahari-Wüste beheimateten !Kung San bei einer geringen Bevölkerungsdichte und haben die gleichen friedfertigen Gesellschaftsstrukturen wie die polynesischen Jäger-und-Sammler-Gesellschaften.

Sind wir Menschen demnach von Natur aus kriegerisch veranlagt? Nicht unbedingt. Richtig ist, dass unsere lange Geschichte gekennzeichnet ist von territorialen Auseinandersetzungen und interkulturellen Anfeindungen, die vermutlich alle darauf zurückzuführen sind, dass der Mensch vom Affen abstammt. Doch ob sich ein Konflikt in einer kriegerischen Auseinandersetzung manifestiert, hängt allein von einem bestimmten Konkurrenzumfeld ab. Und leider sind uns bestimmte Verhaltensmerkmale angeboren, die uns geneigt machen, ein solches Umfeld zu fördern. Zum einen entwickeln wir sehr schnell ein Gruppenzugehörigkeitsgefühl. Wie psychologische Experimente zeigen, wird eine Gruppenidentität beinahe spontan angenommen.

In einer Studie teilte man die Testpersonen willkürlich in zwei Gruppen ein – in die Blauen und die Roten. Nach wenigen Minuten des Kennenlernens innerhalb der jeweiligen Gruppe spielten beide Gruppen um Geldpreise gegeneinander. Obwohl die Gruppierungen willkürlich gebildet waren und der Gewinnbetrag noch nicht einmal innerhalb der Gruppe aufgeteilt wurde, waren die Roten gegenüber den anderen Roten und die Blauen gegenüber den anderen Blauen wohlgesinnter.

Außerhalb des Forschungslabors hält ein Zugehörigkeitsgefühl zu einer Gruppe mitunter jahrelang. Paul, ein Freund von Terry, ertappte sich neulich, wie er seinen Fernseher anschrie: »Verrecke, Parcells, verrecke.« Bill Parcells, ein legendärer Footballtrainer, hatte Pauls einstige Mannschaft, die New England Patriots, unlängst verlassen, um fortan die gegnerischen New York Jets zu trainieren. Normalerweise ist Paul von sanftem Gemüt, doch als er sein Team gegen die verhassten Jets kämpfen sah, steigerte er sich in Raserei. Seine Feindseligkeit wurde zudem angefacht vom verräterischen Parcells, der an der gegnerischen Spielfeldlinie einherstolzierte.

Der Profisport ist ein relativ harmloses Ventil, unserem Hang zu Aggression, Triumph und Matchkämpfen freien Lauf zu lassen. In allen Arten von Wettkampfsport weisen die Sieger nach einem gewonnenen Spiel einen höheren Testosteronspiegel auf als die bezwungenen Gegner. Ein Ringkampfsieg beispielsweise wird von einer physiologisch ausgelösten Siegesröte begleitet.

Neuere Studien enthüllen, dass Sportfans an diesem biologischen Siegestanz teilhaben. Fans von Siegermannschaften weisen einen höheren Testosteronspiegel auf als die der Verlierermannschaften. Die Emotionen schlagen hoch, wenn wir einen sportlichen Wettkampf verfolgen, da unsere Hormone in Wallung geraten. Das Mittriumphieren, wenn etwa die Patriots die Jets schlagen, kann ein Siegesgefühl auslösen, das so tief geht wie einst das nach einer geschlagenen Schlacht, nur ohne Verwundete.

Hatten die römischen Armeen eine Schlacht gewonnen, kehrten sie zu ausgelassenen Siegesfeiern heim. Heute werden sportliche Siegesfeiern von einem ähnlichen Spektakel begleitet. Gewinnt eine Mannschaft die Weltmeisterschaft im Fußball, spielt das ganze Land verrückt. Als 1980 die Philadelphia Phillies die amerikanische Baseballmeisterschaft gewannen, zogen 500 000 der 1,7 Millionen Einwohner in einer Siegesparade durch die Straßen der Stadt – ein vermutlich höherer Prozentsatz als bei den großen Siegesfeiern, die das Ende des Zweiten Weltkrieges markierten.

Menschen vereinen sich in kurzlebigen oder willkürlichen Gruppen – in Rote, Blaue, Patriots oder Jets. Wie aber steht es mit der Rassenzugehörigkeit?

Rasse und Biologie. Im Bruchteil einer Sekunde erkennen wir (zusammen mit anderen hervorstechenden Merkmalen wie Geschlecht, Größe und Alter), welcher Rasse ein Mensch angehört. Da die Geschichte ganze Bände füllt mit Rassentragödien und Unterdrückung von Minderheiten, empfinden viele Unbehagen, wenn das Thema diskutiert oder der Begriff Rasse auch bloß erwähnt wird.

Mithin trägt es eher zur Erheiterung bei, wenn der Fernsehmoderator bei der Übertragung eines Boxkampfes die unterschiedliche Rassenzugehörigkeit derart überkorrekt kommentiert: »Lewis in der roten Shorts kämpft aggressiv gegen Jones in der blauen Shorts.« Die Zuschauer müssen sich also ständig selbst daran erinnern, dass der Schwarze Blau trägt und der Weiße Rot.

Auf einer Reise durch Kenia vor ein paar Jahren fiel Terry etwas sehr Interessantes auf. Jedes Mal, wenn unsere Safarigruppe am Wegesrand rastete und wir auf andere Afrikaner trafen, stellte unser kenianischer Tourguide ihnen immer die gleiche Frage: »Zu welchem Stamm gehörst du?« Kenias Ureinwohner stammen ursprünglich von mehr als zwölf verschiedenen Stämmen ab. Einst war es sehr leicht, die Mitglieder der einzelnen Stämme an ihrer traditionellen Kleidung, an den Siedlungen und ihrer Körperbemalung auszumachen.

Im heutigen Kenia jedoch sind viele dieser sichtbaren Stammeszeichen verschwunden, und ein großer Anteil der Bevölkerung kleidet sich westlich. In T-Shirts und Blue Jeans gleicht ein Stamm dem anderen, und die Mitglieder können einander nicht ohne weiteres identifizieren. Nichtsdestotrotz ist das Stammeszugehörigkeitsgefühl geblieben und ein zentrales Merkmal der sozialen Beziehungen unter Kenianern.

Ein ähnliches Ritual spielt sich auch heute unter Amerikanern ab, wenn es etwa um die Collegezugehörigkeit geht, wo sich die Loyalität unverhüllt zeigt. Eine Wolverine von der University of Michigan und ein Bruin von der UCLA, der University of California, Los Angeles, werden sich bei der Begrüßung wohl kaum um den Hals fallen.

Unser praktisch zwanghaftes Bedürfnis, uns gruppieren zu wollen, setzt sich auch in alltäglichen Dingen fort. So achten wir ganz besonders auf feine Unterschiede in der Kleidung oder im sprachlichen Akzent sowie auf zahllose andere Anhaltspunkte. In der vierten Klasse reagierte Jay ziemlich sauer, als seine Mutter ihm Turnschuhe kaufte, auf denen vier Streifen appliziert waren, wo doch alle coolen Kids Schuhe von Adidas mit den markentypischen drei Streifen trugen. Jay konnte sein Ansehen nur retten, indem er mit einer Schere einen Streifen vorsichtig heruntertrennte.

Dass wir Rassen- und Volksgruppenzugehörigkeit registrieren, dürfte nicht weiter verwundern, schließlich erkennen wir ja auch den Unterschied zwischen europäischen und amerikanischen Jeans sofort. Wie psychologische Studien zeigen, klassifizieren wir die Rasse eines Menschen unbewusst und beinahe spontan. Eine Versuchsreihe ergab, dass Informationen zur Rassenzugehörigkeit, die auf einem Bildschirm nur für einen kurzen Augenblick zu sehen waren, die Reaktionszeiten der Testpersonen veränderten.

In den Siebzigern gab es in Amerika die Fernsehshow *All in the Family* mit der Hauptfigur Archie Bunker, einem stereotypen weißen Rassisten. Es handelte sich eigentlich um eine Comedyshow, dennoch wurden die belasteten Rassenbeziehungen in Amerika immer wieder ernsthaft thematisiert. In einer Folge weigerte sich Archie, Blut zu spenden, da er Angst hatte, sein Körpersaft könnte mit dem anderer Rassen vermischt werden. Archie hielt sich mit oberflächlichen Unterschieden auf, die tiefer liegenden, verblüffenden Ähnlichkeiten bemerkte er nicht.

Gibt es genetische Unterschiede zwischen Schwarzen und Weißen? Ganz offensichtlich ja; die Gene schwarzer Haut unterscheiden sich von den Genen weißer Haut. Darüber hinaus treten bestimmte Erbkrankheiten je nach Rasse und Volkszugehörigkeit unterschiedlich häufig auf. Aschkenasi-Juden zum Beispiel erkranken häufiger als andere Menschen an der ererbten Stoffwechselkrankheit Tay-Sachs. Ähnlich ist die Sichelzellenanämie unter Afrikanern und Südostasiaten relativ weit verbreitet, da die Gene, die die Krankheit auslösen, die gleichen sind, die die Resistenz gegen Malaria verbessern, eine Krankheit, die gerade in Afrika und Südostasien vorherrschend ist.

Betreiben wir diese Analyse noch ein wenig weiter, bröckelt unser einfaches Rassenschema. Die genetische Resistenz gegen Malaria und das folglich höhere Risiko, an Sichelzellenanämie zu erkranken, teilen Afrikaner am südlichen Mittelmeer mit Europäern am nördlichen Mittelmeer.

Beide Personengruppen haben infolge von Moskitobissen den gleichen genetischen Abwehrmechanismus gegen den Malariaerreger entwickelt. Andererseits haben Schwarzafrikaner am südlichsten Zipfel des Kontinents kein größeres Risiko, an Sichelzellenanämie zu erkranken, als Japaner, da Malaria in beiden Ländern selten vorkommt. Was dieses Merkmal angeht, gleichen die Schwarzafrikaner im Süden also eher den Japanern als den Afrikanern im Norden.

Doch daraus zu folgern, dass Unterschiede zwischen Weißen und Schwarzen auf angeborene Rassenmerkmale zurückzuführen sind, nur weil zufällig ein paar Gene offensichtlich unterschiedliche Erscheinungsformen ausgebildet haben, ist irreführend – und kann durchaus gefährlich sein.

Rasse aus genetischer Sicht zu definieren gestaltet sich in jeder Hinsicht problematisch. Wo verläuft die Grenze, die uns sagt, wer schwarz ist und wer weiß (oder baskisch)? Auf offener Straße in den USA mag das leicht erscheinen. Aber reisen Sie einmal von Schwarzafrika hinauf nach Ägypten und weiter in den Mittleren Osten. Da wird es unmöglich auszumachen, wo eine Rasse endet und die nächste beginnt.

Aus genetischer Perspektive ist die Rasse ein ebenso wenig brauchbares Unterscheidungsmerkmal wie die Körpergröße. Gemessen an den äußersten Grenzen einer Skala, lassen sich Menschen leicht in groß oder klein einteilen. Aber wann ist jemand mit 1,53 Meter klein oder groß? Oder mit 1,55 Meter? Die Klassifizierungen sind abhängig vom Maßstab und damit willkürlich. Von den äußeren biologischen Ähnlichkeiten zweier Menschen lässt sich kaum auf genetische Ähnlichkeiten schließen.

Nichtsdestotrotz gibt es einige genetische Unterschiede zwischen den Rassen – zumindest im Hinblick auf Hautfarbe oder Beschaffenheit der Haare –, die von unseren Instinkten wahrgenommen werden. Doch einen einzelnen Menschen machen über 100 000 Gene aus, wobei wiederum ein Großteil dieses menschlichen Erbguts bei allen Individuen auf dieser Erde identisch ist. Diese verblüffende genetische Ähnlichkeit zeigt sich unter anderem darin, dass Blut- oder Organspenden auch unter Menschen verschiedener Hautfarbe problemlos möglich sind.

Unter Verwendung moderner DNS-Technologien hat man genetische Abweichungen gemessen und bestätigt, dass sich die menschlichen Rassen nur geringfügig voneinander unterscheiden. Eine Schwankungsbreite gibt es nur für etwa ein Viertel aller Gene. Daher hat es wenig Sinn und Zweck zu erkunden, wie sich die Abweichungen von Person zu Person verteilen. Afrikaner – wie auch Asiaten und Türken, Russen und Spanier – haben eine enorme Bandbreite von Blutgruppen: einige haben 0, andere AB, wieder andere A oder B.

Abgesehen von den sichtbaren Merkmalen wie der Hautfarbe, weisen Europäer eine große Vielfalt an körpereigen produzierten Proteinen auf, deren Bezeichnungen die reinsten Zungenbrecher sind, wie etwa 6-Phosphogluconat Dehydrogenase und Adenylat Kinase. Manche Europäer produzieren große Mengen dieser Verbindungen, andere fast gar keine. Das Gleiche gilt für Eskimos und Navajos.

Angenommen, ein Asteroid würde auf die Erde treffen und alle Menschen bis auf die in Afrika lebenden töten, dann wären noch immer 93 Prozent aller genetischen Unterscheidungsmerkmale vorhanden. Im Schnitt hätten wir danach eine etwas dunklere Hautfarbe, aber im Großen und Ganzen würden wir dieselben Gene in uns tragen wie gegenwärtig. Einfach ausgedrückt: Die Rasse eines Menschen gibt wenig Aufschluss über die Gene, die der Einzelne in sich trägt.

In diesem Punkt bildet der Mensch im Gegensatz zu einigen nahen verwandten Arten eine ungewöhnlich homogene Gruppe.

Anders die Gorillas. Infolge einer fast gänzlich fehlenden Migration sowie der Kreuzung über Jahrmillionen hinweg sind die Unterschiede zwischen den Flachlandgorillas und den von Dian Fossey in den nebelverhangenen Bergen beobachteten gewaltig.

Im Vergleich zu Gorillas sind sich zwei beliebige Menschen – selbst zwei von unterschiedlicher Hautfarbe – genetisch bedeutend ähnlicher als ein Flachland- und ein Berggorilla. Keine menschliche Rasse ist von den anderen völlig isoliert. Darum konnten sich bei menschlichen Rassen keine derart fundamentalen genetischen Unterschiede ausbilden wie bei Gorillas. Des Weiteren ist davon auszugehen, dass mit zunehmender Mobilität rund um den Erdball und immer mehr gemischtrassigen Eheschließungen die bestehenden genetischen Rassenunterschiede weiter schrumpfen werden.

Wenn wir über Rassenunterschiede sprechen, beschäftigen wir uns mit den genetischen Unterschieden zwischen Menschengruppen. Vergleichende Berechnungen liefern ebenfalls einen Maßstab für die gesamte genetische Variationsbreite innerhalb einzelner Gruppen. Auch hier zeigt das Ergebnis im Vergleich mit Affenarten eine auffällige genetische Ähnlichkeit der Menschen untereinander. Ebenso ergab eine neuerliche Studie eine größere genetische Vielfalt unter nur 55 Schimpansen einer Gruppe als unter allen sechs Milliarden Erdenbürgern zusammen.

Wir haben es also mit einer seltsamen Kombination von Merkmalen zu tun, die uns heute zuweilen Schwierigkeiten bereiten. Der Mensch blickt auf eine lange Geschichte von Konflikten zwischen einzelnen Gruppierungen zurück. Wir sind daher sehr geneigt, uns zu verbünden, uns auf die Seite selbst willkürlicher Parteien wie Rote und Blaue zu schlagen. Tatsächlich aber ist jeder von uns so etwas wie der Klon des anderen. Insofern sind Rassenmerkmale kein Produkt unserer Einbildung, sondern weitgehend ein Produkt unserer Wahrnehmung.

Auch erbitterte Feinde kooperieren zuweilen. Inmitten der ärgsten feindlichen Konflikte finden sich auch immer wieder kooperative Ansätze. Selbst auf den Schlachtfeldern des Ersten Weltkrieges zeigten einzelne Kampfeinheiten, die sich im

Schützengraben einander gegenübersahen, eine ungeahnte Fähigkeit, immer wieder spontan, ohne formales Abkommen oder große Diskussion, die Waffen schweigen zu lassen. Wie fanden diese Gegner zu einem gemeinsamen Konsens?

Natürlich war eine derartige Kooperation immer auch eine Hängepartie, und auf ein Friedensabkommen folgten in steter Regelmäßigkeit neue Gefechte und Konflikte. Doch der Frieden kehrte immer wieder aufs Neue ein. Forscher unterzogen die Kriegsberichte von gegnerischen Seiten einer sorgfältigen Analyse und identifizierten die für einen möglichen Friedensschluss ausschlaggebenden Voraussetzungen. Zunächst muss eine Partei mit einer Geste der Versöhnung den ersten Schritt tun – eine kleine Ruhepause inmitten des Mordens. In den Schützengräben hatte zum Beispiel die eine Seite damit begonnen, absichtlich in Richtung unbemannter Stellungen zu feuern.

Eine weitere günstige Voraussetzung wird geschaffen, indem das Feuer jedes Mal zu einer bestimmten Uhrzeit eröffnet wird. Zum Beispiel begannen die Briten in einem bestimmten Sektor um Punkt ein Uhr mittags mit dem alltäglichen Feuergefecht. Nach ein paar Tagen waren die Deutschen darauf eingestellt, schoben außerhalb des Schützengrabens bis Viertel vor eins eine ruhige Kugel, um sich dann rechtzeitig in ihre festen Verschanzungen zu begeben, während die britischen Bomben ringsum ganz ungefährlich einschlugen.

Dabei wurden jegliche Abweichungen von einer vorgezeichneten Linie sogleich (wenn auch begrenzt) bestraft – auch das war ein wichtiges Merkmal, das der Aufrechterhaltung dieser zeitweiligen Atempausen diente. Verstieß eine Seite gegen diese nicht formellen Spielregeln und versuchte, tatsächlich jemanden zu töten oder vor der vereinbarten

Uhrzeit ein Sperrfeuer zu schießen, übte die gegnerische Seite Vergeltung.

Ein Regiment stellte danach sogar eine Faustregel auf: Niemals den ersten Schuss abgeben, aber unter Beschuss exakt die doppelte Kanonade zurückfeuern. Diese Zwei-für-eins-Vergeltungsstrategie impliziert gleichzeitig einen weiteren entscheidenden Punkt, nämlich die Vorstellung, dass durch diese Taktik eine echte Versöhnung möglich werden könnte. Die Vergeltung gleicht den Punktestand aus und ermöglicht beiden Seiten, zu ihren früheren Kampfpausen zurückzufinden.

Zwei weitere wichtige Voraussetzungen für die paradoxe friedliche Kooperation in den Schützengräben ist zum einen die emotionale Identifikation mit den Individuen der gegnerischen Seite und zum anderen der Aufbau einer fortlaufenden wechselseitigen Beziehung. Kooperation benötigt zur Entwicklung Zeit, und die Furcht vor einem Vergeltungsschlag kann als Abschreckungsmittel nur erfolgreich sein, wenn sie auf einer berechenbaren Strategie des »Wie du mir, so ich dir« aufbaut.

Konflikte verstehen kann Beziehungen verbessern. Wirkt sich eine Kooperation in Kriegszeiten auf die Beziehungen in friedlicheren Zeiten aus? Durchaus. Die Mittel zu einem gegenseitigen Verständnis sind zu Friedenszeiten die gleichen wie zu Kriegszeiten. So gern wir von bedingungsloser Freundschaft träumen, im Grunde werden wir genauso von eigennützigen Interessen getrieben wie die Streitkräfte.

Auch im Tierreich verhalten sich manche Tiere aus purem Eigennutz kooperativ. Zum Beispiel die Blut trinkenden Fledermausgattungen. Wie der Name schon sagt, leben sie davon, das Blut anderer Tiere (seltener des Menschen) zu saugen. Diese fliegenden Parasiten kooperieren, indem sie die Nahrung teilen. Kehrt eine Fledermaus mit leerem Bauch von einem missglückten Jagdflug zurück, erbettelt sie – und bekommt es normalerweise – ein erbrochenes Mahl von dem Artgenossen auf dem Schlafplatz neben sich.

Der Blutaustausch unter Fledermäusen ist für diese Art von überlebenswichtiger Bedeutung; Fledermäuse stehen immer knapp vor dem Hungertod – nur zwei Nächte ohne Nahrung bedeuten den Tod. Demnach profitiert jede Fledermaus von diesem System, das darauf basiert, an guten Tagen überschüssiges Blut abzugeben und damit eine Art Hungertodversicherung für schlechte Tage abzuschließen.

Auch den meisten anderen Tieren bringen bestimmte auf Gegenseitigkeit basierende Tauschgeschäfte Vorteile. Wir Menschen borgen uns Geld in trüben Zeiten mit dem Versprechen der Rückgabe in rosigeren Zeiten. Beide Seiten können profitieren, wenn jede Gabe dem Empfänger mehr nützt, als sie den Geber kostet. Aus diesem Grunde könnten wir annehmen, dass sich alle Tiere in dieser Hinsicht altruistisch verhalten – das heißt, das auf den ersten Blick uneigennützige Verhalten in Zeiten des Überflusses kehrt sich in ein eigennütziges, da es darauf aufbaut, dass es in Notzeiten ebenso wohlwollend erwidert wird.

Was allerdings bei den Blut trinkenden Fledermäusen auffällig und im ganzen Tierreich so gut wie einmalig ist, ist die wohlwollende Gesinnung gegenüber den nicht verwandten Artgenossen. Viele Tierarten kooperieren auf andere Weise miteinander, aber sie betreiben keinen wechselseitigen Tauschhandel auf Dauer. Eine kooperative Verhaltensweise ist beispielsweise die gemeinsame Verteidigung des Reviers, das beiden Parteien unmittelbare Vorteile einbringt.

Das selbstverständliche, auf Gegenseitigkeit beruhende Erweisen von Gefälligkeiten ist unter Nichtverwandten eher selten. Zum Teil liegt das daran, dass viele Tiere, einschließlich unsere nächsten Verwandten, der Orang-Utans, anderen Artgenossen gegenüber im Allgemeinen feindlich gesinnt sind, ausgenommen Geschlechtspartner und Nachkommen. Menschen sind hingegen sehr sozial gesinnte Wesen und gerne in Gesellschaft, egal, wo auf der Welt – in Afrika beim Gazellenschmaus, in Japan beim Sushi oder in Amerika an öffentlichen Brunnen.

Zudem treffen wir – im Gegensatz zu Mitgliedern der meisten anderen Spezies – sehr unproblematisch kooperative Abmachungen auf Basis einer späteren Wiedergutmachung. Stellen Sie sich vor, Sie sind an Ihrem Arbeitsplatz, haben den Geldbeutel zu Hause liegen lassen und müssen sich nun für das Mittagessen Geld leihen. Wohl kaum ein Problem. Fast alle Menschen tun sich leicht, einen Gefallen in Anspruch zu nehmen mit der Verpflichtung, ihn zurückzuzahlen. Kleine Freundschaftsdienste aus Gefälligkeit, wie sie zwischen zwei nicht miteinander verwandten Menschen möglich sind, gibt es in der Tierwelt nicht. Warum kooperiert der Mensch so erfolgreich?

Einfach ausgedrückt, weil der Mensch über alle nötigen Mechanismen verfügt, um sich nicht ausnützen zu lassen. Kooperatives Verhalten ist selten, da es gefährlich ist. Wer den Kürzeren zieht, hat verloren – da mag es besser sein, gar nicht erst zu kooperieren. Um zu demonstrieren, dass die menschliche Gesellschaft in vielerlei Hinsicht auf Zusammenarbeit basiert, beantworten Sie folgende Fragen: Wer von Ihren Freunden zeigt sich eher geizig, wenn es darum geht, wer die Rechnung für das Essen im Restaurant bezahlt? Wer kam auf Ihre Hochzeit ohne ein Hochzeitsgeschenk? Von wem haben Sie keine Antwort auf Ihre Urlaubsgrüße bekommen?

Hand aufs Herz: Konnten Sie anhand der Fragen die Geizkragen unter Ihren Freunden ausmachen? Um nicht ausgenutzt zu werden, führen wir alle eine mentale Liste, auf der detailliert verzeichnet ist, wer uns einen Gefallen schuldig geblieben ist, wer uns einen Gefallen getan hat und wem wir einen Freundschaftsdienst erwiesen haben. Und schließlich beenden wir zwangsläufig Beziehungen zu Leuten, die Gefälligkeiten nicht erwidern.

Der Instinkt, der den Menschen einst antrieb, in der Steinzeit sein Mahl mit einem nicht verwandten Mitmenschen zu teilen, und der ihn auch heute dazu bringt, einem Mitmenschen Geld zu leihen oder einfach nur einen Freund an den Flughafen zu fahren, scheint eine wohltuende altruistische Verhaltensweise zu sein. Dem ist aber nicht so. Genauso wie wir Geld auf der Bank lassen für schlechte Tage (oder uns Fett auf die Hüften packen für magere Zeiten), sorgen wir für Puffer gegen die Unwägbarkeiten dieser Welt, indem wir Gunst und Wohlwollen in unsere Mitmenschen investieren.

Freundlichkeit und Kooperation sind nichts weiter als ganz subtile Formen von Egoismus. Das mag zynisch klingen. Vielleicht, aber wie wir noch sehen werden, ist das menschliche Gehirn so angelegt, dass es kooperative Beziehungen aufs Strengste kontrolliert. Betrachten wir zwei verschiedene Beweggründe für wohltätiges Verhalten. Da gibt es zum einen den Wohltäter, den man aus dem Märchen kennt, der freiwillig gibt, um Freude zu bereiten; er spendet Geld für wohltätige Zwecke und erwartet keine Gegenleistung.

Zum anderen gibt es die eigennützige Variante, bei der wir genau Buch führen, Abweichungen vom Normverhalten feststellen und bestrafen. Zweifelsohne verbindet der moderne Mensch beide Verhaltensweisen. Lassen Sie uns zunächst die Mechanismen untersuchen, die jeder von uns in sich trägt und die sicherstellen, dass unsere vermeintlich altruistischen Verhaltensweisen letztlich nur uns selbst Vorteile bringen.

Der schwarze Zackenbarsch in der Karibik hat ein interessantes Kooperationsproblem. Jeder Fisch hat sowohl männliche wie weibliche Geschlechtsorgane, und um Junge zu bekommen, muss ein Partner gefunden werden, der bereit ist, die Geschlechterrolle zu teilen. Denn das Dumme ist, dass Eier, verglichen mit Spermien, groß sind und Kraft kosten. Folglich wollen beide Fische eines Paares lieber den männlichen Part übernehmen.

Der ablaichende Fisch ist insofern in der schwächeren Position, da der Spermiengeber zu 50 Prozent die genetischen Vorteile erhält, aber weniger als 50 Prozent der Energie aufwendet, die für die Produktion der Nachkommen nötig ist. Die einzige gerechte Lösung – und genau das passiert in der Natur – liegt also darin, sich abzuwechseln: Lyndsey laicht ab, Jamie befruchtet die Eier und ist dann seinerseits mit der Eierproduktion an der Reihe. Löst er Lindsey nicht ab und legt keine kostbaren Eier, verlässt sie ihn.

Fairness hat auch bei uns Menschen einen hohen Stellenwert. Das fanden Forscher heraus, die die einfachen Spielbedingungen des Ultimatum-Spiels mit Methoden der evolutionären Spieltheorie untersuchten: Zwei Spieler kabbeln sich um das Geld in einem Spielpot. Einer der beiden bietet dem anderen einen Teil der Summe an. Der hat nur zwei Möglichkeiten: das Angebot anzunehmen oder abzulehnen. Das erste Angebot ist auch das letzte, da es endgültig ist; wird die Offerte abgelehnt, bekommen beide Spieler gar nichts.

Beispiel: Angenommen, im Pot befinden sich 100 Dollar. Der eine Spieler bietet an, das Geld in 90 Dollar und 10 Dollar aufzuteilen. Für den anderen ein unfairer Deal. Wird er die zehn Dollar nehmen und zusehen, wie sein Spielpartner mit 90 Dollar nach Hause geht, oder sie ablehnen, und beide bekommen gar nichts? Was, glauben Sie, passiert in der Praxis, wenn echtes Geld im Spiel ist? Bringt es etwas, dem anderen eine kleine Summe anzubieten?

Stellen Sie sich einmal vor, dass es sich bei dem zu verteilenden Kuchen nicht um Geld handelt, sondern um einen evolutionären Vorteil, der aus einer kooperativen Verhaltensentscheidung erwächst. Versetzen wir uns in die Zeit unserer Urahnen. Damals konnte ein einzelner Jäger nur wenig Essbares mit nach Hause bringen. Die gemeinsame Jagd hingegen ermöglichte das Erbeuten großer, nahrhafter Tiere. Und da die Evolution Verhaltensweisen förderte, die dem frühen Homo sapiens (oder den Blut trinkenden Fledermäusen) die besten Überlebenschancen gaben, konnte sich der kooperative Mensch gegen den Einzelgänger behaupten. Diese Tatsache bildet die Grundlage menschlicher Freundschaftlichkeit.

Aus archäologischen Funden wissen wir, dass unsere Urahnen, die vom Jagen und Sammeln lebten, in kleinen Gruppen von höchstens ein paar hundert Menschen zusammenwohnten. Ihr Erfolg hing ab von gemeinsamen Anstrengungen gegen andere räuberische Wesen; miteinander freundschaftlich zu verkehren zahlte sich aus in einer Zeit, da die Jagd auf eigene Faust oder eine Nacht außerhalb des Lagers den Tod bedeutete. Der Einzelgänger starb. Demnach tragen wir das genetische Erbe der Menschen in uns, die sich mit anderen gut vertragen konnten.

Wer in grauen Vorzeiten kooperierte, hatte zwar evolutionsbiologische Vorteile gegenüber dem Einzelgänger, lief aber Gefahr, auf der Strecke zu bleiben, wenn er sich wiederholt ausnutzen ließ. Ein erfolgreicher Jäger, der sich vom Rest der Gruppe pausenlos vor den Karren spannen ließ, hatte am Ende das evolutionäre Wettrennen gegen seine listigeren Artgenossen verloren. Der schwarze Zackenbarsch weiß, wie man sich nicht ausnutzen lässt. Und der Mensch auch.

Kehren wir zurück zum Ultimatum-Spiel. Wären Sie bereit, das Angebot von zehn Dollar anzunehmen und Ihrem Spielpartner 90 Dollar zu überlassen? Oder würden Sie einen Dollar im Verhältnis zu 99 Doller akzeptieren? Versuchspersonen, die dieses Spiel um echtes Geld spielten, schlugen ungleich aufgeteilte Angebote regelmäßig aus. Dieser Sinn für Fairness war selbst dann nicht zu brechen, wenn die Einlage um ein Vielfaches angehoben wurde. Ist es purer Irrsinn, geschenktes Geld abzulehnen?

Vielleicht. Nichtsdestotrotz fühlen sich die meisten von uns gezwungen, schamlose Selbstsucht zu bestrafen, auch wenn sie sich damit die eigene Chance auf geschenktes Geld verbauen. Das scheint zunächst irrational, leuchtet aber ein, wenn wir das Geld, das wir uns entgehen lassen, als Einlage für die Zukunft betrachten. Indem wir kleinliche Angebote ausschlagen, erhöhen wir unsere Chancen, bei künftigen gewagten Unternehmen fairer behandelt zu werden. Verhaltensentscheidungen sind also nicht nur von der persönlichen Nutzenmaximierung in Form von Geld motiviert, sondern auch von anderen starken Einflüssen wie Fairness.

Vor ein paar Jahren hat sich unsere alte Freundin Patricia einmal unglaublich großzügig verhalten. Sie wusste, dass ihre Freundin Katherine ernste finanzielle Probleme hatte, und lieh ihr kurzerhand 10 000 Dollar. Katherine war überglücklich. Bestand Patricia auf irgendeiner schriftlichen Bestätigung? Nein. Sie sagte nur: »Ich vertraue dir.« Was passierte? Das Geschenk zerstörte die Freundschaft. Obwohl Katherine heute mit einem Millionär verheiratet ist, hat sie das Darlehen nie zurückbezahlt. Kein Wunder, dass die beiden kein Wort mehr miteinander wechseln.

Unsere Beziehungen basieren auf einer eigennützigen Grundlage, und daher können allzu große Geschenke das Gleichgewicht einer Freundschaft zerstören. Unsere Instinkte wägen unentwegt ab zwischen Nutzen und Kosten einer bestehenden Beziehung. Katherine war der Erhalt ihrer Freundschaft mit Patricia offenbar keine 10 000 Dollar wert.

Wer Moral und Anstand hat, begleicht seine Schuld, auch wenn es sich nicht auszahlt. Was den Menschen auszeichnet, ist seine Fähigkeit, sich über Impulse hinwegsetzen zu können, die oft nur den eigenen Vorteil suchen. Doch ist das noch kein Grund, jemanden in eine Situation hineinzumanövrieren, in der es vorteilhafter für ihn wäre, sein Versprechen nicht einzulösen. Mit einem einfachen Brief von Katherine, in dem sie die bestehende Schuld anerkennt, hätten beide auch eine rechtliche Handhabe gehabt. Hätte Patricia gleich zu Anfang auf einer solchen Bestätigung bestanden, wären die beiden vermutlich heute noch befreundet.

Der Schlüssel zu lohnenden Beziehungen liegt darin, das Gleichgewicht des gegenseitigen Nehmens und Gebens aufrechtzuerhalten. Werden die Schulden des einen auf Dauer zu groß, ist damit zu rechnen, dass er mit denselben aus der Beziehung aussteigt. Schwarze Zackenbarsche kooperieren, indem sie eine Geschlechtsumwandlung durchmachen und so zu einem ausgeglichenen Endergebnis gelangen. Kein Barsch schuldet dem anderen je mehr als einen Eierausstoß.

Es gibt Vogelarten, da baut der männliche Vogel während der Balzzeit ein großes Nest, das Weibchen revanchiert sich und legt Eier, und anschließend sorgen beide gemeinsam für die Vogeljungen. Studien zeigen, dass Männchen und Weibchen gelgentlich ihre Partner verlassen, und zwar erwartungsgemäß nachdem sie ihr Soll erfüllt haben. Männchen nehmen also nie in der kurzen Periode zwischen Nestbau und Paarung Reißaus, sondern vielmehr nach der Befruchtung und bevor die elterlichen Pflichten beginnen.

Citicorp und andere große Banken hätten sich daran ein Beispiel nehmen sollen, als sie Lateinamerika während der 1970er Jahre Kredite gewährten. Denn wer ein kluger Kreditnehmer ist, wägt die Rückzahlungskosten gegen die Zahlungsverzugskosten ab. Im Falle Lateinamerikas war irgendwann der Punkt erreicht, an dem es für manche Regierungen kostengünstiger war, die Beziehungen zu den Kreditgebern zu ruinieren, als Gelder in die USA zu überweisen. Infolgedessen leisteten die meisten lateinamerikanischen Länder ihre Zahlungen mit Verzug oder stellten sie ganz ein, was den Banken Milliardenverluste bescherte.

Ein Ungleichgewicht zerstört Beziehungen. Und Geschäftsbeziehungen stehen besonders dann auf der Kippe, wenn eine Seite in die andere investiert hat und es an der Zeit ist, die Rollen zu tauschen.

Beziehungsmanagement. Wie wir gesehen haben, ist die Kooperation eine heikle Angelegenheit. Freundschaftliche Beziehungen zu erhalten erfordert jedoch mehr, als nur das Gleichgewicht zu bewahren. Werfen wir noch einmal einen Blick ins Tierreich. Der Drang nach dem Alphastatus führt bei Schimpansen auch unter Freunden zu einer ständigen gegenseitigen Prüfung der körperlichen Stärke. Selbst eine leichte Krankheit bleibt niemandem verborgen; schwache Alphatiere werden entdeckt und entthront.

Gleichermaßen kann es in Geschäftsbeziehungen auf Kooperationsbasis passieren, dass eine Partei scheinbar unbeabsichtigt vom erwarteten Normverhalten abweicht. Eine solche Abweichung stellt aber auch die Stärke der anderen Partei auf die Probe. Vielleicht paradox, aber eine funktionierende Beziehung verlangt in diesen Fällen die Bestrafung desjenigen, der sich nicht so verhält, wie er sollte.

Als Don Corleone in *Der Pate* beinahe meuchlings ermordet wird, bringt das die Beziehungen zwischen den Corleones und den anderen Mafiafamilien zum Kochen. Doch die Wiederaufnahme friedlicher Beziehungen fordert zunächst Rache, und eine Versöhnung wird erst nach der kaltblütigen Ermordung des Sohnes der Feinde möglich, gemäß dem Motto »Wie du mir, so ich dir«. Würden die Corleones die Hand zur Versöhnung reichen, ohne vorher abgerechnet zu haben, würde diese eher weggeschossen als geschüttelt.

Die natürliche Motivation des Menschen, gegen Gruppenmitglieder bei abweichendem Verhalten Sanktionen zu verhängen, verlangt Verantwortlichkeit. Vergehen müssen wieder gutgemacht werden, wobei es wichtig ist, die schuldigen Parteien abzustrafen. Glücklicherweise helfen uns dabei ein paar angeborene Mechanismen. Können Sie sich zum Beispiel gut Gesichter merken? Oder Namen? Die meisten merken sich Gesichter leichter als Namen, da ein großer Bereich im menschlichen Gehirn für das Erkennen von Gesichtern zuständig ist.

Patienten mit einem Tumor in diesem Teil des Gehirns leiden an der so genannten Prosopagnosie; eine Krankheit, die unfähig macht, jemanden zu erkennen, selbst die eigenen Ehepartner oder Fotos von ihnen. Ist diese Gehirnfunktion nicht beeinträchtigt, identifizieren wir Gesichter mühelos. Ganz besonders nützlich ist es, sich die Gesichter von denjenigen zu merken, die uns geholfen haben, und von denjenigen, die uns hintergangen haben. Auch Blut trinkende Fledermäuse können bis zu 100 verschiedene Individuen im Gedächtnis behalten.

Warum ist ein gutes Gesichtergedächtnis so wichtig? Bei der Entwicklung des Menschen haben sich über Millionen von Jahren jene Eigenschaften herausgebildet, die dem frühen Homo sapiens die besten Überlebenschancen gaben. Dazu gehörte auch die Fähigkeit, sich an Gesichter zu erinnern, da im Kampf ums Dasein kaum ein Wohltäter umherzog, Betrüger jedoch zum Alltag gehörten. Demzufolge hat der Mensch feine, instinktive Antennen ausgebildet, um Betrüger ausfindig zu machen.

Erinnern wir uns noch einmal an die feindlichen Armeen im Schützengraben. Der interaktive Charakter ihrer kooperativen Handlungsweisen lieferte ihnen den nötigen Grund, Freunde zu bleiben. Dasselbe Leitmotiv begegnet uns im alltäglichen Leben.

Vielleicht kennen Sie das: Sie reichen Ihre Kündigung ein, und schon schlägt das bis dahin angenehme Arbeitsklima in ein frostiges um. Freundliche Beziehungen kehren sich schnell ins Gegenteil, und Sie fragen sich, warum Sie nicht einfach den letzten Gehaltsscheck einstecken und den Hut nehmen. Eine Freundschaft hängt oft ebenso sehr von den Aussichten auf einen beidseitigen Vorteilsgewinn für die Zukunft ab wie von den individuellen Charakteren. Verkürzt sich die erwartete Dauer einer Beziehung, schwindet auch die Bereitschaft zur Kooperation.

Kooperation braucht also Hege und Pflege und auch eine Zukunft. Wer in der rauen und unsicheren Urzeit auf solcherlei Beziehungen zurückgreifen konnte, hatte einen echten Vorteil. Kein Wunder also, dass Beziehungen, die auf Gegenseitigkeit beruhen, auch den modernen Menschen beglücken, selbst wenn das bisweilen zu anscheinend sonderbaren Sitten führt.

Im Film *Der Schatz der Sierra Madre* gehört Humphrey Bogart zu einem zum Scheitern verurteilten Goldsuchtrupp, der zur medizinischen Behandlung eines Verletzten in die nahe Stadt kommt. Sie treffen auf ein paar Alteingesessene, und bevor sie ihr Anliegen zur Sprache bringen, tauschen beide Seiten Geschenke aus. Dabei fällt Bogart eine recht merkwürdige Tatsache auf: »Wir schenken denen unseren Tabak und die uns ihren. Verstehe ich nicht.« Der wechselseitige Tauschhandel ist so eng an eine Kooperation geknüpft, dass selbst scheinbar sinnlose Geschenke und kleine Vertrauensgesten eine wichtige Rolle in der Beziehungsanbahnung spielen können.

Meerkatzen praktizieren eine begrenzte Form von Kooperation, die dadurch gekennzeichnet ist, dass sie während der oft wilden Kämpfe um die Rangordnung Allianzen bilden. Diese Allianzen halten sie aufrecht, indem sie sich gegenseitig hegen und pflegen. Dazu gehört unter anderem auch das Entfernen von Parasiten bei der Fellpflege, doch der Hauptgrund für diese Art Fürsorge hat absolut nichts mit Gesundheitspflege zu tun. Denn in erster Linie steigen damit die Chancen, dass der Pflegling in künftigen Kämpfen seinem fürsorglichen Pfleger zu Hilfe kommen wird.

Die Bewohner einiger pazifischer Inseln pflegen den so genannten Kula-Ring, den Gabenaustausch. Die Inselbewohner bilden kleine, kriegsähnliche Gruppen und tauschen mit bestimmten Nachbargruppen Gaben aus. Genau wie die Meerkatzen sichern sich die Insulaner damit spätere Allianzen für den Fall, dass das Kriegsbeil ausgegraben wird.

Man könnte diese Allianzen als einfache Schutzmaßnahme der Handelspartner interpretieren, auch wenn der Handel schlicht Gabenaustausch genannt wird. Das Interessante beim Kula-Ring ist aber, dass die Gaben völlig nutzlos sind – Halsketten zum Beispiel, die von einer Gruppe an die nächste weitergegeben, aber nie getragen werden. Und da wundern Sie sich, warum Ihr Versicherungsagent Ihnen jedes Jahr eine Geburtstagskarte schickt.

Alles in allem entlarven diese Fakten und Anekdoten eine egoistische Substruktur unserer Freundschaften, Geschenke und kooperativen Unternehmungen. Das Gehirn ist ein äußerst aufwendiges Organ; es verbraucht 20 Prozent unserer Energiereserven, obwohl es nur zwei Prozent unseres Körpergewichts ausmacht. Ein guter Teil dieses kostbaren Gefüges hat die Funktion, Soziogramme zu erstellen, wie den Gabenaustausch zu protokollieren, Gesichter zu speichern und Betrüger ausfindig zu machen.

Wir schätzen Dauer und Beständigkeit von Beziehungen automatisch ab und verhalten uns freundlicher gegenüber denjenigen, mit denen wir eine Zukunft haben. Um uns Achtung und Respekt zu verschaffen und um selbige auch zu bekommen, strafen wir unsere Feinde und selbst unsere Lieben für Abweichungen von freundschaftlichem Verhalten.

Warum ist Klatsch so unwiderstehlich? Unser Hang zum Klatsch gehört zu den unterhaltsamsten Phänomenen, die unsere egoistischen, alles kontrollierenden Instinkte ausgebildet haben. Der Mensch ist unter den Primaten einzigartig, da es ihm über die Sprache möglich ist, Informationen wie ein Lauffeuer weiterzutragen. Und wir lieben es zu tratschen.

Machen wir ein kleines Quiz: Was wissen Sie über das

Liebesleben von Julia Roberts? Mit wem ist sie derzeit zusammen? Wen hat sie geheiratet? Und nun beantworten Sie folgende Frage: Werden Sie Julia Roberts je persönlich kennen lernen? Wohl kaum. Und dennoch weiß die halbe Welt, dass sie mit Lyle Lovett verheiratet war und mit einem gut aussehenden Schauspieler namens Benjamin zusammen war.

Klatsch, gefüllt mit delikaten Leckerbissen, ist ein universales menschliches Phänomen. Wir vertreiben uns gerne die Zeit mit Klatsch und Tratsch, und auch wenn es nur wenige Leute gibt, über die wir tratschen können, tratschen wir deshalb nicht weniger. Viele !Kung-San-Gruppen bestehen aus nicht einmal einem Dutzend Menschen, und man könnte meinen, dass sie es auf Dauer leid sind, über einander zu tuscheln. Sind sie aber nicht. Stattdessen verbringen sie jeden Tag Stunden damit, interessante Neuigkeiten zu zerpflücken und weiterzuerzählen.

Klatsch hat eine Funktion. Nützliche Informationen – zu Nahrung, Sonderpreisen, Krankheiten unter unseren Erzrivalen oder wer mit wem – teilen wir mit unseren engen Freunden. Mit dem Mittel der Sprache schmieden wir auch Allianzen gegen unseren Feind und sind schnell dabei, üble Nachrede zu verbreiten. Doch all das hilft uns enorm, im Kampf ums Dasein Boden wettzumachen, unser Prestige zu steigern und vorwärts zu kommen und Partner zu bekommen.

Doch hat unser Hang zum Klatsch oft keinerlei Realitätsbezug. So verschlingen wir Klatschgeschichten nicht nur über Julia Roberts und andere Leute, die wir nie kennen lernen werden, sondern auch über Kunstfiguren in fiktiven Geschichten der Seifenopern im Fernsehen. Sie sind voll mit genau solchen Verhaltensmustern, um die sich auch das

Wortgeklingel am Lagerfeuer der !Kung San dreht. Wusstest du, dass Kimmy mit John schläft und ein Kind von ihm bekommt? Wir lieben diese Art Information so sehr, dass es dafür sogar spezielle Magazine gibt, die sich einzig darauf spezialisieren, die sozialen Situationszusammenhänge dieser Kunstwelt zusammenzufassen. Warum?

Soziale Information über fremde und fiktive Charaktere ist Junkfood, Mundvorrat für unsere klatschsüchtigen Triebe. Für die !Kung San sowie für unsere Urahnen hatte Klatsch eine soziale Funktion. Für uns sind diese leckeren persönlichen Informationshäppchen leere Kalorien – vertane Zeit mit Leuten, die nichts mit uns zu tun haben.

Die gute Sitte – keine Nebensache. Es gibt noch ein weiteres universales Phänomen mit langer Tradition: das Übergeben von Gaben. Allerdings ist es mit der Gepflogenheit des Schenkens so eine Sache. Dass es dabei auch zu peinlichen Situationen kommen kann, musste unlängst auch ein amerikanischer Regierungsbeamter bei einem Besuch in China erfahren. Sein chinesischer Gastgeber legte ihm einen kleinen Happen auf den Teller, den der Amerikaner sogleich verspeiste und sich umgehend erkenntlich zeigte, indem er einen Happen von seinem Teller auf den des Gastgebers legte. Der Chinese war entsetzt.

Dieser Fauxpas, so die Erklärung der Fachleute, beruht auf fundamentalen kulturellen Unterschieden. Amerikanische Freundschaften basieren auf dem Prinzip Quidproquo, während in chinesischen Beziehungen die Gaben weniger explizit gegeneinander verrechnet werden. Doch ein gemeinsames Merkmal, das oft übersehen wird, gibt es: In beiden Kulturen wirkt das gleiche Prinzip – eine Gabe fordert eine

Gegengabe; der einzige Unterschied liegt im zeitlichen Rahmen.

Wird ein Gefallen nicht umgehend erwidert, kann die Schuld über Jahre bestehen. Im Film *Der steinerne Garten* ruft ein Mann seinen alten Kameraden an und bittet ihn um einen Gefallen. Er erklärt, er habe eine neue Damenbekanntschaft zum Dinner eingeladen, die aber nicht käme, wenn er mit ihr allein wäre. Er versucht, den alten Kameraden zu überreden, zusammen mit seiner Gattin ebenfalls zum Dinner zu kommen. Der Kamerad lehnt ab: »Vergiss es. Niemals.« Daraufhin zieht der Anrufer sein Ass aus dem Ärmel und sagt: »Goody, habe ich dir damals in Vietnam nicht dein Leben gerettet und dabei meinen eigenen Hintern riskiert? Du bist mir was schuldig, und jetzt bist du an der Reihe.« In der nächsten Szene sehen wir Goody und Frau beim Dinner des Freundes.

Die bislang umfassendste anthropologische Zusammenschau über das Phänomen der Gabenüberreichung, das in allen Kulturen verbreitet ist, fasst diese menschliche Verhaltensform in einem einzigen Satz zusammen. In allen Gesellschaften wird beteuert, dass Geschenke uneigennützig und freigebig gemacht werden, doch in Wirklichkeit haben sie eine eigennützige Funktion und werden obligatorisch erwidert.

Der Gabentausch nimmt mitunter aggressive Formen an. So gibt es unter den nordamerikanischen Kwatiukl-Indianern die Potlatch-Zeremonie, ein Gabentausch, der auf permanente, mitunter auch zerstörerische Überbietung des anderen zielt: Der Gastgeber richtet ein Fest aus und verteilt Geschenke mit dem Ziel, soziales Prestige zu erringen. Doch um die eigene Ehre gegenüber der freigebigen Zeremonie eines Konkurrenten zu wahren, muss als Gegenleistung ein noch teureres und großzügigeres Fest geboten werden. Insofern ist nichts schlimmer, als ein einfacher Gast am Tisch des generösen Gastgebers zu sein. Auch wenn der Potlatch an sich nicht mehr praktiziert wird, bestehen ähnliche Rituale fort.

Als Terry neulich nach Kalifornien reiste, fielen ihm ein paar Kunstgemälde in Jays Büro auf. »Hey, was ist das denn?«, fragte er und erfuhr, dass Jay selbst sie gemalt hatte. Terry wollte sie ihm abkaufen, bot dafür sogar 1000 Dollar. Doch Jay antwortete nur: »Die sind nicht verkäuflich, zu keinem Preis.« Das nächste Mal, als Jay nach Boston reiste, packte er die Bilder sorgfältig ein und brachte sie Terry als Geschenk mit. Sie hängen jetzt über seinem Sofa.

Terry hat sich bislang noch nicht erkenntlich gezeigt, aber er weiß schon jetzt, dass der Wert der Gegengabe mit Sicherheit über 1000 Dollar liegen wird.

Geschenke besiegeln Geschäfte. Letztes Jahr beschloss Terry, eine Totalsanierung an seinem Immobilienbesitz vornehmen zu lassen. Er nahm Kontakt zu Patrick auf, einem erstklassigen Auftragnehmer, und zusammen erstellten sie einen Sanierungsplan. Die Auftragsverhandlungen gestalteten sich wie üblich; jede Partei wollte für sich die günstigsten Bedingungen aushandeln. Nach längerem Hin und Her einigten sich die beiden auf einen Gesamtpreis in Höhe von mehreren zehntausend Dollar.

Vor Beginn der Arbeiten überreichte Terry einen ersten Scheck zusammen mit einer Flasche Scotch in der Annahme, dass er damit Patricks Geschmack getroffen hatte. Terry legte also nach all dem skrupellosen Tauziehen um den billigsten Preis freiwillig noch 60 Dollar obendrauf. Warum?

Nun, der Mensch entwickelte sich in einer Welt ohne Verträge, wo Geschenke eine bedeutende Rolle in der Gestaltung zwischenmenschlicher Beziehungen spielten. Heute haben wir zwar ein Rechtssystem, das uns einen Rahmen für geschäftliche Interaktionen gibt, aber die alten Instinkte, Geschenke zu machen und zu bekommen, sind nach wie vor vorhanden. Terrys Geschenk sollte Patrick einen positiven Anreiz geben. Und insoweit zahlen sich die geschenkten 60 Dollar am Ende weitaus mehr aus, als wenn sie zuvor in die Gesamtrechnung eingegangen wären. Ob Terry mit dem Geschenk tatsächlich Patricks Geschmack getroffen hatte, wissen wir nicht sicher, aber sicher ist, dass die Beziehung unter einem positiven Vorzeichen aufgenommen wurde und nie verkümmerte.

Wirtschaftswissenschaftler beurteilen die menschliche Natur im Allgemeinen nicht gerade optimistisch, sondern nach der Verwertungslogik. Das berühmteste Zitat Adam Smiths lautet: »Nicht vom Wohlwollen des Metzgers, Brauers oder Bäckers erwarten wir das, was wir zum Essen brauchen, sondern davon, dass sie ihre eigenen Interessen wahrnehmen. Wir wenden uns nicht an ihre Menschen-, sondern an ihre Eigenliebe, und wir erwähnen nicht die eigenen Bedürfnisse, sondern sprechen von ihrem Vorteil.« Doch auch Wirtschaftswissenschaftler, selbst die unnachgiebigsten unter ihnen, kennen heute Daten, die den Wert von Gaben und Geschenken untermauern.

In einer Testreihe wurden Arbeitsverhältnisse nachgestellt, und die Testpersonen schlüpften gegen Honorar in die Rollen von Arbeitgebern und Arbeitnehmern. Wie im echten Angestelltenverhältnis spielte das Gehalt die Hauptrolle in den Einstellungsgesprächen. Nachdem die Gehaltsverhandlung beendet war, aber noch bevor die Arbeit aufgenommen wurde, konnten die Arbeitgeber von der Möglichkeit Gebrauch machen, dem neuen Mitarbeiter ein Geldgeschenk zu überreichen. Dieser Extrabonus änderte nichts an den Vertragsbedingungen. Was passierte?

Arbeitgeber, die den Bonus vergeben hatten, machten am Ende mehr Gewinn. Wie kommt das? Die Rahmenbedingungen waren so gestaltet, dass die Angestellten wählen konnten – entweder hart zu arbeiten oder ein bisschen zu bummeln, ohne erwischt zu werden (so wie bei den meisten Jobs). Die Produktionsleistung ging nach oben – und damit der Gewinn –, sobald die Angestellten freiwillig im Grunde unbezahlte Überstunden leisteten. Angestellte, denen der Arbeitgeber unerwartet kleine Geldgeschenke machte, arbeiteten fleißiger – und zwar so sehr, dass der Arbeitgeber am Ende mehr Gewinn machte.

Auch echte Firmen spielen dieses Spiel und bieten ihren Arbeitnehmern eine ganze Reihe von Leistungsanreizen. Vor allem die Firmenneugründungen in der Internetbranche schreiben sich eine lockere und großzügige Firmenatmosphäre auf die Fahnen: »Arbeiten Sie für uns. Mahlzeiten und Sportmöglichkeiten frei.« Vor allem freitagnachmittags wird ein geselliges Beisammensein gefördert. Warum geben sich Firmen derart großzügig? Weil es sich auszahlt. Wie die Flasche Scotch, die Terry verschenkte, manipulieren auch Leistungsanreize im Job unsere Gabentausch-Instinkte. Daran ist nichts verkehrt, zumal die meisten von uns mit mehr als nur dem Quidproquo-Prinzip glücklicher leben.

Diese Instinkte erstrecken sich über viele andere soziale Bereiche. Eine Studie untersuchte, inwiefern Leute bereit sind, sich am Fotokopiergerät unterbrechen zu lassen. Zu diesem Zweck hatten sich die Feldforscher zur Beobachtung unweit eines Kopiergeschäfts postiert und schickten einen

Mitarbeiter hinein, der einen Kopierer zur sofortigen Verfügung haben wollte. Was passierte?

Wenn die dringliche Notwendigkeit der Bitte erklärt wurde, fielen die Reaktionen ganz anders aus. »Darf ich mal eben ein paar Kopien machen?«, war weit weniger erfolgreich als die dringlich formulierte Bitte: »Darf ich mal eben ein paar Kopien machen, da mich sonst mein Boss rausschmeißt?« Nachvollziehbar, finden Sie nicht? Wie weitere Studien zeigten, musste nicht unbedingt die drohende Kündigung als Grund vorgeschoben werden: »Darf ich mal eben ein paar Kopien machen, weil ich mal eben ein paar Kopien machen will?«, tat es als Erklärung ebenso – und war bedeutend effektiver als: »Darf ich mal eben ein paar Kopien machen?«

Warum sind wir solche Gauner? Die Antwort könnte in der eigennützigen Natur unserer altruistischen Denk- und Handlungsweisen liegen. Rufen wir uns noch einmal zurück, dass Gefallen zum beiderseitigen Vorteil gemacht werden. Jede zwingende Erklärung verweist darauf, dass die Gefälligkeit für den Empfänger von überaus großem Wert ist und die erfolgende Erwiderung höchstwahrscheinlich noch viel größer ausfallen wird.

Ein weiteres ausgefallenes Experiment offenbart einen berechnenden Aspekt im Entscheidungsprozess um Gefälligkeiten. Man hatte Studenten am Theologischen Seminar in Princeton zu ihrer Persönlichkeit und Religiosität befragt und sie anschließend über den Campus geschickt, wobei man arrangiert hatte, dass sie auf eine Person trafen, die zusammengeklappt, hustend und ächzend am Boden lag und nach Hilfe verlangte. Halfen die selbst ernannten Samariter mehr als andere? Keineswegs. Wer gut war und wer böse, ließ sich nicht an der religiösen Bindung festmachen.

Der Altruismus wurde allein von einem Faktor bestimmt: von der Zeit. Während man der einen Hälfte der Seminaristen suggeriert hatte, dass sie zum nächsten Termin knapp dran waren, dachte die andere Hälfte, eine Menge Zeit zu haben. Von denjenigen mit genügend Zeit halfen 63 Prozent, hingegen nur zehn Prozent derer, die es eilig hatten. Selbst diejenigen, die Religion zum obersten Gebot erklärt hatten, blieben nicht stehen, um zu helfen.

Heißt das, dass alle Menschen schlecht sind? Nein. Es heißt, dass unser Niveau von Gutherzigkeit und Schlechtigkeit nach der Moral des Profits funktioniert, und zwar in Bezug auf uns selbst wie auch auf den Empfänger. Beim Beispiel Kopiergeschäft löste der Hinweis auf die dringliche Notwendigkeit eine altruistische Handlunsgweise aus, wogegen in letzterem Fall der ökonomische Gesichtspunkt ausschlaggebend war (ein helfender Einsatz zum niedrigen Preis, da genügend freie Zeit vorhanden war).

Dass viele unserer Verhaltensweisen von Eigennutz motiviert sind, wirkt sich mehr oder weniger auf alle Lebensbereiche aus. Julia, eine Freundin von Jay, wollte ihm neulich für seine Hilfe danken. Die beiden sehen sich tagtäglich im Büro, schicken sich gegenseitig zahlreiche E-Mails. Julia hätte ein Dankeschön also auch verbal oder schriftlich zum Ausdruck bringen können. Stattdessen schrieb sie ein paar Zeilen, ging bewusst an Jays Büro vorbei, um den Brief ganz altmodisch per Post zu senden. Julia weiß sehr wohl, dass der Mensch ganz sensible Antennen hat, wenn es um Kosten und Nutzen geht, und sie ist sich dessen bewusst, dass ihr Dank höher geschätzt wird, wenn sie dafür etwas Mühe aufwendet.

Auch im Straßenverkehr, so hat man festgestellt, stößt man mitunter auf ein sehr eigennütziges Verkehrsverhalten. Probieren Sie einmal aus, was passiert, wenn Sie einem anderen zulächeln oder zuwinken. Das wirkt wahre Wunder. Jays Frau Lisa beherrscht es meisterhaft, einen anderen Verkehrsteilnehmer dazu zu bringen, dass er sie vor sich einfädeln lässt. Sie stellt Blickkontakt her und bittet mit der entsprechenden Mimik um Erlaubnis. Und das klappt. Warum? Lisas Blickkontakt und ihre Mimik wirken auf den anderen wie der Beginn einer Beziehung und stimulieren demgemäß den angeborenen Trieb, einen Gefallen zu gewähren.

Da Gaben vom Prinzip her in Erwartung einer Gegengabe gemacht werden, kommt Lisa mit dem Eingeständnis einer Schuld fließend durch den Verkehr. In der riesigen Metropole Los Angeles sind die Chancen, dass sich je die Gelegenheit ergibt, sich gerade dieser einen Person erkenntlich zeigen zu müssen, gleich null. Doch das mindert nicht den Effekt.

Veraltete soziale Instinkte in einer modernen Welt. Eine interessante Verzerrung unserer veralteten sozialen Instinkte zeigt sich heute in einer systematischen Selbstüberschätzung unserer Wichtigkeit. Auguren beklagen eine enttäuschende Wählerbeteiligung und heben das Wählerrekordtief von 49 Prozent bei den US-Präsidentschaftswahlen von 1996 hervor. Doch eigentlich müsste man sich fragen, warum jemand überhaupt eine Stunde seiner Zeit erübrigt, um wählen zu gehen.

Antwort: Weil die Gene unserem Gehirn noch immer eintrichtern, dass es Sinn macht, einige Mühe aufzuwenden, um ein Ergebnis zu unseren Gunsten zu ändern. Dabei kann eine einzelne Stimme das nationale Wahlergebnis unmöglich ändern. Und so ist es das Gescheiteste, ganz egoistisch zu Hause zu bleiben – ein Verhalten, das in die heutige Zeit passt, mit Sicherheit aber nicht in die Zeit unserer Urahnen, wo in kleinen Gemeinschaftsverbänden jeder Einzelne so mächtig war wie ein heutiges Senatsmitglied. Und unter einer Hand voll Leute hatte die Stimme eines Einzelnen auch Gewicht.

Da wir über so lange Zeit in kleinen Gruppen zusammengelebt haben, verleiten uns unsere Gene auch heute noch dazu, mehr zu der mittlerweile auf Millionengröße angewachsenen Gesellschaft beizutragen, als im Grunde nötig ist. Noch heute sind wir mit genetisch verankerten Instinkten ausgestattet, die in die damalige Welt passten, in der eine kleine Anzahl von Menschen in sozialer Wechselbeziehung stand. Die Instinkte dieser kleinen Welt (und die damit verbundene Diskrepanz zwischen Erbgut und Umwelt) zeigen sich heute nicht nur im Wahlverhalten, sondern auch im Fahrverhalten.

Aggressives und rücksichtsloses Fahrverhalten ist derart alltäglich, dass die meisten Amerikaner, wie eine neuerliche Übersicht zeigt, Aggressivität im Straßenverkehr als eine größere Bedrohung einstufen als Betrunkenheit am Steuer. Es existieren sogar zahlreiche Websites, auf denen man seine persönlichen Erlebnisse mitteilen kann. Einer prahlte damit, dass er eine ältere Frau, die ihn geschnitten hatte, bis nach Hause verfolgte: »Ich fuhr der alten Schachtel bis nach Hause hinterher und schlug ihren Briefkasten kurz und klein.«

Warum fahren wir derart aus der Haut, wenn jemand sich vor uns drängelt? Ist es denn wirklich so wichtig, acht Sekunden früher am Arbeitsplatz anzukommen? Die Antwort mag auch hier wieder darin liegen, dass unsere Instinkte noch immer davon ausgehen, dass wir in einer kleinen Welt leben.

Ehre und Ansehen sind enorm wichtig, wenn wir wiederholt mit den gleichen Personen interagieren. Als Nelson

Mandela ins Gefängnis kam, wollten die Aufseher alle Inhaftierten zum Laufschritt bewegen. Mandela aber riet seinen Mithäftlingen: »Beugt euch nicht den Drohungen. Geht einfach ganz normal, mit gleichmäßigem Schritt.« Später erklärte er, es sei ihm klar gewesen, dass er jeden Tag hätte rennen müssen, wenn er am ersten Tag klein beigegeben hätte.

Sich Achtung verschaffen kann eine Menge wert sein, gerade dann, wenn man weiß, dass man es immer wieder mit den gleichen Leuten zu tun haben wird. Doch setzen wir uns mit dieser Einstellung hinters Steuer, riskieren wir es, Leute zu strafen, denen wir sehr wahrscheinlich nie wieder begegnen werden.

In Kneipen und Bars kommt es immer wieder zu handgreiflichen Auseinandersetzungen, und nicht selten eskalieren die Streitereien, wenn es um Achtung und Ehre geht. Allein dieses Jahr werden 20 000 Amerikaner durch Mord- und Totschlag sterben, weitere Zehntausende werden bei Messerstechereien oder Schießereien lebensgefährlich verwundet werden. Ein beträchtlicher Prozentsatz dieser Vorfälle wird sich zwischen Leuten ereignen, die sich nicht kennen, die sich auch nie wieder begegnet wären, wären sie sich einfach aus dem Weg gegangen.

Wir wählen, auch wenn wir mit unserer Stimme das Ergebnis nicht ändern können, weil uns unsere uralten Instinkte weismachen, dass wir mit unserer Stimmabgabe Einfluss nehmen können. Gleichwohl geht uns unsere Ehre, die wir bis aufs Äußerste verteidigen, über alles, auch wenn wir das in manchen Momenten besser bleiben lassen sollten. Beleidigt uns jemand bis aufs Blut, brauchen wir nur zu überlegen, wie viele Male wir es mit diesem Schuft noch zu tun haben werden. Lautet die Antwort null, ist es gescheiter, die Beleidigung zu ignorieren.

Im Film *Full Metal Jacket* werden Rekruten zu Marine-
infanteristen ausgebildet und dann nach Vietnam geschickt.
Im Truppenlager macht der Ausbilder allabendlich seinen
Kontrollgang durch das Quartier. Dabei entdeckt er eines
Abends, dass Private Pyle seine Feldkiste nicht abgeschlos-
sen hatte, und schreit ihn zornentbrannt an: »Private Pyle,
wenn es überhaupt etwas gibt in der Welt, das ich hasse, dann
ist das eine nicht abgeschlossene Feldkiste! ... Wenn es nicht
so viele Arschlöcher gäbe wie Sie, würde auch nicht mehr geklaut auf der Welt.«

Ein Beispiel von Schikanierung? Bestimmt. Aber auch
eine Belehrung über die menschliche Natur. Persönliches Besitztum könnte immer auch zum Diebstahl verleiten, und indem wir unsere unmittelbare Umgebung so gestalten, dass
nur ehrliches Verhalten begünstigt wird, helfen wir anderen,
ihre kriminellen Triebe zu bezwingen.

Gleichermaßen können wir unsere Beziehungen festigen,
wenn wir – so paradox das vielleicht klingt – die selbstsüch-
tige Natur der Freundschaft erkennen. Ein jeder von uns hat
eine einzigartige Anordnung von Genen. Deren rücksichtsloses Eigeninteresse führt uns immer wieder in Konfliktsi-
tuationen mit Fremden, Freunden und sogar mit der Familie. Wenn wir begreifen, dass sowohl Konflikt wie auch
Kooperation einem genetischen Selbstinteresse unterworfen
sind, können wir jede Situation meistern und auf Kooperationsbasis klären.

Freund und Feind sind fließende Kategorien. Da Kooperation von einem gegenseitigen Interesse gesteuert wird, sollten wir nicht völlig abgeneigt sein, günstige Möglichkeiten
mit unseren Gegnern zu suchen und zu nutzen. Wir sollten
lernen, auch zu unseren Feinden nett zu sein. Vielleicht sind
sie ja schon im nächsten Moment unsere Freunde oder gar

Ehepartner. Zudem zahlt es sich aus, unter Freunden gut aufgehoben und unbedroht zu sein. Denn die Schwächen, die wir zeigen, werden unter Umständen in (naher) Zukunft gegen uns verwendet. Und schließlich sollten wir auch netter zu uns selber sein, unserem einzigen dauerhaften Gefährten.

Zusammenfassung
Unsere Gier bezwingen

Silbermöwen legen ihre Eier in flache Nester auf dem Boden. Obwohl sie sich liebevoll um ihre Jungen kümmern, bauen sie keine besonders sicheren Nester. Das Problem ist, dass die kostbaren Eier leicht aus dem baufälligen Nest rollen und dann gefressen werden oder der Kälte zum Opfer fallen können. Folglich schaut eine heimkehrende Möwe immer erst nach herausgekullerten Eiern, um sie sogleich wieder ins Nest zurückzubefördern.

Wissenschaftler haben Anzahl und Größe von außerhalb des Nests befindlichen Eiern manipuliert und bei den Möwen ein einfaches Verhaltensmuster entdeckt. Die Möwen rollen die Eier eins nach dem anderen ins Nest zurück, und zwar in der Reihenfolge von groß nach klein. Dieses System reizten die Wissenschaftler weiter aus, indem sie künstliche Eier fabrizierten, die aussahen wie die natürlichen, nur größer. Diese Eier legten sie zu den anderen in die Nähe des Nests. Die gewissenhaften Eltern brachten alle Eier, künstliche wie natürliche, angefangen beim größten bis zum kleinsten, wieder zurück ins Nest.

Nun bastelten die Wissenschaftler weiter an den Eierattrappen, bis ungeheuer große künstliche Eier entstanden (an denen auch Pamela Anderson ihre Freude gehabt hätte). Doch anscheinend ist der Maßstab der Größer-ist-besser-

Regel der Silbermöwen nach oben hin offen. Selbst wenn das künstliche Ei wesentlich größer war als der ausgewachsene Vogel selbst, versuchte er noch immer, das größte Ei zuerst in Sicherheit zu bringen. Außerstande, ein beinahe fußball-großes Ei von der Stelle zu bewegen, versuchte es der Eltern-vogel nichtsdestotrotz permanent weiter und fuhr selbst dann noch unbeirrt damit fort, als ganz in der Nähe seine echten Küken in den ungebrüteten Eiern zugrunde gingen.

Warum hat die Evolution überhaupt einen solch dummen Vogel hervorgebracht und ihn überleben lassen? Tatsächlich arbeiten die Instinkte der Silbermöwe in ihrer natürlichen Umgebung tadellos. »Größer ist besser« – dieses Motto funktioniert deshalb so einwandfrei, da eine Möwe in der echten Welt nie auf ein so gigantisches künstliches Ei treffen würde. Und: Größere Eier produzieren gesündere Nach-kommen. Problematisch wird es erst dann, wenn zudringli-che Wissenschaftler eingreifen und die Möwen mit einer un-natürlichen Umgebung konfrontieren.

Wie der Silbermöwe ergeht es auch uns Menschen. Un-sere Instinkte funktionierten in unserer natürlichen Umge-bung einst ausgezeichnet, bringen uns aber in der modernen Welt von heute oft in Konflikt. Ein ganz typisches Beispiel dafür ist unsere Esslust. Unsere Vorfahren waren permanent hungrig, hatten keine sicheren Nahrungsquellen, keine Kühlschränke und kein Lagersystem. Die Überlebensregel war simpel: »Iss so viel wie möglich.« Wenn wir jedoch heu-te noch, in einer Welt des Überflusses, an dieser Regel fest-halten, werden wir schnell übergewichtig und krank.

Doch unser altes genetisches Erbe bringt uns ständig in Konflikt. Das zeigt sich nicht nur an unserem unbändigen Appetit, sondern immer wieder haben wir einfach das Pro-blem, dass wir zu viel des Guten wollen (und bekommen).

Was in kleinen Mengen gut für uns ist, kann unmäßig konsumiert oft schädlich sein, und so führen uns die instinktbedingten Begierden in einer neuen Umgebung geradewegs zu einem Problem. In anderen Fällen ist der Ursprung unserer Probleme weniger eindeutig. Sehen wir uns einmal an, wie die Befriedigung eines Grundbedürfnisses den !Kung San zum Verhängnis wurde.

Bis vor ein paar Jahren noch lebten die !Kung San wie unsere Urahnen, jagten wild lebende Tiere und sammelten Pflanzen. Die ersten Menschen, die aus der westlichen Welt in den 1960er Jahren zu ihnen kamen, stellten ihnen die Frage, was sie denn haben wollten. Die Antwort kam prompt: Wasser. Die !Kung San sind ein Wüstenvolk und daher fortwährend auf der Suche nach Wasser.

Gesagt, getan. Da es in der Kalahari-Wüste einen riesigen unterirdischen Wasservorrat gibt, begannen westliche Unternehmen 1962 in einem Gebiet, das als !Koi!kom bekannt ist, mit der Bohrung von fünf Bohrlöchern und erschlossen damit einen sicheren Wasservorrat. Unglückseligerweise folgte für die !Kung San damit ein Albtraum auf den nächsten. Bis dahin lebten sie als Nomaden, zogen von einem Ort zum andern, folgten den Tieren oder der Pflanzenblüte. Doch nun, mit der Erschließung der neuen Wasserstellen, ließen sie sich mit Sack und Pack in der Nähe der Bohrlöcher nieder und hatten schon bald darauf sämtliche Tiere und Pflanzen in nächster Nähe ausgerottet.

Doch damit nicht genug. Bis dahin waren die !Kung San nie in die Situation gekommen, sanitäre Einrichtungen entwickeln zu müssen. Abfall und Kloake blieben einfach irgendwo außerhalb der Hütten liegen, während das Volk weiterzog und sich Mutter Natur um das Recycling kümmerte. Das war jetzt anders. Froh über die sichere Wasserquelle und nicht mehr willens weiterzuziehen, mussten die !Kung San erfahren, dass sich der Abfall mit der Zeit türmte und Krankheiten verursachte. Mit der Erfüllung ihrer Wasserträume hatte man zwar den Durst der !Kung San gelöscht, machte sie aber dafür hungrig und krank.

Die Probleme der !Kung San und der Silbermöwen illustrieren das empfindliche Gleichgewicht zwischen dem Instinkt eines jeden Lebewesens und seiner Umwelt. Heute sind wir mit fundamentaleren Ausformungen derselben Problematik konfrontiert. Unsere Lust an Besitz, Essen und einem bequemen Lebensstil ganz allgemein hat uns weit weggebracht von unserem natürlichen Umfeld und dabei einen ganzen Berg von Problemen geschaffen.

Die Welt von heute ändert sich in einem rasanten Tempo. Kaum ist der neue Computer installiert, ist er schon wieder veraltet, und eine Woche scheint in der Welt des Internets wie eine halbe Ewigkeit. Im Gegensatz dazu schreitet die Evolution im Schneckentempo voran, und die menschlichen Gene haben sich über all die Jahrtausende kaum verändert. Eine E-Mail hätte Plato vor ein Rätsel gestellt, aber ein Glas Wein bereitete ihm den gleichen Hochgenuss wie uns heute. Sein Gehirn enthielt damals exakt die gleichen genetischen Programmknöpfe für die Auslösung von Glücksgefühlen wie das unsere heute.

Unsere Gene sind über lange Zeit, seit lange vor Plato, praktisch weitgehend unverändert geblieben. Genetisch gesehen, sind wir noch immer Höhlenbewohner, trotz unseres Luxuslebens in ultramodernen Behausungen. Dieses Missverhältnis zwischen der natürlichen Welt unserer Gene und der modernen Welt verursacht unzählige Probleme. Drogensucht, Fettleibigkeit, Spielsucht oder Insolvenz stammen jedoch nicht einfach von dieser unschuldigen Diskrepanz zwischen alter und neuer Welt. Die Erklärungen dafür sind weit komplexer.

Aus unseren veralteten Instinkten schlägt heute so manche Branche Profit. Beispiel: Wie andere Primaten isst auch der Mensch gerne Obst, einfach deshalb, weil von Natur aus eine große Menge Zucker darin enthalten ist. Lebensmittelhersteller leisten unserer Leidenschaft für Süßes Vorschub. Während eine Orange einen Zuckergehalt von 10 Prozent hat, besteht so manches Müsli aus über 50 Prozent Zucker. Unsere Urahnen hätten sich königlich gefreut über eine natürlich süße Orange, unsere Kinder hingegen essen lieber Cornflakes.

Ebenso wenig haben die Fastfood-Unternehmer unsere Vorliebe für fettes, salziges, kalorienschweres Essen erfunden, sie beuten lediglich die bereits vorhandene Gier danach aus, indem sie Produkte produzieren, die sie mit derlei Zusatzstoffen überladen. Unsere Geschmacksknospen sind ganz verrückt nach einer Mahlzeit, die bis zum Gehtnichtmehr voll ist mit Zutaten, die unsere Urahnen überleben ließen. Die Liste der einträglichen Produkte, die unsere natürlichen Instinkte ausbeuten, ist lang: Die Pornographie etwa schlägt Vorteil aus unseren sexuellen Instinkten. Seifenopern im Fernsehen befriedigen unser Bedürfnis nach sozialer Information. Und so weiter.

»Gier ist gut. Gier nimmt die Essenz des evolutionären Geistes gefangen und hat die Aufwärtsentwicklung der Menschheit gekennzeichnet.« So oder so ähnlich hat sich Gordon Gekko in dem Film *Wall Street* geäußert. Doch er hat nicht Recht.

Gier ist weder gut noch schlecht. Gier strebt einfach nur nach Profit. Dieser Antrieb bringt lebensrettende Impfstoffe ebenso hervor wie ausbeutende Kreditleistungen, die mitunter Zinssätze weit über 100 Prozent verlangen. Was allen Produkten gemeinsam ist – nützlichen und schädlichen –, ist, dass sie auf unsere instinktbedingten Begierden abzielen. Und das sind genau die Begierden, die uns so oft in Konflikt bringen.

In einem Test über die menschliche Fähigkeit zur Selbstbeherrschung bekamen vierjährige Kinder von Psychologen einzelne Marshmallows vorgesetzt, woraufhin einer der Wissenschaftler zu ihnen sagte: »Ich gehe jetzt kurz weg und bin in fünfzehn Minuten wieder da. Ihr könnt euer Marshmallow gleich essen, aber wenn ihr wartet, bis ich zurück bin, könnt ihr zwei essen.« Versteckte Beobachter zeichneten auf, wie die Kinder anfänglich gegen das Verlangen, das Marshmallow essen zu wollen, ankämpften. Nichtsdestotrotz unterlagen die meisten und aßen schließlich das einsame Marshmallow.

Der Kniff bei diesem Experiment war, dass die Psychologen die gleichen Kinder zehn Jahre später noch einmal besuchten. Diejenigen, die bereits im Marshmallow-Experiment Willensstärke bewiesen hatten, waren erfolgreicher als ihre weniger disziplinierten Klassenkameraden. Sie galten als konzentrierter, dem Stress eher gewachsen und erzielten bedeutend höhere Wertungen in verschiedenen anderen Tests.

Ein jeder von uns führt tagtäglich den ein oder anderen Marshmallow-Kampf, aber nur diejenigen, die ihre Leidenschaften am besten kontrollieren können, werden am Ende reichlich belohnt. Auf dem Weg zu unseren Träumen kommen wir an vielen verlockenden Abfahrten vorbei. Und hier sind wir wieder beim Hauptthema dieses Buches. Der Feind, der uns dazu bringt, fettes Essen zu mögen, die Frau unseres Nachbarn zu begehren und stundenlange Fahrten zu machen, um unseren Gehaltsscheck im Spielkasino zu verspielen, liegt in unseren genetisch verankerten Trieben.

So hart die Kämpfe um die eigene Selbstbeherrschung sind, wir haben auch die Fähigkeit, dagegen anzukämpfen, eine Fähigkeit, die den meisten Tieren fehlt. Selbst die intelligenten Schimpansen vermögen nicht, sich über ihre Schwächen hinwegzusetzen. Immerhin, mit einem Trick gelang es ein paar Verhaltensforschern, bei den Schimpansen einen kleinen Lernerfolg zu erzielen. In einer Hand hält der Forscher etwas, das der Schimpanse haben will. Doch er bekommt es erst, wenn er auf die andere Hand deutet. Dieses Spielchen haben die Schimpansen schnell begriffen und deuten auf die linke Hand, um die begehrte Belohnung aus der rechten zu bekommen, oder umgekehrt.

Jedoch ist es mit der Lernfähigkeit schnell vorbei, sobald es sich bei dem begehrten Gegenstand um Nahrung handelt. Sieht ein Schimpanse etwas Essbares (wie etwa eine saftige Banane), steuert er direkt darauf zu und vergisst das Spiel völlig. Selbst nach Dutzenden von Misserfolgen und wachsender Enttäuschung deutet er weiterhin auf die Hand mit dem Essen, das er nicht bekommt. Schimpansen können ihre Intelligenz einfach nicht nutzen, um sich über die Gier nach Nahrung hinwegzusetzen.

So schwer es für uns Menschen ist, Willensstärke zu entwickeln, die Fähigkeit zur Selbstbeherrschung zeichnet uns vor allen anderen Tieren aus. Die Natur hat uns also nicht nur mit solchen Genen ausgestattet, die uns in Konflikt bringen, sondern auch mit solchen, die Einfluss auf unseren freien Willen und unsere Selbstdisziplin nehmen. In diesen ganz speziellen Genen liegt der Schlüssel, mit dem wir gegen unsere Schwächen ankämpfen und unser Leben gut beherrschen können.

Es gibt viele Wege, unsere Begierden zügeln zu lernen. Ein Weg hätte die Bezeichnung Arnold-Schwarzenegger-Weg verdient als Anerkennung für die eiserne Disziplin, die Arnold Schwarzenegger gezeigt hat. Schon als Teenager wollte er hoch hinaus, um einmal der beste Bodybuilder der Welt zu sein. Durch eiserne Willenskraft machte er sich zum Herrscher über die Muskelwelt und baute seinen Erfolg unter anderem mit einer Filmkarriere weiter aus.

Viele Selbsthilfe-Strategien sind Varianten der von Schwarzenegger verfolgten Methode. Sie fordern von uns einfach nur, zäher zu werden, mit den Versuchungen zu leben, aber stark zu sein. Aus dieser Methode erwächst Schönheit. Disziplin ist etwas, wovor wir größte Hochachtung haben. Im James-Bond-Film *Moonraker* ist der Verbrecher im Besitz von zwei beeindruckend dressierten Dobermännern, die geduldig das Stück Fleisch, das man ihnen unter die Nase hält, so lange ignorieren, bis Herrchen ihnen die Erlaubnis zum Fressen erteilt. Die Szene ist deshalb so bemerkenswert, da die Fähigkeit, den inneren Trieben vollkommen zu widerstehen, so selten ist.

Abgesehen von der bloßen Schwierigkeit, mit der die Schwarzenegger-Methode verbunden ist, hat sie auch den Nachteil, dass sie ununterbrochen Wachsamkeit fordert. Da haben wir zum Beispiel den ganzen Tag lang dem nagenden Hungergefühl nicht nachgegeben, sind aber irgendwann am Ende und mampfen dann eine ganze Tafel Schokolade mit 60 Gramm Fett und 500 Kalorien auf einmal auf, gehen schlafen, fühlen uns mies und fassen den Entschluss, am nächsten Tag stärker zu sein. 23 Stunden und 59 Minuten Disziplin und nur ein schwacher Moment – und alles war für die Katz.

Einigen Versuchungen sollte man besser ausweichen als widerstehen. Gewiss, auch die pure mentale Stärke könnte helfen. Doch wer unkontrolliert Marshmallows in sich hineinfrisst und saftige Steaks hinunterschlingt, kann sich zusätzlicher Hilfsmittel bedienen.

Erinnern wir uns noch einmal, was wir im Kapitel über Drogen erörtert haben, dass das intensive Glücksgefühl während eines Orgasmus oder eines Crack-Kokain-Rauschs von Dopaminmolekülen ausgelöst wird, welche die Do-it-again-Zentren (die Belohnungszentren) in unserem Gehirn stimulieren. Stellen wir uns nun ein Produkt vor, das uns diesen Kick zuverlässig und ohne Nebenwirkungen verschaffen könnte – keine destruktiven Triebe, keine HIV-infizierten Nadeln, einfach ein kurzfristiger Dopamin-Kick ohne weitere Folgen. Es gibt ein solches Produkt: die Achterbahn. Unsere Urahnen holten sich ihren Dopamin-Kick auf ihre Weise: Sie nahmen Gefahren auf sich. Heute ist es uns mit ein wenig Erfindungsgabe gelungen, Produkte zu schaffen, die die Illusion von Gefahr erzeugen. Horrorfilme, Bungee-Jumping und Action-Videospiele kitzeln unsere Nerven, sind aber nicht gefährlicher als ein Nickerchen auf dem Sofa. Kein Wunder, dass wir so viel Spaß daran finden. Doch das Potenzial zur gefahrlosen Befriedigung anderer problematischer Vorlieben und Neigungen ist längst noch nicht ausgeschöpft. Allerdings gibt es ein paar viel versprechende Ansätze, die wir im Folgenden betrachten wollen.

Mit Lebensmittelersatzstoffen will man erreichen, dass wir unbeschadet schlemmen können, was das Herz begehrt. Der Süßstoff Nutrasweet gehört zu den bekanntesten Ersatzstoffen (Dutzende andere sind in der Entwicklung), die unsere Geschmacksknospen täuschen und uns versprechen: »Das ganze Vergnügen zum Nulltarif.« Es gibt keine Grenzen, möglich ist alles, und vielleicht gibt es irgendwann einmal Fertigmahlzeiten, die wie ein 4000-Kalorien-Steak

schmecken, aber genauso gesund sind wie Broccoli mit Vollkornreis. Auf ähnliche Weise wird versucht, mit Nikotinkau-
gummis oder Methadon unsere Drogensucht zu befriedigen
und gleichzeitig die Entzugserscheinungen zu minimieren.

Innovation kann also helfen, unsere angeborenen Instinkte zu bezähmen. Wir sind in der Lage, Produkte zu
schaffen, die unsere Ur-Instinkte zwar stimulieren, aber
gleichzeitg die Wirkung entfalten, die wir wünschen. Junkfood wird zu Reformkost. Auf der Achterbahn genießen wir
den gefahrlosen Nervenkitzel. Krieg wird mit Fußbällen und
Hockey-Pucks geführt. Zigaretten werden durch Nikotinpflaster ersetzt.

Der zweite Weg zur Selbstbeherrschung wird sehr schön
im Film *Verrückt nach Mary* illustriert. Darin vermasselt
Ted (Ben Stiller) so ziemlich jede Verabredung, weil er jedes
Mal so erregt ist, dass die Frauen vor lauter Schreck Reißaus
nehmen. Als Schulschönheit Mary (Cameron Diaz) sich ausgerechnet ihn als Begleitung zum Schulabschlussball auser-
wählt, fürchtet er, dass ihm diese Verabredung vor lauter
Aufregung im wörtlichen Sinne in die Hose gehen könnte,
und folgt dem Rat eines Freundes, nicht mit geladener Ka-
none hinzugehen. Also onaniert er vorher, ist danach abge-
kühlt und gewinnt das Mädchen.

Stillers geschickter Schachzug im Vorfeld zeigt ein weiteres Hilfsmittel im Kampf um die Selbstbeherrschung auf.
Noch ehe wir in eine Situation kommen, in der damit zu
rechnen ist, dass wir uns von unseren Schwächen leiten lassen, können wir Schritte unternehmen, um diese Schwächen
zu verwandeln. Zum Beispiel dämpfen wir unsere Esslust,
wenn wir noch etwas Gesundes essen, bevor wir auf eine Party oder zum Metzger gehen. Oder wir nehmen Antabuse ein,
damit uns der Alkohol nicht schmeckt.

Selbstbeherrschungskämpfe haben von jeher die Menschen gequält, und viele der ältesten Sagen kreisen um dieses Thema. Eine der berühmtesten Abenteuergeschichten ist Homers Odyssee, das Epos über die Heimfahrt des Odysseus nach Griechenland nach dem Sieg über Troja. Unter den Gefahren, denen er begegnete, waren auch Meeresnymphen, die Sirenen, die mit ihrem betörenden Gesang die Seefahrer anlockten, um die Schiffe dann an den umliegenden Felsen zerschellen zu lassen.

Odysseus band sich am Schiffsmast fest, stopfte seiner Mannschaft Wachs in die Ohren und gab ihnen die strikte Anweisung, seinen Gesichtsausdruck zu ignorieren. In den meisten Situationen ist es von Vorteil, Freiheit und Macht zu besitzen. Während Odysseus nun den Gesang der Sirenen hörte, konnte er sich weder bewegen noch seiner Mannschaft befehlen, ihn in die gefährliche Nähe der Lagerstatt der Sirenen zu bringen. Und diese systematisch vorhergeplante Machtlosigkeit rettete ihn vor dem Untergang. Damit war er die erste Person, die die Schönheit des Gesangs der Sirenen hörte, ohne umzukommen.

Odysseus hatte seine Schwäche im Voraus erkannt und Maßnahmen getroffen, mit denen es ihm unmöglich wurde, die Unheil bringende Gier zu stillen. Das Drama der Sirenen findet auf einer kleineren Bühne auch heute noch statt, dann zum Beispiel, wenn wir beschließen, nur fettarmes Essen einzukaufen, um unsere Vorratskammer damit aufzufüllen. Oder wenn wir Einladungen zum Abendessen mit einer attraktiven und reizvollen Mitarbeiterin in Grenzen halten.

Wäre unsere Selbstdisziplin so groß wie die Muskeln von Arnold Schwarzenegger könnten uns selbst ganze Schokoladenberge nichts anhaben. Vielleicht sollten wir einfach darauf achten, dass wir nur Reiswaffeln im Haus haben, wenn uns der Drang zur Völlerei befällt. Der chinesische Philosoph Sun Tzu sagte: »Weise Kriegsführer führen den Feind aufs Schlachtfeld und lassen sich nicht hinführen.« Die äußeren Umstände entscheiden mit, ob wir unsere eigenen Kämpfe um die Selbstbeherrschung gewinnen oder nicht; wir sollten die Umstände daher so auswählen, dass wir gewinnen werden.

Die Irrfahrt des Odysseus lehrt uns aber auch, das Leben zu genießen. Er hätte sich ja wie seine Mannschaft einfach Wachs in die Ohren stecken und so dem Tod entgehen können. Aber er wollte beides – die besondere Kraft des Gesangs der Sirenen erleben und deren Heimtücke entkommen. Unsere Triebe machen uns das Leben schwer, aber ohne jedes Vergnügen – wo bleibt da der Sinn?

Wir sollten unsere angeborenen Schwächen genießen, ihnen ruhig frönen, aber uns auf keinen Fall von ihnen beherrschen lassen. Der Schlüssel zu einem befriedigenden Leben liegt darin, das richtige Mittelmaß zu finden, welches unbeschwertes Vergnügen, eiserne Willenskraft und eine gezielte Einflussnahme auf uns selbst und unsere Situationen verbindet.

Unsere Versuchungen sind mächtig und hartnäckig, doch wir dürfen ihnen nicht unterliegen. Unsere uralten und ureigennützigen Gene beeinflussen uns jeden Tag in fast jeder Hinsicht. Aber da wir ihren Einfluss voraussagen können, können wir den Kampf mit ihnen aufnehmen und mit Selbstkenntnis und Disziplin eine Gewinnstrategie aufstellen, um am Ende ein zufriedenes und erfülltes Leben zu führen.

Dank

Das vorliegende Buch schöpft aus Forschungsarbeiten unzähliger Wissenschaftler. Ein paar von ihnen, die unser Denken besonders inspiriert und beeinflusst haben, möchten wir an dieser Stelle danken: David Buss, Napoleon Chagnon, Leda Cosmides, Martin Daly, Nicholas Davies, Richard Dawkins, Irven DeVore, Jared Diamond, Peter Ellison, Helen Fisher, Robert Frank, Jane Goodall, Kim Hill, Sarah Blaffer Hrdy, A. Magdalena Hurtado, Daniel Kahneman, Melvin Konner, John Krebs, Randy Nesse, Steve Pinker, John Tooby, Robert Trivers, E. O. Wilson, Margot Wilson und Richard Wrangham.

Dank schulden wir auch einer Reihe von Mentoren, die uns an ihrem umfangreichen Wissen wie auch an ihren Denkweisen teilhaben ließen. Steve Austad, Richard Lewontin sowie Michael Rose haben Jays berufliche Karriere entscheidend beeinflusst, ebenso wie Adam Brandenburger und Vernon Smith für Terry eine wichtige Rolle spielten. Beide hatten wir das große Glück, von Irven DeVore, Peter Ellison und Marc Hauser Wissen aus erster Hand zu erfahren.

E. O. Wilson sei ganz besonders gedankt. Seine grundlegenden Arbeiten haben uns beide sehr vorangebracht. Darüber hinaus war er uns stets ein hilfsbereiter und fordernder

Mentor und hat dieses Buch in allen wichtigen Phasen begleitet.

Zahlreiche Freunde investierten Zeit, die Rohfassungen zu lesen und kritische Anmerkungen zu machen. John Fetterman hat jedes Kapitel einzeln überarbeitet und beurteilt (einige sogar mehrere Male). Alicia Moretti war in jeder Phase des Buches ebenfalls involviert und hat mit ihrer Liebe zur Sprache dem Buch sehr geholfen. Auch Julia Vallone lektorierte zahlreiche Kapitel, oft kurzfristig, und hat uns mit ihrer Intelligenz und ihrem Humor immer wieder Mut gemacht.

In jeder Entwicklungsstufe des Buches war Lisa Phelan in allen redaktionellen Dingen eine treue Helferin und Ratgeberin. Mit ihrem teilnahmsvollen Einsatz und dem Unwillen, auch nur eine Sekunde pessimistisch zu sein, gewannen wir die Erkenntnis, dass jeder Tag ein kostbares Juwel sein kann.

Bedeutende Beiträge zu diesem Buch leisteten außerdem: Glenn Adelson, Kim Alley, Nicole Belle Isle, Ben Berger, Jeff Bodenstab, Riley Bove, Thomas und Marie Burnham, Katie Cahill, Nancy DeVore, Sue Flewelling, Judith Flynn, Kate Gawronski, Joan Greco, Brian Hare, Carole Hooven, Matt Krepps, Chris Matheson, Fatima Melo, Matthew McIntyre, Michelle McNamara, Boaz Moselle, Harold Owens, Kathleen und John Phelan, Kevin Phelan, Patrick Phelan, Michelle Richmond, Ilene Rosin, Emma Schiffman, Dani Schindler, Barbara Li Smith, Bill U'Ren, Kathleen Valley und Mike Walfish.

Danken möchten wir auch unseren Agenten John Brockman und Katinka Matson, die sich engagiert und in unserem Interesse erfolgreich eingesetzt haben. Als Neulinge in der Verlagswelt suchten und erhielten wir Rat von Holley Bishop, Steve Pinker und Barbara Rifkind.

Amanda Cook, unsere Lektorin bei Perseus, teilte mit uns die Vision zu diesem Buch. Es ist heutzutage selten, dass Lektoren auch tatsächlich noch redigieren, doch Amanda hat das Werk vorangetrieben, angespornt und realisiert. Sie hat einen großen Teil zu diesem Buch beigetragen und verdient unsere ganze Hochachtung und Dankbarkeit. Auch David Goehring, ebenfalls bei Perseus, hat dieses Projekt humorvoll und mit vielen Anregungen begleitet.

Elizabeth Nowlis, Laurie Puhn und Julia Vallone wühlten sich durch Bibliotheken und Cyberworld, um sicherzustellen, dass jeder dargestellte Sachverhalt und jede Aussage stimmten.

Danke an alle.

Terry und Jay

Anmerkung: Die Daten zu diesem Buch wurden gewissenhaft recherchiert und dokumentiert. Wünschen Sie mehr Informationen, besuchen Sie unsere Seite im Internet: *www.meangenes.org*.

Florian Illies
Anleitung zum Unschuldigsein
Band 15696

Wenn »Generation Golf« das Tagebuch einer vergangenen Kindheit und Jugend war, dann ist »Anleitung zum Unschuldigsein« die Reise in unser inneres Absurdistan, in dem uns die Gewissensbisse täglich lustvoll quälen. Dieses Buch zeigt Wege zurück in die Unschuld. Mit vielen tollen Übungen!

»Eine hochkomische Lektüre.«
Die Welt

»Ein Buch, das man auswendig lernen sollte!«
Rheinischer Merkur

»Nie waren Schuldgefühle schöner.«
Amica

Fischer Taschenbuch Verlag

fi 15696 / 1

Wolfgang Hars
Männer wollen nur das Eine und Frauen reden sowieso zu viel
Eine Faktensammlung
Band 15695

Sind Männer intelligenter als Frauen? Können Frauen rechts und links nicht auseinanderhalten? Sind Frauen eifersüchtiger als Männer? Wollen Männer immer nur das Eine? Fragt ein Mann nie nach dem Weg? Sind Blondinen dumm? Erben Söhne ihre Intelligenz vom Vater? Wolfgang Hars klärt auf!

»Die Ergebnisse seiner Recherche stehen jetzt in einem Buch, das klein genug ist, um es in der Jackentasche zu tragen, und unterhaltsam genug, um in der Kneipe daraus vorzulesen.«
Der Spiegel

Fischer Taschenbuch Verlag

fi 15695 / 1